高等职业教育土建类专业课程改革系列教材

AutoCAD 2012 与天正设计

徐 宁 罗 敏 编著

机械工业出版社

本书根据高职高专教育的特点和需求，基于典型实际设计工作任务和设计工作过程导向，对绘制具有代表性的建筑图样典型实例的讲解，采用项目式教学的编写体例进行编写。全书共分为四个部分，分别介绍使用 AutoCAD 2012 绘制建筑施工图的基本方法；天正建筑 8.5、天正电气 8.5 软件的基本使用方法，以及图纸输出的相关内容。

本书图文并茂，重点突出，通俗易懂，是一本体现先进职业技术教育理念和方法的实训性教材。本书可作为高等职业教育建筑类、建筑设备类和工程管理类的教材，也可以作为建筑生产一线工程技术人员学习计算机辅助设计的参考书。

为方便教学，本书配有电子课件及部分 CAD 原图，凡使用本书作为教材的教师可登录机械工业出版社教育服务网 www.cmpedu.com 注册下载。咨询邮箱：cmpgaozhi@sina.com。咨询电话：010 - 88379375。

图书在版编目（CIP）数据

AutoCAD 2012 与天正设计/徐宁，罗敏编著. —北京：机械工业出版社，2013.1（2024.1 重印）

高等职业教育土建类专业课程改革系列教材

ISBN 978-7-111-42792-6

Ⅰ. ①A… Ⅱ. ①徐… ②罗… Ⅲ. ①建筑制图 - 计算机辅助设计 - AutoCAD 软件 - 高等职业教育 - 教材②建筑工程 - 电气设备 - 计算机辅助设计 - AutoCAD 软件 - 高等职业教育 - 教材 Ⅳ. ①TU204②TU85 - 39

中国版本图书馆 CIP 数据核字（2013）第 122168 号

机械工业出版社（北京市百万庄大街 22 号　邮政编码 100037）

策划编辑：覃密道　责任编辑：覃密道　王　一

版式设计：霍永明　责任校对：闫玥红

封面设计：张　静　责任印制：常天培

北京中科印刷有限公司印刷

2024 年 1 月第 1 版第 7 次印刷

184mm × 260mm · 25.25 印张 · 627 千字

标准书号：ISBN 978-7-111-42792-6

定价：45.00 元

电话服务

客服电话：010 - 88361066

　　　　　010 - 88379833

　　　　　010 - 68326294

封底无防伪标均为盗版

网络服务

机　工　官　网：www.cmpbook.com

机　工　官　博：weibo.com/cmp1952

金　书　网：www.golden - book.com

机工教育服务网：www.cmpedu.com

前 言

本书根据高职高专教育的特点和需求，按照现代职业技术教育的最新思想和教学规律，按照实际设计工作过程，深入浅出地介绍了使用 AutoCAD 2012、天正建筑 8.5 和天正电气 8.5 软件绘制建筑工程图样的基本方法和使用技巧，以及图纸输出的相关内容。

本书是开发"基于工作过程导向课程"课题的结晶，处处体现了作者多年进行课程教学模式、教学内容和教学设计改革的经验和心得，突破了以往众多计算机辅助设计类教材的写作模式，不是从理论上大量介绍绘图软件各种命令的使用方法，而是从实际工作的需要出发，基于典型实际设计工作任务和设计工作过程导向，采用项目式教学，通过对绘制具有代表性的建筑图样典型实例的讲解，将整个设计过程中需要用到的各种操作命令融入到一系列环环相扣的典型任务实例的分析讲解中，做到内容真实丰富、步骤详细，能够让初学者摆脱枯燥无味的操作命令学习，有针对性地学习建筑工程图样的绘制方法和绘图技巧。在教学内容的选取上，坚持"够用为度"、"零距离上岗"的原则，体现出先进的现代职业技术教育理念和方法。

本书由广东建设职业技术学院的徐宁和罗敏合作编写。两位老师多年从事计算机辅助设计的教学和科研工作，同时还与多家建筑设计单位及施工企业保持着紧密的合作关系，熟悉实际设计工作岗位对计算机辅助设计技术及手段的需求，具有丰富的教学实践经验与教材的编写经验。本书在编写过程中参考了一些书籍和资料，在此向有关作者表示衷心的感谢。

由于作者水平有限，书中难免有疏漏和差错之处，诚望读者及时提出批评意见，请发送邮件至 gzjyxn@ yahoo. com. cn，非常感谢。

编　者

目　录

第一部分 AutoCAD 2012 应用基础篇

CAD（Computer Aided Design）是指计算机辅助设计，是综合计算机技术与工程设计方法的最新发展而形成的。AutoCAD 是美国 Autodesk 公司研究开发的一个通用交互式辅助设计软件，是用于二维设计及三维设计、绘图的系统工具，也是目前世界上应用最广的计算机辅助设计软件，被广泛地应用于机械、建筑、电子、化工、航空航天、汽车、轻纺、服装、地理、广告等设计领域。

项目一 AutoCAD 2012 的启动与退出

【知识点】

AutoCAD 2012 的启动与退出。

【学习目标】

熟练掌握启动与退出 AutoCAD 2012 的方法。

任务 1 启动 AutoCAD 2012

安装完 AutoCAD 2012 以后，可分别选择点击 Windows 的"开始"菜单→"所有程序"→"Autodesk"程序组中的"AutoCAD 2012 – Simplified Chinese"子菜单→"AutoCAD 2012 – Simplified Chinese"程序，或者直接双击 Windows 桌面上的 AutoCAD 2012 快捷图标 启动 AutoCAD 2012。第一次启动 AutoCAD 2012 后将出现图 1-1 所示的"Autodesk Exchange"对话框，直接提供了基于 Web 的用户使用体验，包含访问主页、应用程序、帮助等信息源的选项卡。点击该对话框右下角 Close 按钮后进入图 1-2 所示的 AutoCAD 2012 的工作界面。

图 1-2 所示的 AutoCAD 2012 工作界面中间的深灰色区域遍布栅格，使用栅格类似于在图形下放置一张坐标纸。当打开捕捉栅格模式时，十字光标将受到限制，使其按照用户定义的间距移动，并附着或捕捉到这些栅格。利用栅格捕捉模式有助于使用箭头键或定点设备来精确地定位点，可以对齐对象并直观显示对象之间的距离，提高绘图的速度和效率。

图 1-1 "Autodesk Exchange" 对话框

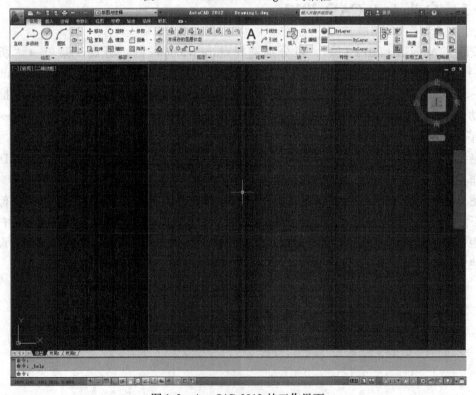

图 1-2 AutoCAD 2012 的工作界面

任务2　退出 AutoCAD 2012

AutoCAD 2012 软件左上角的应用程序菜单 ，是以级联的层次结构来组织的包含若干选项的下拉式菜单，以搜索命令以及访问用于创建、打开、保存、发布、打印和关闭文件等的工具。将鼠标沿着下拉式菜单把箭头光标移到要选用的菜单项目上单击左键，即可执行该项目的命令。下拉菜单中多数命令右侧带一黑色三角形，表示选中该命令又可打开一个级联的子菜单。此时只要将鼠标移到该命令上就会显示一个子菜单，它包括该命令的其他选项或是一组相关的命令。

> **说明：** 本书规定"单击"的含义是指按下鼠标左键一次；"双击"的含义是指快速单击鼠标左键两次；"单击右键"的含义是指单击鼠标右键一次；"Shift ＋单击左键"的含义是在按下"Shift"键的同时单击鼠标左键；"拖拽"的含义是在按住鼠标左键的同时移动鼠标。

➤ 双击应用程序菜单 →退出 AutoCAD 2012。

➤ 单击标题栏最右边命令图标 按钮→退出 AutoCAD 2012。

➤ 单击绘图窗口右上角 按钮→关闭当前图形。

➤ 单击图 1-3 所示的应用程序菜单 → →可以选择关闭"当前图形"或关闭"所有图形"。

如果在关闭图形或退出 AutoCAD 2012 时，当前的图形文件没有被保存，则系统会显示图 1-4 所示的警告提示，提示用户选择是否保存修改结果。

图1-3　关闭"当前图形"
或关闭"所有图形"

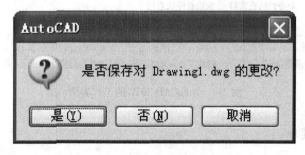

图1-4　提示保存修改结果

项目二　AutoCAD 2012 的工作界面

【知识点】

AutoCAD 2012 的工作界面。

【学习目标】

熟悉 AutoCAD 2012 的工作界面。

AutoCAD 2012 中文版工作界面的最上面，包括应用程序菜单、快速访问工具栏、标题栏、信息中心，以及软件窗口的最小化、最大化（还原）和关闭按钮；以下还包括功能区、绘图区域、命令行窗口及状态栏等几部分，如图 2-1 所示。

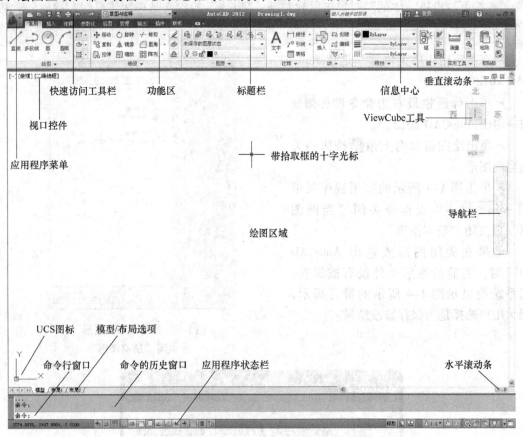

图 2-1　AutoCAD 2012 的工作界面

一、应用程序菜单

单击应用程序菜单，可以打开图 2-2 所示的应用程序菜单，单击菜单中的应用程序按钮可以快速：

> 创建、打开或保存文件。
> 核查、修复和清除文件。
> 打印或发布文件。
> 访问"选项"对话框。
> 关闭 AutoCAD。

在图 2-3 所示的搜索框内可以输入任何语言的搜索术语，在快速访问工具栏、应用程序菜单和功能区中执行对命令的实时搜索。搜索字段显示在应用程序菜单的顶部。搜索结果可以包括菜单命令、基本工具提示和命令提示文字字符串。

图 2-2　应用程序菜单

二、快速访问工具栏

图 2-4 所示的快速访问工具栏显示出与 Microsoft® Office 程序中类似的"新建"、"打开"、"保存"、"另存为"、"打印"等常用工具按钮。

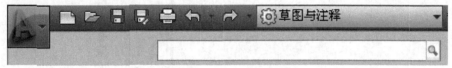

图 2-3　应用程序菜单搜索框

图 2-4　快速访问工具栏

将鼠标光标移到这些按钮上时，工具提示将如图 2-5 所示，显示该按钮的名称及作用的提示菜单。

快速访问工具栏还显示用于对文件所做的更改进行放弃和重做的选项。如果要放弃或重做之前的更改，请单击"放弃" 或"重做" 按钮右侧的下拉按钮查看放弃和重做历史记录，如图 2-6 所示。

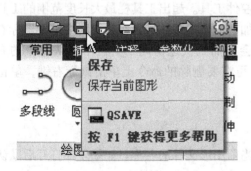

图 2-5　显示按钮的名称及作用提示菜单

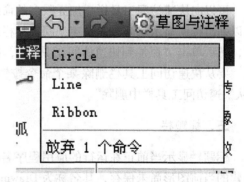

图 2-6　"放弃"或"重做"按钮及查看历史记录

图 2-7 所示的"工作空间"下拉窗口用以选择工作空间，以便将其设置为当前空间。

图 2-7 "工作空间"下拉窗口

图 2-8 所示为选择的 AutoCAD 经典工作空间。

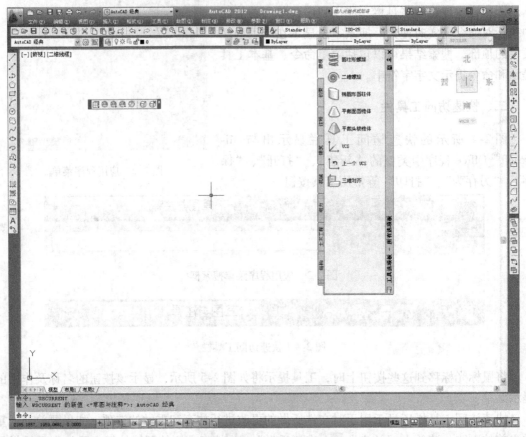

图 2-8 AutoCAD 经典工作空间

可以向快速访问工具栏添加无限多的命令和控件工具。超出工具栏最大长度范围的工具会以弹出按钮显示。若要向快速访问工具栏中添加功能区的按钮，请在功能区中单击鼠标右键，然后单击"添加到快速访问工具栏"，按钮会添加到快速访问工具栏中默认命令的右侧。要从快速访问工具栏删除某个命令按钮时，可在要删除的命令上单击鼠标右键，单击"从快速访问工具栏中删除"。

三、标题栏

标题栏显示当前正在运行的应用程序名称和当前图形文件的名称。如果软件打开后默认新建的当前图形尚未保存，其名称为 Drawing1. dwg。

四、信息中心

在 AutoCAD 2012 中，用户可以随时随地使用图 2-9 所示的信息中心搜索主题信息、登录到 Autodesk ID、打开 Autodesk Exchange 获取联机服务和资源，并显示"帮助"菜单的选项。它还可以显示产品通告、更新和通知。

图 2-9　信息中心

五、功能区

在打开文件时，会默认显示图 2-10 所示的功能区，它提供了一种直观、快捷地访问一些基于任务的、包括创建或修改图形所需的所有工具和控件的小型选项板，分别包含数量不等的工具图标按钮，用户只需单击这些工具图标按钮，就可以调用相应的命令。

图 2-10　功能区

当用户将鼠标光标箭头移至功能区的某一个工具图标按钮上方悬停片刻（不要单击），该图标按钮呈现浅蓝色，同时在光标附近出现一个文本框显示该命令的名称、命令功能的详细说明及使用方法例图，这就是 AutoCAD 2012 中的"工具提示"功能，如图 2-11 所示。

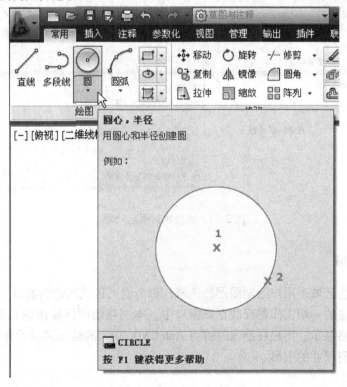

图 2-11　"工具提示"功能

功能区由许多面板组成，这些面板被组织到按照任务进行标记的"常用"、"插入"、"注释"、"参数化"、"视图"、"管理"、"输出"、"插件"及"联机"九个选项卡中。面板标题中间的向下箭头▼表示可以展开该面板以显示其他工具和控件，在已打开的面板的标题栏上单击即可显示滑出式面板。默认情况下，当用户单击其他面板时，滑出式面板将自动关闭。若要使面板处于展开状态，单击滑出式面板左下角的图标▣，如图2-12所示。

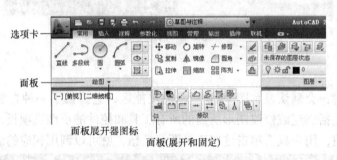

选项卡
面板
面板展开器图标
面板(展开和固定)

图2-12　选项卡与滑出式面板

有些功能区面板会显示与该面板相关的对话框。单击图2-13所示面板右下角的对话框启动器箭头图标▙，可以显示相关对话框。

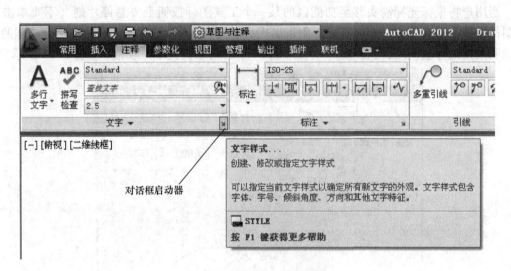

对话框启动器

图2-13　面板对话框启动器

六、绘图区域

中间的深灰色区域是用户绘制图形的区域，称为绘图区域或绘图窗口。它相当于桌面上的图纸，用户所做的一切工作都反映在该窗口中。本书将绘图区域由深灰色改为白色显示，并选择关闭了栅格显示。用户在绘图时可将 AutoCAD 2012 的绘图区域看作一幅无穷大的图纸，可以绘制任何尺寸的图形。

1. 快捷菜单

在 AutoCAD 2012 中，用户单击鼠标右键，在光标处将弹出一个与光标位置相关的快捷

菜单。比如在绘图区域单击鼠标右键时，如果选定了一个或
多个对象，将显示编辑导向快捷菜单。在无命令处于活动状
态，也未选定任何对象的情况下，在绘图区域中单击鼠标右
键，会打开图 2-14 所示的快捷菜单。

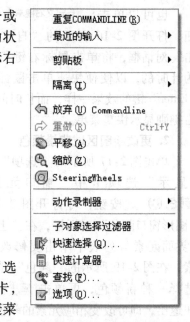

快捷菜单上通常包含以下选项：

➢ 重复执行输入的上一个命令。

➢ 取消当前命令。

➢ 显示用户最近输入命令的列表。

➢ 剪切、复制及从剪贴板粘贴。

➢ 选择其他命令选项。

➢ 显示对话框，如"选项"。

➢ 放弃输入的上一个命令。

单击图 2-14 所示快捷菜单中的"选项"，将会调用"选
项"对话框。单击图 2-15 所示的"用户系统配置"选项卡，
可以将"Windows 标准操作"下的"绘图区域中使用快捷菜
单"前复选框中的√去掉，关闭显示快捷菜单。

图 2-14　快捷菜单

说明： 有一些菜单项，其命令名（如图 2-14 所示的"选项"命令）后面紧跟着一个
省略号（…），如果选择该命令，将会调用一个对话框。菜单中标有下画线的字母表示访
问键，可以在键盘上单击该键调用命令。

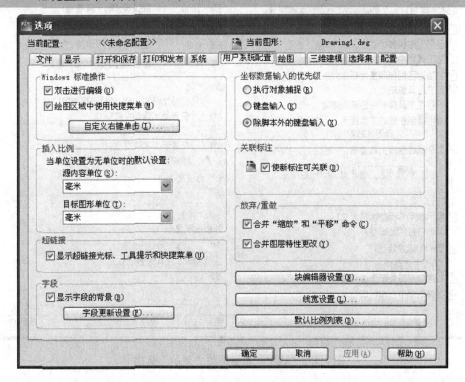

图 2-15　"选项"对话框的"用户系统配置"选项卡

也可以单击 自定义右键单击(I)... 按钮，打开图 2-16 所示的"自定义右键单击"对话框，将单击鼠标右键行为自定义为计时的，以便使快速单击鼠标右键与按"Enter"键的效果一样，而长时间单击鼠标右键则显示快捷菜单。

2. 更改绘图区域背景颜色

单击图 2-17 所示的"选项"对话框的"显示"选项卡中"窗口元素"区的 颜色(C)... 按钮，可打开图 2-18 所示的"图形窗口颜色"对话框，在"上下文"和"界面元素"列表中单击要修改颜色的元素，在图 2-19 所示的"颜色"下拉列表中选择一种新颜色，再单击 应用并关闭(A) 按钮退出，即可改变相应元素的颜色。

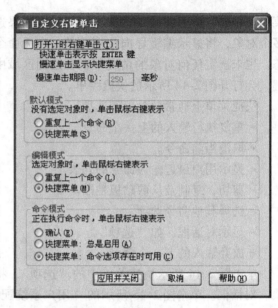

图 2-16 "自定义右键单击"对话框

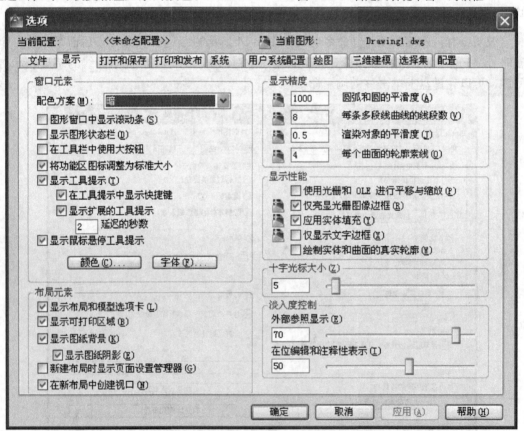

图 2-17 "选项"对话框的"显示"选项卡

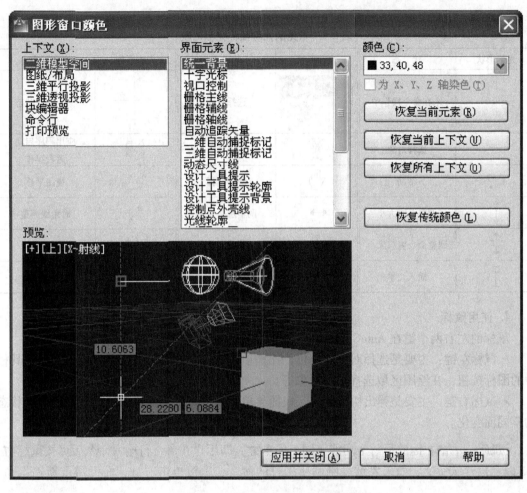

图 2-18 "图形窗口颜色"对话框

3. 光标形状

计算机屏幕上的光标随着鼠标的移动而移动。光标形状的变化取决于正使用的那个命令，或者根据其所在区域不同而改变形状。表 2-1 列出了常见的几种鼠标光标形状：

➢ 如果未在命令操作中，光标显示为一个十字光标和一个被称为拾取框的小方形光标的组合。

➢ 如果系统提示用户指定点位置，光标显示为十字光标，十字线的交点是光标的实际位置。

➢ 当提示用户选择对象时，光标将更改为拾取框的小方形。

➢ 如果系统提示用户输入文字，光标显示为竖线。

➢ 光标移到绘图区域外面时变为箭头形，也可

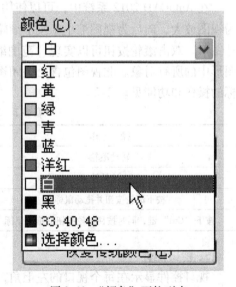

图 2-19 "颜色"下拉列表

以变为沙漏、手指、双箭头或四方向箭头。

表 2-1　常见的几种鼠标光标形状

光标形状	状　态	光标形状	状　态	光标形状	状　态
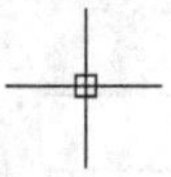	未在命令操作中		选择状态		命令输入状态
□	选择对象		等待		应用程序启动后台操作
	帮助		链接选择		视图平移
	调整垂直大小		调整水平大小		对角线调整
	调整命令窗口大小		移动对象	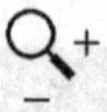	动态缩放
	插入文本		不可用		

4. 使用鼠标

鼠标的左右两个键在 AutoCAD 2012 中有着特定的操作含义。

➢ 鼠标左键：主要是选择对象和定位，比如单击鼠标左键可以选择菜单项，选择工具栏中的图标按钮，在绘图区域选择图形对象等。

➢ 鼠标右键：主要是弹出快捷菜单，快捷菜单的内容将根据光标所处的位置和系统状态的不同而变化。

> **说明：** 单击右键的另一个功能等同于回车键，即用户在命令行输入命令后可按鼠标右键确定执行该命令。如果要重复刚刚使用过的命令，也可单击右键，而无需重新输入命令。

在 AutoCAD 2012 系统中，可以使用 3D 鼠标来控制图形的显示，转动 3D 鼠标滚轮向前为视图放大，向后为视图缩小。按下滚轮按钮（光标变成形状）并拖动鼠标可以实时平移图形。双击滚轮按钮可以实现"范围缩放"，将用尽可能大的比例来显示视图，以便包含图形中的所有对象。此视图包含已关闭图层上的对象，但不包含冻结图层上的对象。3D 鼠标的操作和功能见表 2-2。

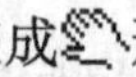

表 2-2　3D 鼠标的操作和功能

操　作	功　能
转动滚轮	向前为视图放大；向后为视图缩小
双击滚轮按钮	范围缩放（Zoom Extents）
按下滚轮按钮并拖动鼠标	实时平移（Pan Realtime）
按下"Ctrl"键，同时按住滚轮按钮并拖动鼠标	平移（Pan）

5. 视口控件

视口控件显示在每个视口的左上角，提供更改视图、视觉样式和其他设置的便捷方式，如图 2-20 所示。

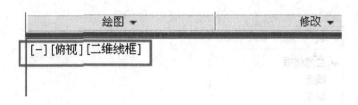

图 2-20 视口控件

视口控件标签将显示当前视口的设置。可以单击三个括号内区域中的每一个来更改设置。

➤ 单击"［－］"符号可显示选项，用于最大化视口、更改视口配置或控制导航工具的显示，如图 2-21 所示。

➤ 单击"［俯视］"以在几个标准和自定义视图之间选择，如图 2-22 所示。

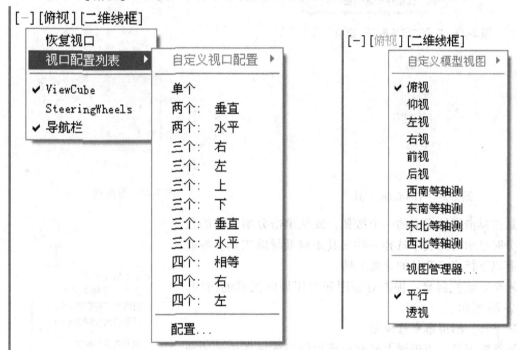

图 2-21 "［－］"符号选项　　　　　　　　　图 2-22 "［俯视］"选项

➤ 单击"［二维线框］"来选择一种视觉样式，如图 2-23 所示。大多数其他视觉样式用于三维可视化。

6. ViewCube 工具

ViewCube 是一种方便的工具，用来控制三维视图的方向，如图 2-24 所示。此工具可用于大多数 Autodesk 产品，当用户在产品之间切换时，它为用户提供一致的体验。

7. 导航栏

如图 2-25 所示，导航栏是一种用户界面元素，沿当前模型窗口的右侧浮动。用户可以从中访问通用导航工具和特定于产品的导航工具。

[-] [俯视] [二维线框]

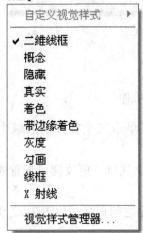

图 2-23　"[二维线框]"选项

图 2-24　ViewCube 工具

图 2-25　导航栏

通过单击导航栏中的一个按钮，或从单击分割按钮的较小部分时显示的列表中选择一种工具来启动导航工具。导航栏中有以下特定于产品的导航工具：

➢ 全导航控制盘：提供对通用和专用导航工具的访问，如图 2-26 所示。

➢ 平移：沿屏幕平移视图。

➢ 缩放工具：用于增大或减小模型的当前视图比例的导航工具集，如图 2-27 所示。

➢ 动态观察工具：用于旋转模型当前视图的导航工具集，如图 2-28 所示。

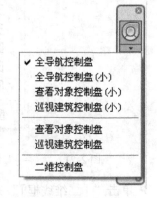

图 2-26　"全导航控制盘"列表

➢ ShowMotion：用户界面元素，为创建和回放电影式相机动画提供屏幕显示，以便进行设计查看、演示和书签样式导航。

8. UCS 图标

在绘图区域左下角显示一个图标，它表示矩形坐标系的 X、Y 轴。该坐标系称为"用户坐标系"，或称为 UCS 图标，如图 2-29 所示。

9. 滚动条

绘图窗口中包括垂直滚动条和水平滚动条，用来改变观察图形的位置。

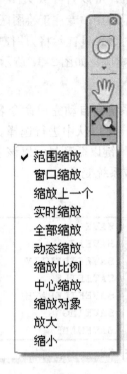

图 2-28　"动态观察工具"列表

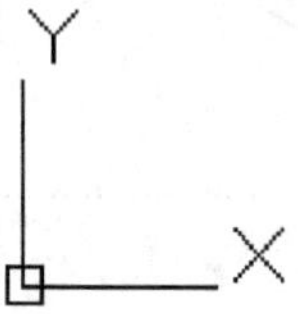

图 2-27　"缩放工具"列表

图 2-29　UCS 图标

10. 模型选项卡和布局选项卡

绘图窗口下部包括一个模型选项卡和两个布局选项卡，分别用于模型空间和布局空间之间的切换。通常情况下，用户先在模型空间绘制图形，绘图结束后再转至布局空间安排图纸输出布局。

七、命令行窗口

命令行窗口是一个可固定且可调整大小的窗口，最初显示三行最近使用的命令、系统变量、选项、信息和提示，可以通过拖动命令行窗口的边框分割条来垂直调整窗口的大小。窗口右侧的滚动栏，可以滚动显示以前的命令提示，用来查阅和复制命令的历史记录。命令行窗口的底部行称为命令行，显示正在进行的操作并提供程序执行情况的精确内部视图，如图 2-30 所示。

图 2-30　命令行窗口

用户可以使用键盘在命令行中直接输入命令（有些命令具有缩写名称，称为命令别名，输入一个或两个字母就代表了完整的命令名字，然后按 "Enter" 键或空格键执行该命令。命令行中会出现相应的命令或参数选项，这些选项显示在方括号中。如要选择某选项，可在命令行中输入选项中的大写字母（键盘输入字母时，大写或小写均可）。

注意：单击应用程序状态栏上的"动态输入" 按钮，可以打开或关闭动态输入。如果启用了动态输入，工具提示将在光标旁边显示信息，帮助用户专注于绘图区域，该信息会随光标移动而进行动态更新。当某命令处于活动状态时，工具提示将为用户提供输入的位置，用户可以在工具提示（而不是在命令行）中输入响应，如图 2-31 所示。按下箭头键可以查看和选择选项，按上箭头键可以显示最近的输入。

默认情况下，用户使用键盘在命令行中键入命令时，系统会自动完成命令名或系统变量。此外，还会显示一个图 2-32 所示的有效选择列表，用户可以从中进行选择。如果禁用自动完成功能，则可以在命令行中输入一个字母并按"Tab"键以循环显示以该字母开头的所有命令和系统变量，按"Enter"键或空格键来启动命令或系统变量。

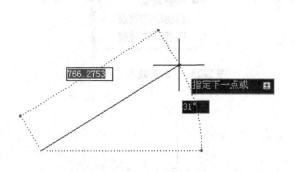

图 2-31　动态输入工具提示

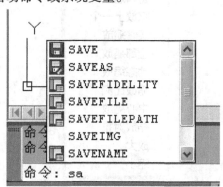

图 2-32　有效选择列表

注意：如果要重复刚刚使用过的命令，按"Enter"键或空格键，而无需再次输入命令。

在使用 AutoCAD 2012 进行绘图时，有时会输入错误的命令或选项，可以用←、→ 或"Backspace"（退格）键进行修改；如想取消当前正在执行的命令，或者想放弃已经选取的对象，用户可以按键盘上的"Esc"键来取消操作。

八、应用程序状态栏

应用程序状态栏位于 AutoCAD 2012 的最底部，如图 2-33 所示，它显示了绘图区域当前光标所在位置的坐标值、绘图工具，以及用于快速查看和注释缩放的工具。用户可以以图标或文字的形式查看图形工具按钮。通过捕捉工具、极轴工具、对象捕捉工具和对象追踪工具的快捷菜单，用户可以轻松更改这些绘图工具的设置。用鼠标单击任意一个图形工具按钮均可切换当前的工作状态，实现对这些功能的开关。按钮亮显时为激活状态，暗显时为关闭状态。

图 2-33　应用程序状态栏

九、图形状态栏

如图 2-34 所示，图形状态栏显示缩放注释的若干工具。对于模型空间和图纸空间，显示不同的工具。

图形状态栏打开后，将显示在绘图区域的底部。图形状态栏关闭时，图形状态栏上的工具移至应用程序状态栏。图形状态栏打开后，可以使用图 2-35 所示的"图形状态栏"菜单选择要显示在状态栏上的工具。

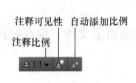

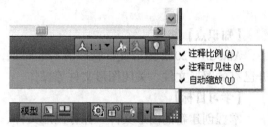

图 2-34　图形状态栏　　　　　　　　　图 2-35　"图形状态栏"菜单

项目三 AutoCAD 2012 的图形文件管理

【知识点】

AutoCAD 2012 图形文件管理的基本知识，包括创建新的图形文件、保存图形文件、打开已有的图形文件、关闭图形文件等操作。

【学习目标】

掌握创建新的图形文件、保存图形文件、打开已有的图形文件、关闭图形文件等图形文件管理的方法。

任务1 创建新的图形文件

【任务目标】 创建一个新的图形文件，以便开始绘一张新图。

1. 目的

学习创建一个新的图形文件。

2. 能力及标准要求

熟练掌握创建一个新的图形文件的方法。

3. 知识及任务准备

安装完 AutoCAD 2012 绘图软件。

➤"新建"命令功能：创建一个新的图形文件，以便开始绘制一张新图。

➤ 调用方法：

1）双击 Windows 桌面上 AutoCAD 2012 的快捷图标 ，系统将使用默认设置新建一幅空白图形文件，进入图 1-2 所示的 AutoCAD 2012 的工作界面。

2）依次单击图 3-1 所示的应用程序菜单 →"新建" →"图形" 。

3）命令行：输入 new。

4）快速访问工具栏：在图 3-2 所示的"快速访问工具栏"中单击"新建"命令图标按钮 。

4. 步骤

所有图形都是通过默认图形样板文件或用户创建的自定义图形样板文件来创建的。调用新建文件命令后，就可以打开图 3-3 所示的"选择样板"对话框。该对话框中列出了所有可供使用的样板，供用户单击选择。样板是指进行了某些设置的特殊图形。实际上，样板图形和普通图形并无区别，只是作为样板的图形具有更强的通用性，确定了诸多默认设置，如单位精度、标注样式、图层名、标题栏及其他设置，可以用做绘制其他图形的起点。用户也可根据专业工作的需要，创建自己的自定义图形样板文件，可保存大量随工作更改的设置，并且还可确保设置是标准化的。

图 3-1 使用应用程序菜单新建图形

图 3-2 快速访问工具栏

图 3-3 "选择样板"对话框

任务2　保存图形文件

【**任务目标**】将新建图形或修改后的图形保存在磁盘中。

1. 目的

学习保存图形文件的方法。

2. 能力及标准要求

熟练掌握保存图形文件的方法。

3. 知识及任务准备

创建一个新的图形文件或编辑修改一个图形文件。

➤"保存"命令功能：对于新建图形或修改后的图形，用户可将其保存在磁盘中。

➤调用方法：

1）依次单击图 3-4 所示的应用程序菜单的"保存"。

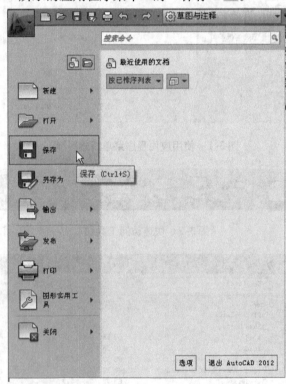

图 3-4　使用应用程序菜单保存图形

2）命令行：输入 save 或 s。

3）快速访问工具栏：在图 3-2 所示的"快速访问工具栏"中单击"保存"命令图标按钮。

4. 步骤

调用该命令后，如果当前图形已经命名，则系统自动将该图形的改变保存在磁盘中；如果当前图形还没有命名，则系统将弹出图 3-5 所示的"图形另存为"对话框。

图 3-5　"图形另存为"对话框

在对话框中选择要保存的文件路径和文件类型、输入保存的文件名称。AutoCAD 2012 自动将".dwg"作为保存图形文件的扩展名,如图 3-6 所示。DWG 文件名称(包括其路径)最多可包含 256 个字符。

如果要保存成样板图,将以".dwt"作为文件的扩展名,如图 3-7 所示。

图 3-6　".dwg"图形文件　　　　　　　　　　　　　图 3-7　".dwt"样板文件

单击"保存"按钮,返回到 AutoCAD 2012 的操作界面,此时标题栏显示当前图形文件的名称,如图 3-8 所示。

图 3-8　标题栏中显示当前图形文件的名称

如果想将当前编辑的图形文件以另一个新的名字保存,可调用应用程序菜单的"另存为"命令,或者在命令行输入 save,或者在图 3-2 所示的"快速访问工具栏"中单击"另存为"命令图标按钮,系统仍将弹出图 3-5 所示的"图形另存为"对话框,其操作同前述。

5. 注意事项

在对图形进行处理时,应当经常进行保存,这样可以确保在出现电源故障或发生其他意外事件时防止图形及其数据丢失。

任务3　打开已有的图形文件

【任务目标】打开磁盘中已有的图形文件。

1. 目的

学习打开磁盘中已有图形文件的方法。

2. 能力及标准要求

熟练掌握打开磁盘中已有的图形文件。

3. 知识及任务准备

在磁盘中保存好一个图形文件。

➢ "打开"命令功能：用于打开已有的图形文件。

➢ 调用方法：

1）依次单击图3-9所示的应用程序菜单▲→"打开"▷→"图形"▣。

图3-9　使用应用程序菜单打开图形

2）命令行：输入 open。

3）快速访问工具栏：在图 3-2 所示的"快速访问工具栏"中单击"打开"命令图标按钮 。

4. 步骤

调用该命令后，系统将弹出图 3-10 所示的"选择文件"对话框。用户可以在对话框顶部的"查找范围"下拉列表框中选择确切的图形文件位置，并在其下面的列表中显示当前目录的内容。单击一个文件名使之亮显后，将在右侧预览窗口中显示该图形文件的位图图像。单击"打开"按钮或直接双击需要打开的文件即可打开指定的图形文件。

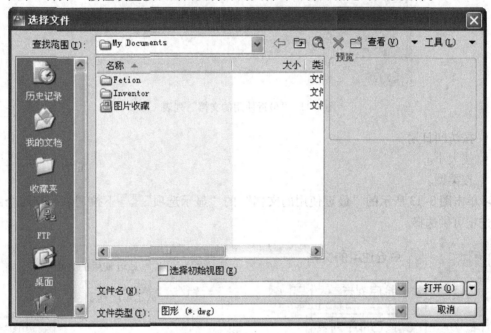

图 3-10 "选择文件"对话框

注意：在寻找样板文件过程中，要改变"文件类型"为图形样板（＊.dwt）。

5. 注意事项

在应用程序菜单里还可查看"最近使用的文档"和"打开文档"，下面会分别介绍。使用"Ctrl" + "Tab"键可以在打开的多个图样之间进行切换。

一、最近使用的文档

使用图 3-11 所示的"最近使用的文档" 列表来查看最近使用的文件。默认情况下，在最近使用的文档列表的顶部显示的文件是最近使用的文件。

➤ 固定文件：用户可以使用右侧的图钉按钮 使文件保持在列表中，不论之后是否又保存了其他文件，文件将显示在"最近使用的文档"列表的底部，直至关闭图钉按钮。

➤ 排序和分组选项：使用图 3-12 所示的"最近使用的文档"列表顶部的下拉列表，可以按以下方式对文件进行排序或分组：

• 按已排序列表。

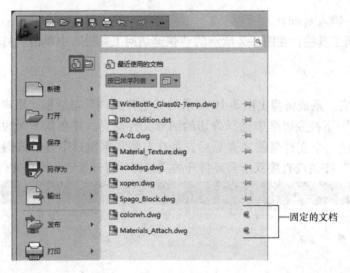

图 3-11 "最近使用的文档"列表

- 按访问日期。
- 按大小。
- 按类型。

➢ 单击图 3-13 所示的"最近使用的文档"的"显示选项" 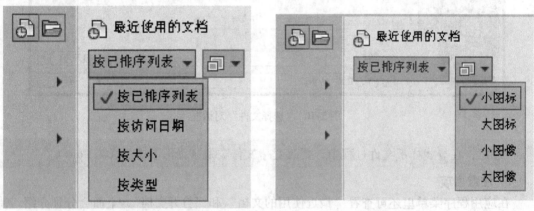 下拉列表，有四个预览显示选项可供选择。

图 3-12 "最近使用的文档"列表顶部的下拉列表　图 3-13 "最近使用的文档"的"显示选项"菜单

注意：所选的预览显示选项保留在"最近使用的文档"列表和"打开文档"列表中。

➢ 更改列出的最近使用的文档数的方法：单击应用程序菜单▒中的▒按钮，在"选项"对话框中，单击图 3-14 所示的"打开和保存"选项卡，在"应用程序菜单"的"最近使用的文件数"文本框中，输入要列出的最近使用的文档数，可以选择 0 到 50 之间的任意数字。

二、当前打开的文档

使用"打开文档" ▒列表仅用来查看当前打开的文件。如图 3-15 所示，打开的文档列

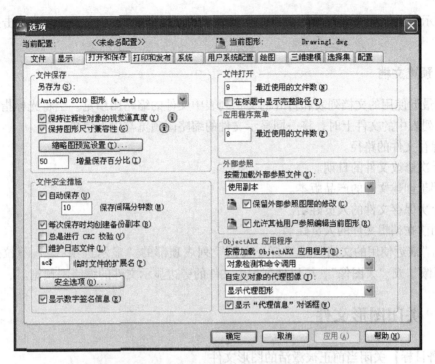

图 3-14　"选项"对话框的"打开和保存"选项卡

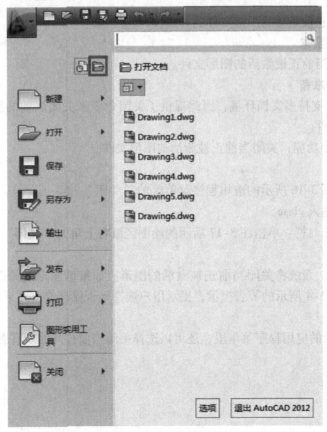

图 3-15　当前打开的文档

表顶部显示的文件是最近打开的文件。若要使文件变为当前使用的文件，请单击列表中的文件。

三、预览文档

查看最近使用的文档列表和打开的文档列表中文件的缩略图预览。当将光标指针悬停在其中一个列表中的文件上时，将一同显示文件的缩略图预览与以下信息：

- 保存文件的路径。
- 上次修改文件的日期。
- 用于创建文件的产品版本。
- 上次保存文件的人员姓名。
- 当前在编辑文件的人员姓名。

单击"最近使用的文档"或"打开文档"列表顶部的"显示选项" ⊡▾下拉列表，选择"小图像"或"大图像"，可以使列表中文件的旁边显示文件的缩略图预览。

任务4 关闭图形文件

【任务目标】关闭当前正被激活的图形文件。

1. 目的

学习关闭当前正被激活的图形文件的方法。

2. 能力及标准要求

熟练掌握关闭当前正被激活的图形文件。

3. 知识及任务准备

AutoCAD 2012 支持多文档环境，因此提供了关闭命令来关闭当前的图形文件，而不影响其他已打开的文件。

➢"关闭"命令功能：关闭当前正被激活的图形文件。

➢ 调用方法：

1）依次单击图 3-16 所示的应用程序菜单 ▲的"关闭" ◻。

2）命令行：输入 close。

3）快速访问工具栏：单击图 3-17 所示的绘图区域右上角的"关闭"命令按钮 ⊠。

4. 步骤

调用该命令后，系统将关闭当前正被激活的图形。如果该图形的修改结果还没有保存过，将显示一个图 1-4 所示的警告提示，提示用户选择是否保存修改结果。

5. 注意事项

在图 3-16 所示的应用程序菜单里，还可以选择关闭当前打开的所有图形。

图 3-16 使用应用程序菜单关闭图形

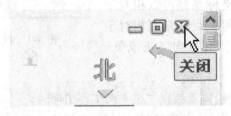

图 3-17 绘图区域的"关闭"命令按钮

项目四　AutoCAD 2012 中的坐标系统

【知识点】

AutoCAD 2012 中的坐标系统的知识点包括笛卡尔坐标系统 CCS、世界坐标系统 WCS、用户坐标系统 UCS；点的绝对直角坐标值、极坐标系统及相对坐标系统。

【学习目标】

掌握 AutoCAD 2012 中的笛卡尔坐标系统 CCS、世界坐标系统 WCS、用户坐标系统 UCS；熟练掌握点的绝对直角坐标值、极坐标系统及相对坐标系统的基本概念和使用方法。

一、笛卡尔坐标系统 CCS（Cartesian Coordinate System）

笛卡尔坐标系统又称为直角坐标系统，是由一个原点和三个通过原点并相互垂直的坐标轴构成。AutoCAD 2012 采用三维笛卡尔坐标系统（CCS）来确定图中各点的位置。

二、世界坐标系统 WCS（World Coordinate System）

绘制图形时，AutoCAD 2012 默认将用户图形置于图 4-1 所示的世界坐标系统（WCS）中，默认水平方向的坐标轴为 X 轴，以向右为其正方向；垂直方向的坐标轴为 Y 轴，以向上为其正方向；Z 轴正方向垂直于屏幕平面向外，指向用户；原点坐标为（0，0，0）在绘图区左下角。世界坐标系统的坐标原点和坐标轴方向都不能被改变，其他任何坐标系都可以相对于它建立起来。图形中的任何一点都是用相对于原点的距离（以单位表示）和方向（正或负）来表示的。

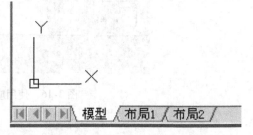

图 4-1　世界坐标系统 WCS 图标

> **注意**：在 XOY 平面上绘制、编辑二维平面工程图形时，只需要输入 X 轴和 Y 轴的坐标，第三维 Z 轴坐标始终由 AutoCAD 2012 系统自动赋值为零。

> **说明**：虽然 WCS 不可更改，但可以从任意角度、任意方向来观察或旋转图形。

三、用户坐标系统 UCS（User Coordinate System）

如果重新设置坐标系统原点或调整坐标系统的其他设置，则世界坐标系 WCS 就变成用户坐标系 UCS。用户可根据需要创建无限多的坐标系。用户可以使用"ucs"命令来对 UCS 进行定义、保存、恢复和移动等一系列操作。

四、点的绝对直角坐标值

点的绝对直角坐标值是在二维平面上用相距 Y 轴和 X 轴的距离来指定点的位置。在命令提示输入点时，可以使用定点设备指定点，也可以在命令提示下输入坐标值；打开动态输入时，可以在光标旁边的工具提示中输入坐标值。点的绝对直角坐标值的输入方法为：依次输入 X 坐标值，再输入英文状态的逗号"，"和 Y 坐标值。例如，点 A 的坐标值为（200，60）。

五、极坐标系统

如图 4-2 所示，极坐标系统是由极点和极轴构成，极轴的方向为水平向右，平面上任一点 P 都可以由该点到极点的连线长度 L 和连线与极轴的夹角 α（默认情况下，极角角度按逆时针方向增大，按顺时针方向减小，要指定顺时针方向，为角度输入负值）所定义。在 AutoCAD 2012 中，用极坐标来定义一个点的表示方法为"距离＜角度"（$L < \alpha$），其中小于号"＜"表示极角角度。例如，"100＜45"表示距离极点为 100 个图形单位，角度为 45°处的一点。

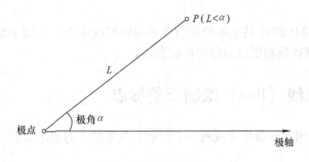

图 4-2　极坐标系统

提示：同时按住"Shift"键和键盘底部的"，"键可以输入小于号"＜"。

六、相对坐标系统

在用 AutoCAD 2012 画图时，经常需要根据点与点之间的相对位移来绘制图形，而不需要指定每个点的绝对坐标。所谓相对坐标是基于上一输入点的，就是某点与上一个相对点的相对位移值。如果知道某点与前一点的位置关系，就可以使用相对坐标。

AutoCAD 2012 规定所有相对坐标的前面添加一个符号@，用于与绝对坐标相区别。例如，某一直线的起点 A 坐标为（100，100）、终点 B 坐标为（200，100），则终点 B 相对于起点 A 的相对直角坐标为（@100，0），用相对极坐标表示应为（@100＜0）。

提示：同时按住"Shift"键和键盘上部的数字键"2"可以输入符号@。

注意：对于用相对极坐标指定的点，它们是相对于前一点，而不是极点（0，0）来定位的。

输入相对坐标的另一种方法是：通过移动光标指定方向，然后直接输入距离，即可沿光标所指方向按指定距离定位下一个点，此方法称为直接距离输入。

项目五　AutoCAD 2012 的基本绘图及操作命令

【知识点】

AutoCAD 2012 的基本绘图命令，包括直线、圆、点、定数等分、定距等分、矩形、圆角、倒角、多边形、射线及构造线。

AutoCAD 2012 的基本编辑修改命令，包括选择与删除图形对象、修剪、延伸、打断、合并、旋转、复制、移动、镜像及阵列。

AutoCAD 2012 的知识点还包括极轴追踪、对象捕捉以及对象捕捉追踪；图层的概念及操作；使用射线及构造线画三视图的方法；查询和更改对象特性。

【学习目标】

熟练掌握 AutoCAD 2012 的基本绘图命令和编辑修改命令，并能够绘制比较复杂的二维图形和三视图。掌握查询和更改对象特性的方法。

任务1　使用直线（line）绘制三菱标志

【任务目标】 使用直线命令完成图 5-1 所示的三菱标志的图形绘制。

1. 目的

通过该图形的绘制，学习"直线"命令的使用方法、点的位置的确定方法、极轴追踪及对象捕捉的使用方法。

2. 能力及标准要求

快速确定图形各个顶点的位置，熟练使用"直线"命令、极轴追踪及对象捕捉绘制图形。

3. 知识及任务准备

要完成本任务，先要掌握"直线"命令、极轴追踪及对象捕捉的使用方法，下面分别介绍。

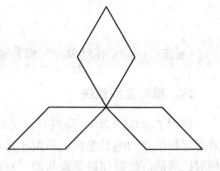

图 5-1　三菱标志

（1）直线（line）命令的使用方法　直线是在各种图形中最常用的，也是最简单的一类图形对象，只要依次确定直线的起点和终点即可。确定直线两个端点的方法有三种：一是使用鼠标在绘图区内直接点取选择某一点；二是在提示行输入点的坐标值；三是使用各种辅助工具精确确定点的位置。

➢ "直线"命令功能：绘制直线段或多条首尾相接的线段。

➢ 调用方法：

1）依次单击图 5-2 所示的"常用"选项卡→"绘图"面板→"直线" /。

2）命令行：输入 line 或 l。

说明： 在命令行输入命令时，英文字母大、小写等效。

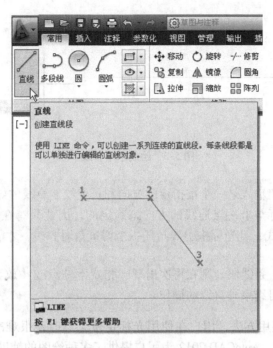

图 5-2 "常用"选项卡→"绘图"面板→"直线"

提示：在命令输入以后，AutoCAD 2012 会在命令提示区给出进一步的提示或弹出对话框，以要求输入参数、选择命令选项、拾取有关按钮等完成命令所需要的响应，用户必须作出相应的响应，才能执行完命令。

启动直线（Line）命令后，在命令栏会出现以下提示：

命令：_ line 指定第一点：（用鼠标在绘图区域适当位置直接点取，也可以在命令提示下输入坐标值指定第一个点 1，如图 5-3 所示）。

指定下一点或 [放弃（U）]：（系统等待用户确定下一点的位置，或者输入选项中括号内的大写字母"U"（也可以输入小写字母），放弃刚刚选择的第一点，重新确定第一点的位置。此时类似一条橡皮筋线的拖引线将从起点 1 处延伸到光标位置，并且随着光标的移动改变直线的长度和角度）。

说明：只要输入各种命令选项后面括号里的英文字母（不区分大小写）即可调出各个选项的命令提示，按照提示进行操作即可完成图形绘制。本书后面讲述的各种命令选项的使用方法与此相同。

指定下一点或 [放弃（U）]：＜正交 开＞（画水平线或垂直线时，请按下键盘上的功能键"F8"或单击激活状态栏上"正交模式"图形工具按钮，打开正交模式后，可以将光标限制在水平或垂直方向上移动，以便于精确地创建和修改对象）。

指定下一点或 [放弃（U）]：＜正交 开＞1000（水平向右移动光标，直接从键盘输入距离 1000，此时直线就以指定的长度和光标拖引线指定的方向绘制出一条从点 1 到点 2 的长度为 1000 个单位的直线段来，如图 5-3 所示）。

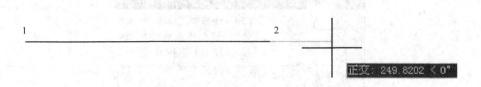

图 5-3 绘制水平直线

注意：直接的距离输入是一个按指定的方向和长度绘制直线的好方法，但是由于直线的方向是根据当前光标与上一点连线的方向来确定的，因此只有在打开"正交"模式或打开"极轴追踪"模式，且光标拖引线与任一个增量角对齐时，才能绘制精确的图形。

说明：如果只画一条线段，则在再次出现"指定下一点或［放弃（U）］:"时单击鼠标右键或回车键，即可结束画直线的操作。

（2）极轴追踪的使用方法　用户在使用光标定位某点时，很难准确指定某个位置，总会存在或多或少的误差。AutoCAD 2012 为用户提供了多种绘图的辅助工具，如栅格、捕捉、正交、极轴追踪和对象捕捉等，这些辅助工具类似于手工绘图时使用的方格纸、三角板，可以更容易、更准确地创建和修改图形对象。灵活、方便地使用这些工具，可以快速和精确地绘图，并大大提高绘图效率。

AutoCAD 2012 提供的极轴追踪（Polar Tracking）功能，可以用指定的角度来绘制对象。按下键盘上的功能键"F10"，或单击状态栏上的"极轴追踪"图形工具按钮 ，可以在打开和关闭"极轴追踪"模式之间进行切换。用鼠标右键单击状态栏上的"极轴追踪"图形工具按钮 ，打开图 5-4 所示的快捷菜单，单击可用角度（默认为 90°）；或单击"设置"，打开图 5-5 所示的"草图设置"对话框的"极轴追踪"选项卡，在"增量角"列表中，选择极轴追踪角度或输入某一角度值，单击 确定 按钮。

在极轴追踪模式下确定目标点，当用户移动光标时，在光标接近指定的极轴追踪角度或其整数倍角度的方向上，将显示一条临时的极轴追踪对齐路径虚线，并自动地在对齐路径上捕捉距离光标最近的点（即极轴角

图 5-4　"极轴追踪"快捷菜单

固定、极轴距离可变），同时给出表明光标距离和角度的工具提示，用户可据此准确地确定目标点；当光标从指定的极轴追踪角度或其整数倍角度移开时，对齐路径和工具提示消失。

（3）对象捕捉的使用方法　AutoCAD 2012 提供的对象捕捉功能（Object Snap），可以指定对象上的精确位置，使用户在绘图过程中可直接利用光标来精确地定位目标点，如圆心、端点、中点、垂足等。

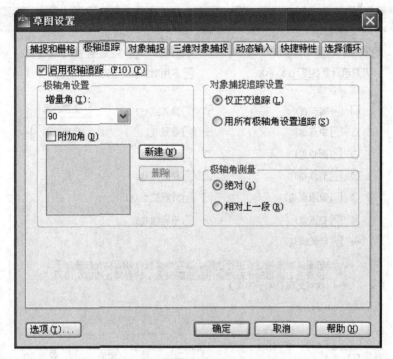

图 5-5　"草图设置"对话框的"极轴追踪"选项卡

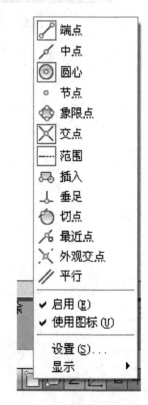

　　按下键盘上的功能键"F3"，或单击状态栏上的"对象捕捉"图形工具按钮🔲，可以在打开和关闭"对象捕捉"模式之间进行切换。用鼠标右键单击状态栏上的"对象捕捉"图形工具按钮🔲，打开图 5-6 所示的快捷菜单，选择要使用的对象捕捉模式；或单击"设置"，打开图 5-7 所示的"草图设置"对话框的"对象捕捉"选项卡，在"对象捕捉模式"区各复选框里单击选择要使用的对象捕捉模式，会有一个"√"出现，选择完毕后单击 ▭确定 按钮完成设置。

　　在系统提示输入点时，按住"Shift"键并在绘图区域内单击鼠标右键，可打开图 5-8 所示的快捷菜单，选择要使用的对象捕捉。

　　由于在绘图中需要频繁地使用对象捕捉功能，因此系统允许将选中的对象捕捉模式缺省设置为打开状态，当光标接近对象的对象捕捉位置时，系统会显示出自动捕捉对象几何图形标记、捕捉工具提示和磁吸。此功能称为 AutoSnap™（自动捕捉），提供了视觉提示，指示哪些对象捕捉正在使用。磁吸用于将十字光标的位置自动锁定到最靠近选择的符合条件的捕捉点上。

图 5-6　"对象捕捉"快捷菜单

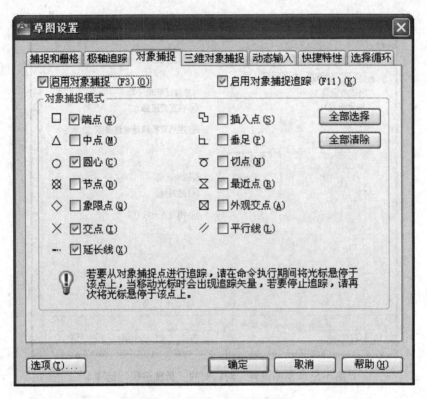

图 5-7 "草图设置"对话框的"对象捕捉"选项卡

图 5-8 绘图区域"对象捕捉"快捷菜单

> **注意**：尽量只打开少数几个常用的对象捕捉模式，如端点、交点、圆心等。如果打开的捕捉模式过多，当光标移到较复杂的图形区域时会彼此干扰，反而不利于精确快速地捕捉定位目标点。

4. 步骤

启动直线（Line）命令后，在命令栏会出现以下提示：

命令：_ line 指定第一点：（如图 5-3 所示，用鼠标在绘图区域适当位置直接点取指定第一个点 1）。

指定下一点或［放弃（U）］：＜正交 开＞1000（打开正交模式，如图 5-3 所示，水平向右移动光标，输入距离 1000 确定第 2 点）。

指定下一点或［放弃（U）］：＜极轴 开＞（打开极轴追踪模式，在"极轴追踪"按钮 ◎ 上单击鼠标右键，在图 5-4 所示的快捷菜单上单击选择 45°）。

指定下一点或［放弃（U）］：＜极轴 开＞500（如图 5-9 所示，移动光标，当拖引线到达 315°时，将显示一条临时的极轴追踪对齐路径虚线，输入 500 单位距离来确定第 3 点）。

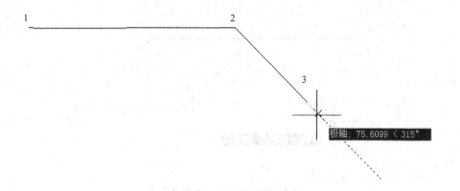

图 5-9　确定三菱标志第 3 点

指定下一点或［闭合（C）／放弃（U）］：500（如图 5-10 所示，向左移动光标，使用极轴追踪沿着 180°的对齐路径进行追踪，输入 500 单位距离来确定第 4 点）。

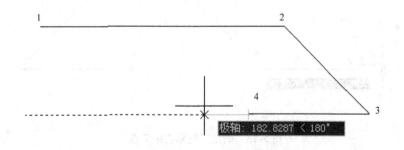

图 5-10　确定三菱标志第 4 点

指定下一点或［闭合（C）／放弃（U）］：500（如图 5-11 所示，移动光标，使用极轴追踪沿着135°的对齐路径进行追踪，输入500单位距离来确定第5点）。

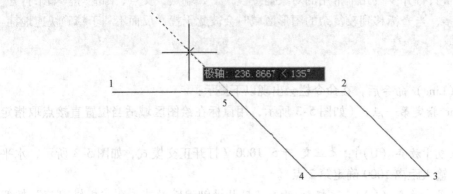

图5-11　确定三菱标志第5点

指定下一点或［闭合（C）/放弃（U）］：500（如图5-12所示，移动光标，使用极轴追踪沿着225°的对齐路径进行追踪，输入500单位距离来确定第6点）。

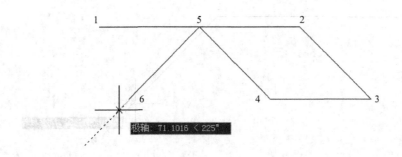

图5-12　确定三菱标志第6点

指定下一点或［闭合（C）/放弃（U）］：500（如图5-13所示，向左移动光标，使用极轴追踪沿着180°的对齐路径进行追踪，输入500单位距离来确定第7点）。

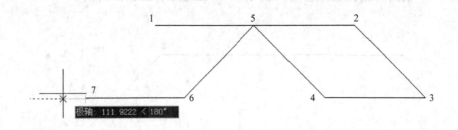

图5-13　确定三菱标志第7点

指定下一点或［闭合（C）/放弃（U）］：C［输入字母C（Close），回车后形成图5-14所示的第1点和第7点首尾相接的闭合折线，完成三菱标志的下半部分］。

为了绘制三菱标志的上半部分，首先要打开图5-4所示的快捷菜单，单击选用30°极轴

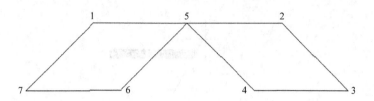

图 5-14 首尾相接的闭合折线

追踪角度；再打开图 5-7 所示的"草图设置"对话框的"对象捕捉"选项卡，单击选择"端点"或"交点"对象捕捉模式（这两种对象捕捉方式是系统启动后默认打开的）。再次启动直线（Line）命令后，命令栏会出现以下提示：

命令：_ line 指定第一点：（打开对象捕捉功能，移动鼠标，当光标接近图 5-15 所示的第 5 点时，系统会显示出自动捕捉对象"端点"或"交点"的几何图形标记、捕捉工具提示和磁吸，此时单击左键，即可将光标精确定位在第 5 点上）。

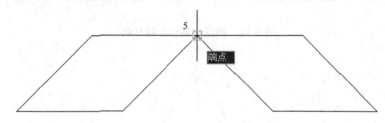

图 5-15 使用对象捕捉功能捕捉端点

指定下一点或［放弃（U）］：500（如图 5-16 所示，移动光标，使用极轴追踪沿着 60° 的对齐路径进行追踪，输入 500 单位距离来确定第 8 点）。

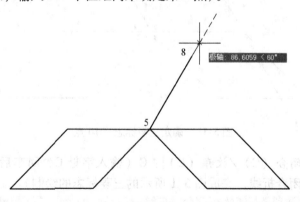

图 5-16 确定三菱标志第 8 点

指定下一点或［放弃（U）］：500（如图 5-17 所示，移动光标，使用极轴追踪沿着 120° 的对齐路径进行追踪，输入 500 单位距离来确定第 9 点）。

指定下一点或［闭合（C）／放弃（U）］：500（如图 5-18 所示，移动光标，使用极轴追踪沿着 240° 的对齐路径进行追踪，输入 500 单位距离来确定第 10 点）。

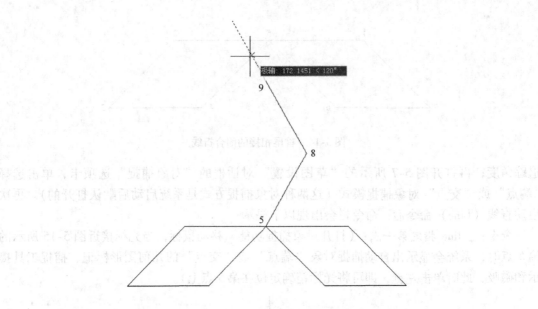

图 5-17　确定三菱标志第 9 点

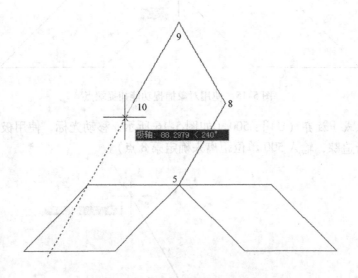

图 5-18　确定三菱标志第 10 点

指定下一点或 [闭合 (C) /放弃 (U)]：C（输入字母 C，回车后闭合第 5 点和第 10 点，形成首尾相接的闭合折线，完成图 5-1 所示的三菱标志的绘制）。

说明：在执行直线命令期间，可以通过输入字母 U（Undo 命令）或单击快速访问工具栏上的“放弃”按钮来放弃前一条绘制的直线段。重复执行 Undo 命令，可以清除每次绘制的前一条直线段。

5. 注意事项

1）要用上次绘制的直线的端点为起点绘制新的直线，再次启动“Line”命令，然后在出现“指定起点”提示后按“Enter”键。

2）本任务确定各直线段顶点位置的方法和顺序并非唯一，用户可尝试用其他方法绘制。本书后面很多图形的绘制除特别说明外，同样可以采用不同方法。

3）本任务只是先绘出了一个三菱标志的线框图形，其内部实心部分将用到图案填充命令，使用方法将在后面介绍。可以先将本任务绘制的图形保存起来，后面再填充图案。

6. 讨论

绘制上述图形的过程中，在确定各顶点位置时，还可以有哪些不同的方法？能否总结出绘制直线段的一些技巧？

任务2　选择与删除（Erase）图形对象

【**任务目标**】选择并删除图形对象。

1. 目的

学习选择并删除图形对象的方法。

2. 能力及标准要求

熟练使用各种选择方式选定并删除图形对象。

3. 知识及任务准备

删除（Erase）命令属于图形的编辑命令。在编辑修改图形时，首先需要确定编辑的对象，再进行图形对象的编辑修改。当调取一个编辑命令时，系统会提示："选择对象："，要求用户选定需要编辑的一个或多个图形元素。AutoCAD 2012 将用虚线亮显被选择的对象。打开本项目任务1完成的图 5-1 所示的三菱标志图形，首先学习删除（Erase）命令的使用：

➢"删除"命令功能：用于在图形中删除用户所选择的一个或多个对象。

➢调用方法：

1）依次单击图 5-19 所示的"常用"选项卡→"修改"面板→"删除" 📏。

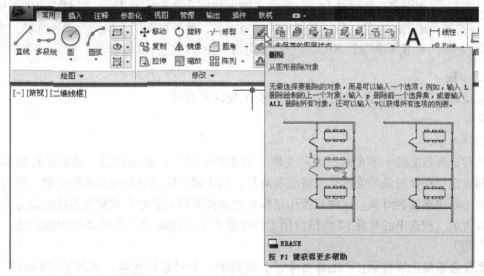

图 5-19　"常用"选项卡→"修改"→面板"删除"

2）快捷菜单：选定对象后单击右键，弹出图 5-20 所示的快捷菜单，选择"删除"项。

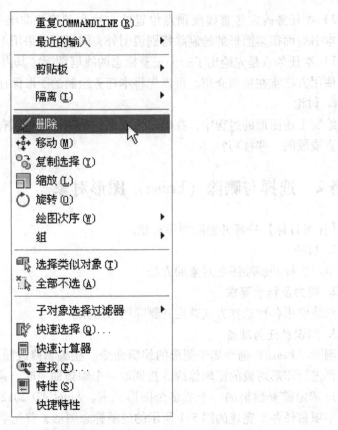

图 5-20 快捷菜单"删除"项

3）命令行：输入 erase 或 e。

说明：对于大部分的编辑命令，用户通常可使用两种编辑方法，一种是先启动编辑命令，再选择要编辑的对象；另一种则是先选择对象，然后再调用编辑命令进行编辑。为了叙述的统一，本书 AutoCAD 2012 部分均使用第一种方法进行编辑修改。

4. 步骤

启动删除（Erase）命令后，在命令栏会出现以下提示：

命令：_ erase

选择对象：

此时，屏幕上的十字光标"✛"变成"对象拾取靶"的拾取框▢。移动鼠标矩形拾取框光标放在要选择对象的位置时，将亮显对象，这样就可以预览单击选择的对象。单击左键即可选中希望删除的对象。这种直接用鼠标点取选择图形对象的方式称为直接拾取方式。如图5-21所示，被选中的对象12线段将用虚线亮显表示已被选中（要放弃选中的对象，可按"Esc"键）。

系统会重复出现提示："选择对象："，等待下一个对象的选取，直到按"Enter"键或单击鼠标右键，结束对象的选择并删除选定的对象。

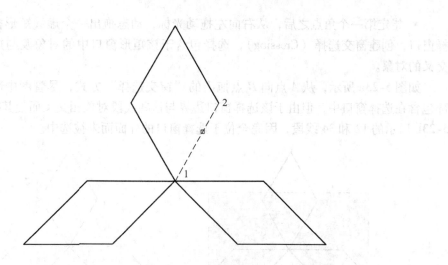

图 5-21　直接拾取方式选择对象

> **注意**：对于一个已删除的对象，虽然在屏幕上看不到它，但在图形文件还没有关闭之前，该对象仍保留在图形数据库中，用户可输入"oops"命令进行恢复。当图形文件被关闭后，则该对象将被永久性地删除。

5. 注意事项

当希望选择的对象较多时，可以通过指定对角点定义一个矩形区域来选择对象。当系统出现"选择对象："提示时，用鼠标单击某一点后会显示一个橡皮筋矩形框，并在向对角点拖动光标时，扩大或收缩该矩形框，且区域背景的颜色将更改，变成透明的。移动鼠标，使该矩形框包含想要选择的对象后再次单击鼠标左键，以定义该矩形框的对角点，即可一次选中多个对象。

● 指定第一个角点之后，从左向右拖动光标，动态拖出一个实线矩形框而形成一个选择窗口，创建封闭的窗口选择（Windows），仅选择完全包含在该矩形区域中的对象。

如图 5-22a 所示，从 A 点向 B 点拖出的"窗口选择"方式，选择窗口中只选中了图 5-22b 所示图中的 12、23、24 和 25 直线段对象，其余线段因为都有一部分或全部不在该矩形窗口之中，所以没有选中。

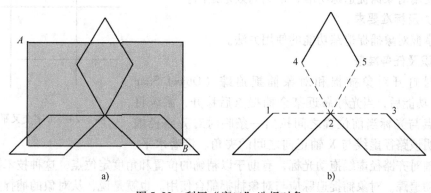

a)　　　　　　　　　　　　　　　b)

图 5-22　利用"窗口"选择对象

a）选择　b）选择结果

• 指定第一个角点之后，从右向左拖动光标，动态拖出一个虚线矩形框而形成一个选择窗口，创建窗交选择（Crossing），选择包含于该矩形窗口中的对象及与矩形窗口边界相交叉的对象。

如图 5-23a 所示，从 A 点向 B 点拖出的"窗交选择"方式，尽管图中部分线段不是全部包含在选择窗口中，但由于该选择窗口边界与这些线段对象相交叉而使其被选中，只有图 5-23b 所示的 12 和 34 线段，因完全位于选择窗口的外面而未被选中。

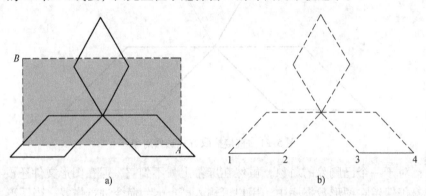

图 5-23 利用"窗交"选择对象

a）选择 b）选择结果

6. 讨论

如果想从已经选择的多个对象中删除个别选择对象该怎样操作？

可以在"选择对象："提示下输入字母 r（删除）并使用任意选择方式将特定对象从当前选择集中删除。要重新将对象添加到选择集中，请输入字母 a（添加），也可以按住"Shift"键并再次选择对象从当前选择集中删除对象。

任务3 使用对象捕捉追踪绘制对齐图形

【任务目标】绘制图 5-24 所示的十字交叉平行线。

1. 目的

学会使用对象捕捉追踪功能，精确高效地绘图。

2. 能力及标准要求

熟练掌握对象捕捉追踪功能的使用方法。

3. 知识及任务准备

当同时打开对象捕捉和对象捕捉追踪（Object Snap Tracking）功能后，当光标靠近某个捕捉点后移开，系统将在该捕捉点与光标当前位置之间拉出一条临时对齐路径虚线，并说明该路径虚线与 X 轴正向之间的夹角。沿着水平、

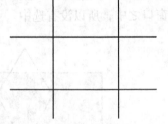

图 5-24 十字交叉平行线

垂直或极轴对齐路径虚线拖动光标，有助于以精确的位置和角度定位点，这种技术被称为对象捕捉自动追踪。对象捕捉追踪应与对象捕捉配合使用。也就是说，从对象的捕捉点开始追踪之前，必须首先设置对象捕捉。先使用正交模式在绘图区域的适当位置绘制图 5-25a 所示

的两条垂直交叉的直线段。

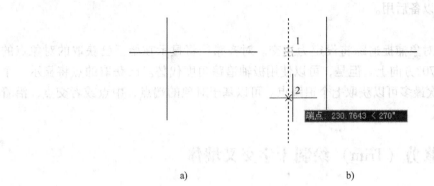

a)   b)

图 5-25　使用对象捕捉追踪定位点

a）垂直交叉直线　b）利用对象捕捉追踪定位第 2 点

➢ "对象捕捉追踪" 命令功能：可以沿着基于对象捕捉点的对齐路径进行追踪。

➢ 调用方法：按下键盘上的功能键 "F11"，或者依次激活应用程序状态栏 "对象捕捉" 图形工具按钮 □ →图 5-26 所示的 "对象捕捉追踪" 图形工具按钮 ∠。

图 5-26　"对象捕捉追踪" 图形工具按钮

4. 步骤

命令：_ line 指定第一点：（直线的起点将捕捉自指定点延伸出的垂直和水平路径的假想交点。此位置是由指定第一个点之后移动光标的方向确定的。将光标移动到图 5-25b 所示直线的端点 1 处获取该点，然后沿垂直对齐路径向下移动光标，在适当位置单击左键定位要绘制的直线的端点 2）。

指定下一点或 [放弃（U）]：（将光标移动到图 5-27a 所示直线的端点 3 处获取该点，然后沿垂直对齐路径向下移动光标，会与水平对齐路径形成交点 4，如图 5-27b 所示，单击左键即可绘制出一条对齐的水平直线段）。

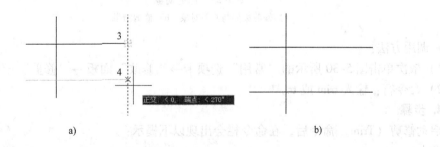

a)   b)

图 5-27　绘制对齐的水平直线段

a）利用对象捕捉追踪定位第 4 点　b）完成对齐的水平直线段

按上述方法，再绘制一条对齐的垂直直线段，即可完成图 5-24 所示的十字交叉平行线。将此图形保存起来以备后用。

5. 注意事项

默认情况下，对象捕捉追踪将设定为正交。对齐路径将显示在始于已获取的对象点的 0°、90°、180°和 270°方向上。但是，可以使用极轴追踪角度代替。已获取的点将显示一个小加号（＋），一次最多可以获取七个追踪点。可以基于对象的端点、中点或者交点，沿着某个路径选择一点。

任务 4　使用修剪（Trim）绘制十字交叉墙体

【任务目标】绘制图 5-28 所示的十字交叉墙体。

1. 目的

通过对该图形的编辑和处理，学习使用"修剪"命令。

2. 能力及标准要求

熟练掌握"修剪"命令的使用方法。

3. 知识及任务准备

打开上一任务绘制完成的图 5-24 所示的十字交叉平行线，可以将其看作待处理的十字交叉的墙体部分。

➤"修剪"命令功能：用来修剪超出由其他对象定义的边界的部分线段实体，如图 5-29 所示。

图 5-28　十字交叉墙体

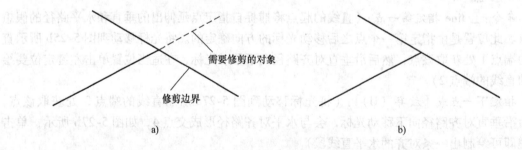

图 5-29　修剪对象
a）修剪边界与修剪对象　b）修剪结果

➤ 调用方法：

1）依次单击图 5-30 所示的"常用"选项卡→"修改"面板→"修剪" ---。

2）命令行：输入 trim 或 tr。

4. 步骤

启动修剪（Trim）命令后，在命令栏会出现以下提示：

命令：_ trim

当前设置：投影＝UCS，边＝无

选择剪切边...

系统首先显示"修剪"命令的当前设置，并提示用户选择作为剪切边界边的对象。如

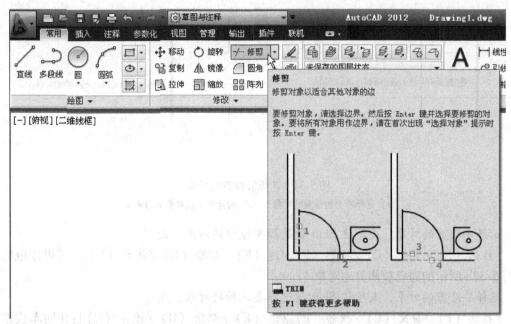

图 5-30　"常用"选项卡→"修改"面板→"修剪"

果在两个剪切边之间的对象上拾取一点，则两个剪切边之间的对象将被删除。

选择对象或 <全部选择>：找到 1 个（选择图 5-31a 所示的线段 1 为修剪边界）。

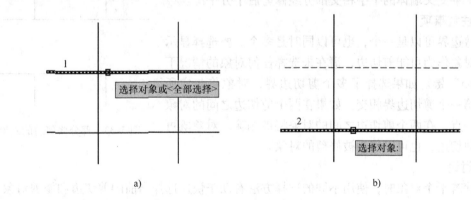

a)　　　　　　　　　　　　　　　　b)

图 5-31　选择修剪边界

a）选择线段 1 为修剪边界　b）选择线段 2 为修剪边界

选择对象：找到 1 个，总计 2 个（再选择图 5-31b 所示的线段 2 为修剪边界）。

选择对象：（回车或按右键结束选择修剪边界对象后，系统进一步提示：）。

选择要修剪的对象，或按住 Shift 键选择要延伸的对象，或

[栏选（F）/窗交（C）/投影（P）/边（E）/删除（R）/放弃（U）]：

此时，用户可选择如下操作：

●　直接用鼠标选择被修剪的对象。

●　按"Shift"键的同时来选择对象，这种情况下可作为"延伸"命令使用。用户所确定的修剪边界即作为延伸的边界。

本任务先直接用鼠标选择图 5-32a 所示的需要被修剪的对象 3。

图 5-32　选择被修剪的对象

a）选择需要被修剪的对象 3　b）选择需要被修剪的对象 4

选择要修剪的对象，或按住 Shift 键选择要延伸的对象，或

［栏选（F）/窗交（C）/投影（P）/边（E）/删除（R）/放弃（U）］：（再用鼠标选择图 5-32b 所示的需要被修剪的对象 4）。

选择要修剪的对象，或按住 Shift 键选择要延伸的对象，或

［栏选（F）/窗交（C）/投影（P）/边（E）/删除（R）/放弃（U）］：（回车或按右键结束修剪，结果如图 5-33 所示）。

按上述方法，用户自己完成余下的修剪工作。如图5-28所示，十字交叉墙体的十字相交部分经修剪后十分平滑。

5. 注意事项

修剪边界可以是一个，也可以同时是多个。要选择显示的所有对象作为可能剪切边，请在未选择任何对象的情况下按"Enter"键。如果选择了多个剪切边界，对象将与它所碰到的第一个剪切边界相交。如果在两个剪切边之间的对象上拾取一点，在两个剪切边之间的对象将被删除。对象既可以作为剪切边，也可以作为被修剪的对象。

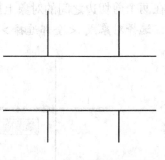

图 5-33　部分修剪后的效果

6. 讨论

修剪若干个对象时，使用不同的选择方法有助于快速选择当前的剪切边和修剪对象。本任务也可以利用图 5-34a 所示的窗交选择选定剪切边，再如图 5-34b 所示，依次选择需要被修剪的线段对象，请思考该如何操作，并体会这样做的优点。

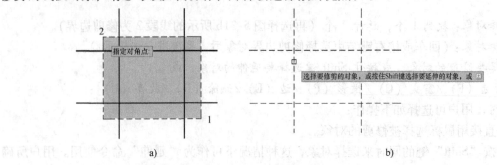

图 5-34　使用窗交选择修剪对象

a）使用窗交选择选定剪切边　b）用鼠标选择需要被修剪的对象

任务 5　使用延伸（Extend）封闭缺口

【任务目标】将如图 5-28 所示的图形部分缺口封闭成如图 5-35 所示。

1. 目的

通过对该图形的编辑和处理，学习使用"延伸"命令。

2. 能力及标准要求

熟练掌握"延伸"命令的使用方法。

3. 知识及任务准备

延伸与修剪的操作方法相同。延伸对象，使它们精确地延伸至由其他对象定义的边界边。打开上一任务绘制完成的图 5-28 所示的十字交叉墙体。

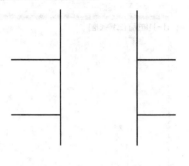

图 5-35　封闭部分缺口

➤"延伸"命令功能：用来延伸图形对象，使其达到一个或多个其他图形对象所限定的边界处，如图 5-36 所示。

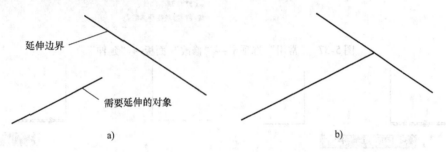

延伸边界

需要延伸的对象

a)　　　　　　　　　　b)

图 5-36　延伸对象

a）延伸边界与延伸对象　b）延伸结果

➤ 调用方法：

1）依次单击图 5-37 所示的"常用"选项卡→"修改"面板→"延伸"━╱。

2）命令行：输入 extend 或 ex。

4. 步骤

启动"延伸"（Extend）命令后，命令栏会出现以下提示：

命令：_ extend

当前设置：投影 = UCS，边 = 无

选择边界的边…

系统首先显示"延伸"命令的当前设置，并提示用户选择作为延伸边界边的对象。

选择对象或 <全部选择>：找到 1 个（选择图 5-38a 所示的线段 1 为延伸边界）。

选择对象：找到 1 个，总计 2 个（再选择图 5-38b 所示的线段 2 为延伸边界）。

选择对象：（回车或按右键结束选择延伸边界对象后，系统进一步提示：）。

选择要延伸的对象，或按住 Shift 键选择要修剪的对象，或

[栏选（F）/窗交（C）/投影（P）/边（E）/放弃（U）]：

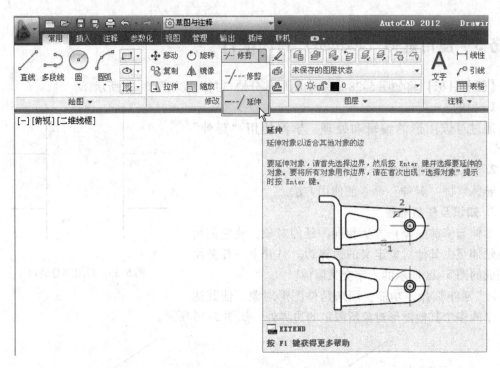

图 5-37　"常用"选项卡→"修改"面板→"延伸"

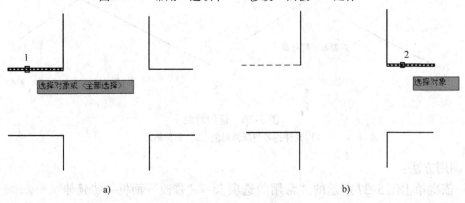

图 5-38　选择延伸边界

a）选择线段 1 为延伸边界　b）选择线段 2 为延伸边界

此时，用户可选择如下操作：

- 直接用鼠标选择要延伸的对象。

- 按 "Shift" 键的同时选择对象，可作为 "修剪" 命令使用。用户所确定的延伸边界即作为修剪的边界。

本任务先直接用鼠标选择图 5-39a 所示的需要被延伸的对象 3，将线段 3 精确地延伸到图 5-39b 所示的由线段 1 定义的边界边。

注意： 如果一个对象可以沿多个方向延伸，选择延伸对象时，要使用直接拾取方式，目标选择框应落在要延伸的一端。

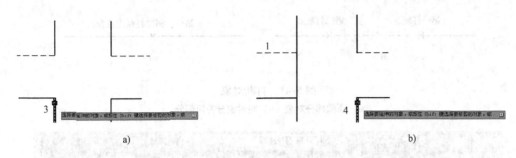

图 5-39　选择被延伸的对象

a）选择需要被延伸的对象 3　b）选择需要被延伸的对象 4

选择要延伸的对象，或按住 Shift 键选择要修剪的对象，或

［栏选（F）/窗交（C）/投影（P）/边（E）/放弃（U）］：（再用鼠标选择图 5-39b 所示的需要被延伸的对象 4）。

选择要延伸的对象，或按住 Shift 键选择要修剪的对象，或

［栏选（F）/窗交（C）/投影（P）/边（E）/放弃（U）］：（回车或按右键结束延伸，完成本任务）。

5. 注意事项

延伸边界可以是一个，也可以同时是多个。要选择显示的所有对象作为可能边界边，请在未选择任何对象的情况下按"Enter"键。如果选择了多个边界边，图形对象仅会延伸到距离它最近的边界边。通过再次选择该对象，可以将该对象继续延伸到下一个边界边。

任务 6　使用打断（Break）在对象中创建间隙

【任务目标】将图 5-40a 所示的图形修改成图 5-40b 所示的图形。

1. 目的

通过对该图形的编辑和处理，学习使用"打断"命令

2. 能力及标准要求

熟练掌握"打断"命令的使用方法。

3. 知识及任务准备

可以将一个对象打断为两个对象，对象之间可以具有间隙，也可以没有间隙。绘制图 5-40a 所示的一段平行线。

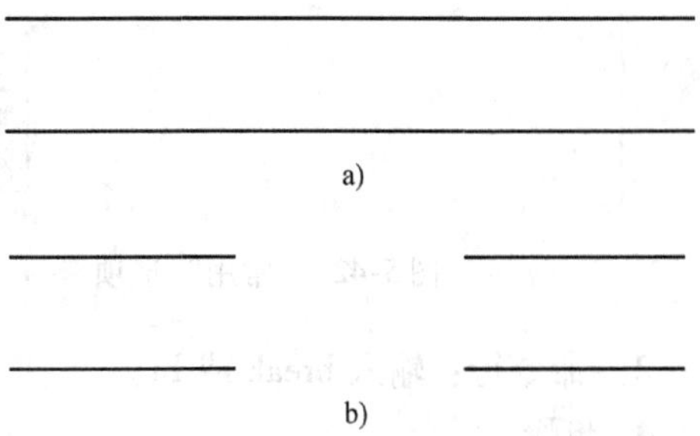

a)

b)

图 5-40　在对象中创建间隙

a）打断前　b）打断后

➢"打断"命令功能：可以把对象上指定两点之间的部分删除，当指定的两点相同时，则对象分解为两个部分，如图 5-41 所示。

➢调用方法：

1）依次单击图 5-42 所示的"常用"选项卡→"修改"滑出式面板下拉菜单→"打断"。

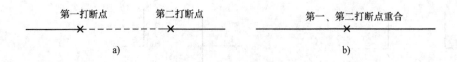

图 5-41　打断对象

a）删除部分对象　b）将对象分为两部分

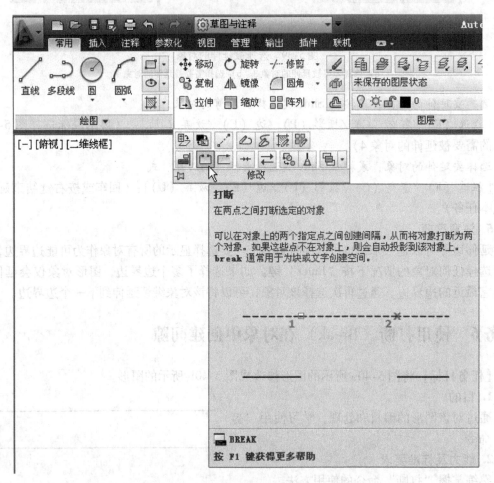

图 5-42　"常用"选项卡→"修改"滑出式面板下拉菜单→"打断"

2）命令行：输入 break 或 br。

4. 步骤

启动打断（Break）命令后，命令栏会出现以下提示：

命令：＿break 选择对象：（用鼠标选择图 5-43a 所示的线段并同时指定第一个打断点 1）。

在默认情况下，当用户选择某个对象后，系统把选择点作为第一个打断点，并提示用户选择第二个打断点：

指定第二个打断点 或［第一点（F）］：（用鼠标指定图 5-43b 所示的第二个打断点 2，打断结果如图 5-43c 所示）。

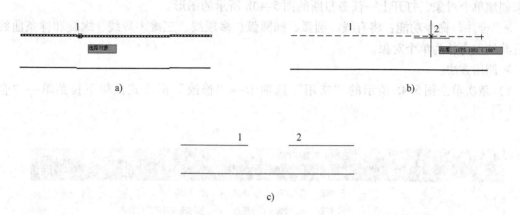

图 5-43 打断第一段直线

a）选择对象并指定第一个打断点 b）指定第二个打断点 c）打断第一段直线

如果用户选择对象后需要重新指定第一个打断点，则可选择"F"（第一点 First point）选项，系统将分别提示用户选择第一、第二个打断点：

指定第二个打断点 或 [第一点（F）]：F

指定第一个打断点：

指定第二个打断点：

按照上述方法并借助对象捕捉追踪功能，可打断另一条线段完成本任务。

5. 注意事项

如果用户希望第二个打断点和第一个打断点重合，即将对象分解为两个独立部分而不创建间隙，请在相同的位置指定两个打断点，可在指定第二个打断点坐标时输入"@0，0"即可。

任务 7　使用合并（Join）合并缺口

【任务目标】将图 5-44a 所示的缺口合并成图 5-44b 所示的图形。

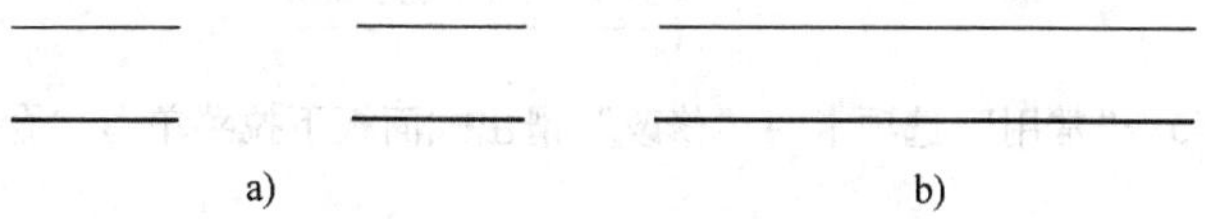

a）　　　　　　　　　　　　　　　b）

图 5-44 合并缺口

a）合并前 b）合并后

1. 目的

通过对该图形的编辑和处理，学习使用"合并"命令。

2. 能力及标准要求

熟练掌握"合并"命令的使用方法。

3. 知识及任务准备

"合并"命令可以看做"打断"命令的逆操作，可以在对象中闭合间隙，将多个对象合并来创建单个对象。打开上一任务打断的图 5-40b 所示的图形。

➤ "合并"命令功能：将直线、圆弧、椭圆弧、多段线、三维多段线、螺旋和样条曲线通过其端点合并为单个对象。

➤ 调用方法：

1）依次单击图 5-45 所示的 "常用" 选项卡→ "修改" 滑出式面板下拉菜单→ "合并" ⊣⊢ 。

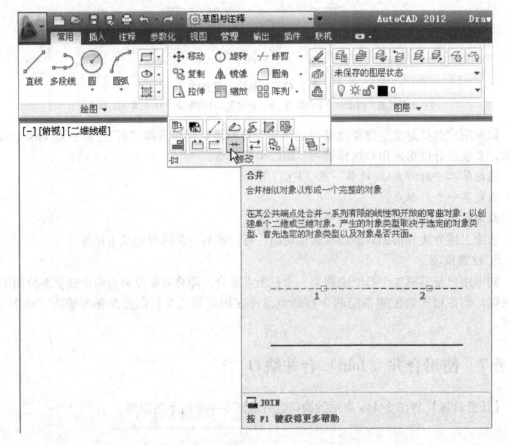

图 5-45 "常用" 选项卡→ "修改" 滑出式面板下拉菜单→ "合并"

2）命令行：输入 join 或 j。

4. 步骤

启动 "合并"（Join）命令后，命令栏会出现以下提示：

命令：_ join 选择源对象或要一次合并的多个对象：找到 1 个（单击选取图 5-46a 所示的直线段 1）。

选择要合并的对象：找到 1 个，总计 2 个（再单击选取图 5-46b 所示的直线段 2）。

选择要合并的对象：（回车或按鼠标右键结束）。

2 条直线已合并为 1 条直线（如图 5-46c 所示，将直线段 1 和直线段 2 合并成为一条直线段）

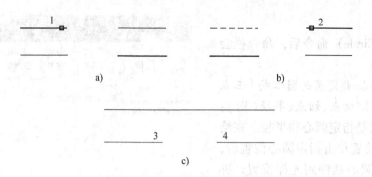

图 5-46　合并两条直线段

a）选择直线段 1　　b）选择直线段 2　　c）将直线段 1 和直线段 2 合并成为一条直线段

用同样的方法，可以将图 5-46c 所示的直线段 3 和直线段 4 合并成为一条直线段，完成本任务。

5. 注意事项

1）要合并的直线对象必须共线（位于同一无限长的直线上），但是它们之间可以有间隙。

2）要想将直线、多段线或圆弧等源对象合并成为一条多段线，则这些源对象之间不能有间隙，并且必须位于与 UCS 的 XY 平面平行的同一平面上。

3）要合并的圆弧对象必须位于同一个假想的圆上，但是它们之间可以有间隙。合并两条或多条圆弧时，将从源对象开始逆时针方向合并圆弧。

6. 讨论

本任务也可以采用补画直线或使用"延伸"命令的方法，同样可以达到图 5-44b 所示图形的视觉效果，但是它们之间是有本质区别的。请思考，采用哪种方法最好？

任务 8　绘制圆（Circle）

【**任务目标**】绘制图 5-47 所示半径为 500 的圆。

1. 目的

学习使用"圆"命令。

2. 能力及标准要求

熟练掌握"圆"命令的使用方法。

3. 知识及任务准备

可以使用多种方法创建圆，可以指定圆心、半径、直径、圆周上的点和其他对象上的点的不同组合。

➤"圆"命令功能：根据不同条件，选择多种方式画圆。

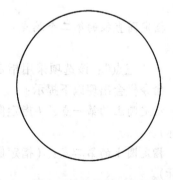

图 5-47　半径为 500 的圆

➤调用方法：

1）依次单击图 5-48 所示的"常用"选项卡→"绘图"面板→"圆" ⊙。

2）命令行：输入 circle 或 c。

4. 步骤

启动圆（Circle）命令后，命令栏会出现以下提示：

命令：_circle 指定圆的圆心或［三点(3P)/两点(2P)/切点、切点、半径(T)］：（系统默认方法是指定圆心和半径。在绘图区域的适当位置单击指定圆心位置后，橡皮筋线将从圆心延伸到光标位置，屏幕上将会显示一个圆。随着光标的移动，圆的尺寸相应地改变）。

指定圆的半径或［直径(D)］：500（输入半径 500，回车，系统则以输入值为半径、以指定点为圆心绘制一个圆，完成本任务）。

如果输入字母 D 选择"直径（D）"，则系统提示：

指定圆的直径：

在此提示下输入数值，系统则以输入值为直径、以指定点为圆心绘制一个圆。

还可以输入"3P"、"2P"及"T"等选项选择三点、两点及切点、切点、半径的方法绘制圆。

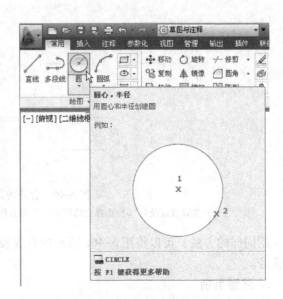

图 5-48 "常用"选项卡→
"绘图"面板→"圆"

5. 注意事项

依次单击"常用"选项卡→"绘图"面板→"圆"下拉菜单可以看到，AutoCAD 2012 提供了六种不同的选项用于绘制圆，如图 5-49 所示。

● "两点"：该选项采用指定的两点作为圆的直径的方法绘制圆。命令栏会出现以下提示：

指定圆直径的第一个端点：（指定一点或输入点的坐标）。

指定圆直径的第二个端点：（指定一点或输入点的坐标）。

● "三点"：该选项采用指定圆上的三点的方法绘制圆。命令栏会出现以下提示：

指定圆上的第一点：（指定圆上的第一点或输入点的坐标）。

指定圆上的第二点：（指定圆上的第二点或输入点的坐标）。

指定圆上的第三点：（指定圆上的第三点或输入点的坐标）。

● "相切、相切、半径"：该选项用指定的半径绘制圆，该圆与两个对象（可以是直线、圆弧，也可以是圆）

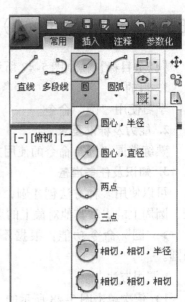

图 5-49 六种选项绘制圆

相切。命令栏会出现以下提示：

指定对象与圆的第一个切点：（单击对象 1 与圆相切点的大致位置）。

指定对象与圆的第二个切点：（单击对象 2 与圆相切点的大致位置）。

指定圆的半径：（输入圆的半径）。

注意：指定对象上的切点时，指定点的位置并不十分重要，因为它并不一定就是所要求的切点。但是不管怎样，对于拥有多个切点的两个对象，在绘制它们的相切圆时，AutoCAD 2012 将距离指定点最近的切点作为所要求的切点，并以该切点绘制圆。

● "相切、相切、相切"：该选项用于绘制与三个实体对象都相切的圆。命令栏会出现以下提示：

命令：_circle 指定圆的圆心或 [三点(3P)/两点(2P)/切点、切点、半径(T)]：_3p 指定圆上的第一个点：_tan 到（在与圆相切的第一个对象上指定一点）。

指定圆上的第二个点：_tan 到（在与圆相切的第二个对象上指定一点）。

指定圆上的第三个点：_tan 到（在与圆相切的第三个对象上指定一点）。

6. 讨论

画的圆有时会显示成有棱有角的多边形。在绘图和编辑过程中，屏幕上常常留下一些操作残点标记，这些临时标记并不是图形中的对象，有时会使当前图形画面显得混乱。这时可以使用"重画"或"重生成"命令让圆形轮廓变得光滑，并清除这些残点标记。

➢ "重画"命令功能：刷新屏幕显示，以显示正确的图形。

➢ 调用方法：

命令行：输入 redraw 或 r。

如果用"重画"命令刷新屏幕后仍不能正确显示图形，则可使用"重生成"命令。"重生成"命令不仅刷新显示，而且更新图形数据库中所有图形对象的屏幕坐标，因此使用该命令通常可以准确地显示图形数据。当图形比较复杂时，使用"重生成"命令所用时间要比"重画"命令长得多。

➢ "重生成"命令功能：用于重新生成图形并刷新屏幕显示。

➢ 调用方法：

命令行：输入 regen 或 re。

任务9   设置与绘制点（Point）

【任务目标】设置点的显示样式以及绘制点。

1. 目的

学习设置点的显示样式及绘制点的方法。

2. 能力及标准要求

熟练设置点的显示样式，掌握绘制点的方法。

3. 知识及任务准备

使用 AutoCAD 2012 绘图时，点对象通常作为对象捕捉的节点。AutoCAD 2012 提供了多种绘制点的方法，如绘制多点，通过对象的定数等分或定距等分放置点标记等。点是一种基本图形，系统默认设置点标记显示为单点，可能很难看到，因此在绘制或者标记点之前，需要给它一个表示符号，才容易在图形中看到它。

首先学习设置点的显示样式：

➢ "点样式" 命令功能：设置点的显示样式。

➢ 调用方法：

1）依次单击图 5-50 所示的 "常用" 选项卡→ "实用工具" 滑出式面板下拉菜单→ "点样式" 。

图 5-50 "常用" 选项卡→ "实用工具" 滑出式面板下拉菜单→ "点样式"

2）命令行：输入 ddptype。

启动 "点样式" 命令后，系统会打开图 5-51 所示的 "点样式" 对话框。该对话框中提供了 20 种点样式，默认情况下点对象显示为小圆点。用户可根据需要单击选择其中一种点样式（本书 AutoCAD 2012 部分统一点选第一排第四个标记样式 $\boxtimes$ 作为点的显示样式）。

用户还可以在该对话框 "点大小" 框中设置点的大小，设置方式有两种：

1）相对于屏幕设置大小：即按屏幕尺寸的百分比设置点的显示大小。当执行显示缩放时，显示出的点的大小不改变。

2）按绝对单位设置大小：即按实际单位设置点的显示大小。当执行显示缩放时，显示出的点的大小随之改变。

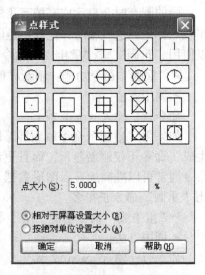

图 5-51 "点样式" 对话框

再学习绘制点的方法：

➢ "多点" 命令功能：按选定的点的样式和大小绘制点。

➢ 调用方法：

1）依次单击图 5-52 所示的 "常用" 选项卡→ "绘图" 滑出式面板下拉菜单→ "多点" 。

2）命令行：输入 point 或 po。

4. 步骤

启动点（Point）命令后，命令栏会出现以下提示：

命令：_point

当前点模式：PDMODE = 3 PDSIZE = 0.0000（显示当前点的模式和大小）。

指定点：（提示用户指定点的位置，直接在绘图区指定位置上单击，或者输入点的坐

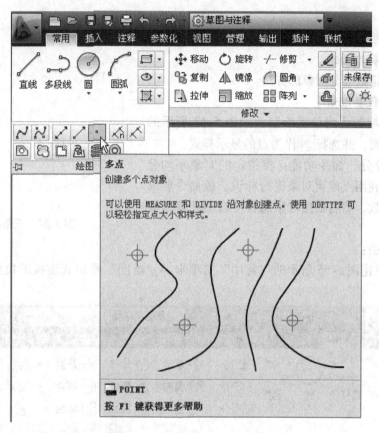

图 5-52 "常用"选项卡→"绘图"滑出式面板下拉菜单→"多点"

标，即可在该位置放置一个点)。

指定点:(继续提示用户指定点的位置,如图 5-53 所示,可在绘图区多个位置放置多个点,通过按"Esc"键来终止该命令)。

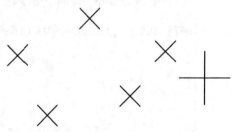

图 5-53 在绘图区多个位置放置多个点

5. 注意事项

使用"节点"对象捕捉可以捕捉到一个点。

任务 10 使用定数等分(Divide)绘制五角星

【**任务目标**】绘制图 5-54 所示的五角星。

1. 目的

通过对该图形的绘制，学习定数等分对象的方法。

2. 能力及标准要求

熟练掌握定数等分对象的方法。

3. 知识及任务准备

在绘图区域的适当位置绘制一个图 5-47 所示的半径为 500 的圆，并选择⊠作为点的显示样式。

➢ "定数等分" 命令功能：将指定的对象平均分为若干段，并利用点或块对象进行标识。该命令要求用户提供分段数，然后根据对象总长度自动计算每段的长度。

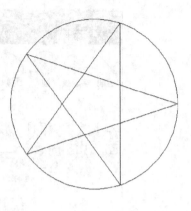

图 5-54　五角星

➢ 调用方法：

1）依次单击图 5-55 所示的 "常用" 选项卡→ "绘图" 滑出式面板下拉菜单→ "定数等分" ⚡n。

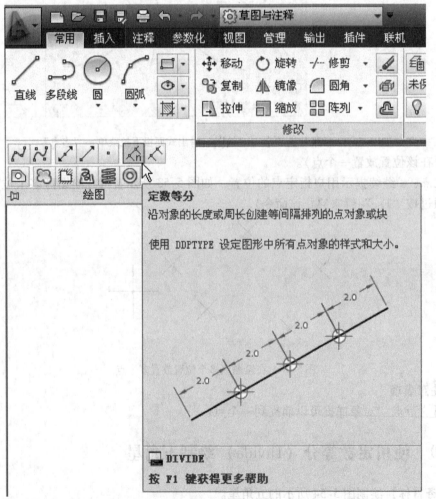

图 5-55　"常用" 选项卡→ "绘图" 滑出式面板下拉菜单→ "定数等分"

2）命令行：输入 divide 或 div。

4. 步骤

启动定数等分（Divide）命令后，命令栏会出现以下提示：

命令：_divide

选择要定数等分的对象：（如图 5-47 所示，选择要定数等分的半径为 500 的目标圆）。

输入线段数目或 [块（B）]:5（指定等分的段数或选择"块"选项来使用块对象进行等分）。

> **说明：** 块的概念将在后面介绍。

如图 5-56 所示为将圆进行 5 等分并在各等分点上用×形作出标记后的结果。

使用直线命令和对象捕捉功能，即可画出图 5-57 所示的五角星。删除 5 个等分点×形标记后，完成本任务。

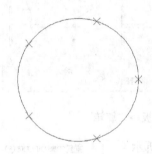

图 5-56　经过 5 等分并作出标记的圆

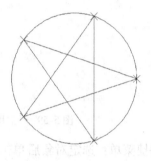

图 5-57　绘制五角星

5. 注意事项

定数等分对象的类型不同，则等分的起点也不同。对于圆，起点是以圆心为起点、当前捕捉角度为方向的捕捉路径与圆的交点。例如，如果捕捉角度为 0，那么圆等分从三点（时钟）的位置开始并沿逆时针方向继续。系统默认的当前捕捉角度为零度。使用 snapang 命令可以设置系统默认的当前捕捉角度值。

任务 11　使用旋转（Rotate）改变五角星摆放角度

【任务目标】将上一任务绘制完成的图 5-54 所示的五角星调整成如图 5-58 所示的角度。

1. 目的

通过对该图形的编辑，学习旋转对象的方法。

2. 能力及标准要求

熟练掌握旋转对象的方法。

3. 知识及任务准备

打开上一任务绘制完成的图 5-54 所示的五角星。

➤"旋转"命令功能：使用用户所选择的一个或多个对象围绕指定的基点旋转一定的角度，从而改变对象的方向。

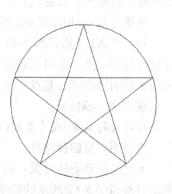

图 5-58　五角星

➢ 调用方法：

1）依次单击图 5-59 所示的"常用"选项卡→"修改"面板→"旋转" ○。

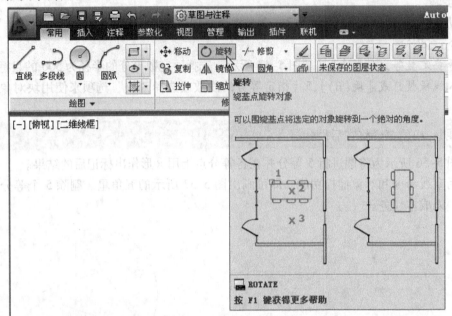

图 5-59　"常用"选项卡→"修改"面板→"旋转"

2）快捷菜单：选定对象后单击右键，弹出图 5-60 所示的快捷菜单，选择"旋转"项。

3）命令行：输入 rotate 或 ro。

4. 步骤

启动旋转（Rotate）命令后，命令栏会出现以下提示：

命令：_rotate

UCS 当前的正角方向：ANGDIR = 逆时针 ANGBASE = 0（提示 UCS 当前的正角方向）。

选择对象：指定对角点：找到 6 个（使用窗交选择方式选择希望旋转的所有对象）。

选择对象：（回车结束对象选择）。

指定基点：（选择图 5-61 所示的 1 点作为基点，即旋转对象时的中心点。这时可以发现，当移动鼠标时，将带动选定的图形围绕指定的基点一起旋转）。

系统进一步提示：

指定旋转角度，或［复制（C）/参照（R）］＜0＞：

这时用户有四种选择：

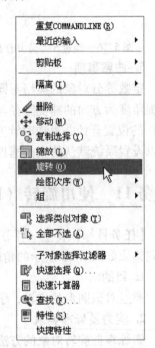

图 5-60　快捷菜单"旋转"项

●通过拖动旋转对象：打开正交模式，绕基点 1 逆时针拖动对象到图 5-62 所示的铅垂线上的终止位置点 2，完成本任务。

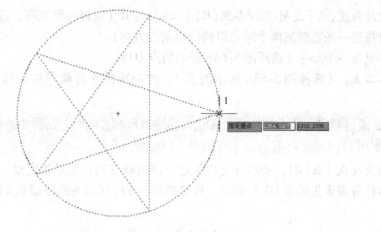

图 5-61 指定基点

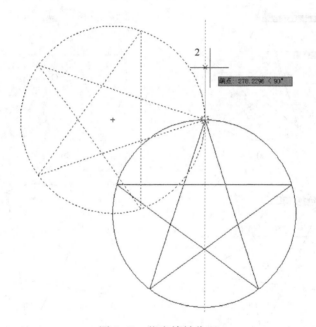

图 5-62 指定旋转位置

> **说明**：通过拖动指定旋转角度来旋转对象时，为了更加精确，请使用正交模式、极轴追踪或对象捕捉。

- "指定旋转角度"：即以当前的正角方向为基准，按用户指定的角度进行旋转。在系统默认状态下，输入正角度时，所选对象沿逆时针方向旋转；输入负角度时，所选对象沿顺时针方向旋转。本任务采用直接输入旋转角度为 90°的方式旋转选定的图形对象，结果如图 5-58 所示。

- 输入字母 C 选择"复制"选项：选择该选项后，将创建选定的对象的副本。

- 输入字母 R 选择"参照"选项：选择该选项后，系统首先提示用户指定一个参照角，然后再指定以参照角为基准的新角度。如果要将刚完成的图 5-63a 所示的五角星以 O 点作为基点再旋转，使顶点 1 旋转至与 135°方向对齐，使用该选项将十分便利。

指定旋转角度，或［复制(C)/参照(R)］＜90＞：R（选择参照选项，首先要直接输入角度值或通过指定一条直线的两个端点以确定当前的方向）。

指定参照角＜90＞：（选择图5-63b所示的点O）。

指定第二点：（选择图5-63b所示的点1，此两项操作将确定将旋转到新角度的假设线）。

注意：通过指定一条直线的两个端点以确定当前的方向时，需要格外注意选择两个端点的先后顺序。

指定新角度或［点(P)］＜0＞：（再指定所需的新方向，如果指定点，参照角度将旋转到该点。本任务需事先画出O2辅助线，再选择图5-63c所示的线段端点2）。

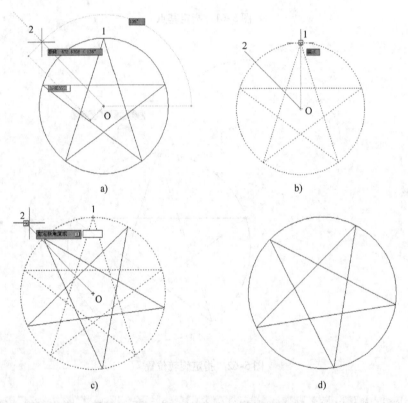

图5-63　使用"参照"选项旋转对象

a) 旋转前　b) 指定参照角　c) 指定新角度　d) 旋转结果

系统会自动计算旋转角度，并将对象旋转至指定的方向，删除O2辅助线后，如图5-63d所示。

5. 注意事项

当使用"参照"选项旋转对象，系统提示指定新角度或［点(P)］＜0＞:时，也可以直接输入新角度值。新角度值是绝对角度，而不是相对值。本任务直接输入135，也可得到图5-63d所示的结果。

任务 12　定距等分（Measure）直线段

【任务目标】将图 5-64a 所示的长为 2000 的直线段以 320 长等分，并如图 5-64b 所示，在各等分点上用×形作出标记。

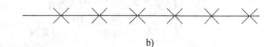

a) b)

图 5-64　定距等分直线段

a）等分前　b）等分后

1. 目的

通过对该图形的等分，学习定距等分对象的方法。

2. 能力及标准要求

熟练掌握定距等分对象的方法。

3. 知识及任务准备

在绘图区适当位置绘制一条图 5-64a 所示的长为 2000 的水平直线段，并选择作⊠为点的显示样式。

➤"测量"命令功能：从选定的对象的一个端点开始按指定的距离在对象上等间距用点或块对象进行标识。

➤调用方法：

1）依次单击图 5-65 所示的"常用"选项卡→"绘图"滑出式面板下拉菜单→"测量"✕。

2）命令行：输入 measure 或 me。

4. 步骤

启动定距等分（Measure）命令后，命令栏会出现以下提示：

命令：_measure

选择要定距等分的对象：（靠近左侧选择要等分的目标直线）。

指定线段长度或 [块（B）]：320（输入间隔的长度或选择"块"选项来使用块对象进行等分）。

如图 5-64b 所示为将长为 2000 的直线段以 320 长等分并在各等分点上用×形作出标记的结果。

5. 注意事项

定距等分对象的类型不同，则等分的起点也不同。对于直线或非闭合的多段线，分段放置点的起始位置是距离选择点最近的端点。对于闭合的多段线，起点是多段线的起点。

6. 讨论

本命令与前面介绍的定数等分有个显著的差别，就是选定对象上经常会有一段余量长度比指定的间距长度短。其原因是选定对象的长度不一定总能被所指定的间距长度整除。因

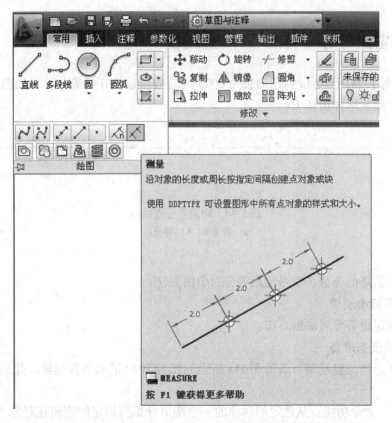

图 5-65   "常用"选项卡→"绘图"滑出式面板下拉菜单→"测量"

此，在进行定距等分时，选择从哪个端点开始会直接影响最终的结果。尝试着将本题的选择点改为直线段的右侧看看效果。

> **说明**：对图形对象进行定数或定距等分这些操作，并不将图形对象实际分割成若干段单独的对象，它仍然是一个完整的图形元素，仅仅是在各等分点的位置作出标记成为节点，以便将它们作为几何参考点供捕捉时使用。

任务 13   绘制矩形 （Rectang）

【任务目标】绘制一个矩形。

1. 目的

学习使用"矩形"命令。

2. 能力及标准要求

熟练掌握"矩形"命令的使用方法。

3. 知识及任务准备

➤ "矩形"命令功能：通过指定两个对角点的方法绘制一个矩形。

➤ 调用方法：

1）依次单击图 5-66 所示的"常用"选项卡→"绘图"面板→"矩形" 。

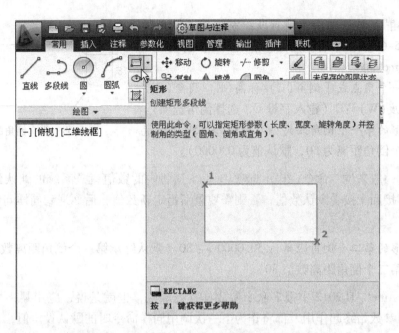

图 5-66　"常用"选项卡→"绘图"面板→"矩形"

2）命令行：输入 rectang 或 rec。

4. 步骤

启动矩形（Rectang）命令后，在命令栏会出现以下提示：

命令：_rectang

指定第一个角点或［倒角（C）/标高（E）/圆角（F）/厚度（T）/宽度（W）］：（指定矩形第一个角点的位置）。

　　提示：一旦指定了第一个角点后，橡皮筋线矩形将从该点延伸到光标位置处，当移动光标时，矩形的大小也随之改变。

指定另一个角点或［面积（A）/尺寸（D）/旋转（R）］：（如图 5-67 所示，指定另一点以定义矩形对角点的位置）。

图 5-67　绘制矩形

一旦指定了矩形的另一个角点，AutoCAD 2012 将绘制该矩形并结束命令。

5. 注意事项

矩形（Rectang）命令中的其他几个关键选项介绍：

●"倒角"：该选项用于设置所绘制矩形的倒角距
离。绘制图5-68所示带有倒角的矩形的具体步骤为：

命令：_rectang

指定第一个角点或［倒角（C）/标高（E）/圆角（F）/
厚度（T）/宽度（W）］:C（输入字母C，选择倒角选项）。

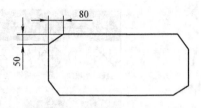

图5-68　带有倒角的矩形

指定矩形的第一个倒角距离 <0.0000>：50（指定
矩形的第一个倒角距离为50，默认值为0.0000）。

> **注意**：一般来说，命令栏提示选项中 < >括弧内的数值就是系统的默认设定值，如
> 果合适就直接回车接受默认数值，否则需要重新指定新数值，后面遇到同样问题时不再另
> 行说明。

指定矩形的第二个倒角距离 <50.0000>：80（默认继承第一个倒角距离数值50，重新
指定矩形的第二个倒角距离数值80）。

> **注意**：AutoCAD 2012 中很多命令参数具有继承性，也就是说，应用某一个命令时所
> 设置的各项参数始终起作用，都将作为下一次调用同样命令时的默认设定值，直到重新修
> 改该参数或重新启动 AutoCAD 2012 为止，后面遇到同样问题时不再另行说明。

指定第一个角点或［倒角（C）/标高（E）/圆角（F）/厚度（T）/宽度（W）］:（指定矩形第
一个角点的位置）。

指定另一个角点或［面积（A）/尺寸（D）/旋转（R）］:（指定矩形的另一个对角点的位
置）。

●"标高"：该选项用于设置所绘制矩形的标高。该选项一般用于三维绘图。

●"圆角"：该选项用于设置所绘制矩形的圆角直径。

绘制图5-69所示的带有圆角的矩形的具体步骤为：

命令：_rectang

指定第一个角点或［倒角（C）/标高（E）/圆角（F）/厚
度（T）/宽度（W）］：F（输入字母F，选择圆角选项）。

指定矩形的圆角半径 <0.0000>:80（指定矩形的圆
角半径为80，默认值为0.0000）。

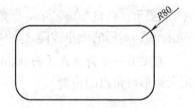

图5-69　带有圆角的矩形

指定第一个角点或［倒角（C）/标高（E）/圆角（F）/厚
度（T）/宽度（W）］:（指定矩形第一个角点的位置）。

指定另一个角点或［面积（A）/尺寸（D）/旋转（R）］:（指定矩形的另一个对角点的位
置）。

●"厚度"：该选项用于设置所绘制矩形的厚度。
该选项一般用于三维绘图。

●"宽度"：该选项用于设置所绘制矩形的线宽，
系统默认值为0。

绘制图5-70所示的指定线宽为20的矩形的具体步
骤为：

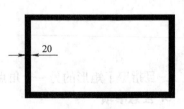

图5-70　用指定线宽绘制矩形

命令：_rectang

指定第一个角点或［倒角（C）/标高（E）/圆角（F）/厚度（T）/宽度（W）］：W（输入字母W，选择宽度选项）。

指定矩形的线宽 ＜0.0000＞：20（指定矩形的线宽为20）。

指定第一个角点或［倒角（C）/标高（E）/圆角（F）/厚度（T）/宽度（W）］：（指定矩形第一个角点的位置）。

指定另一个角点或［面积（A）/尺寸（D）/旋转（R）］：（指定矩形的另一个对角点的位置）。

6. 讨论

思考一下，如图 5-71 所示，如何在一个矩形内部画一个以矩形的中心点为圆心的圆？

可以先使用前面介绍的对象捕捉追踪功能，用对齐路径的方法来查找定位矩形的中心。启动圆（Circle）命令后，先将光标移至图 5-72 所示的矩形下边线中点处，捕捉该边线的中点，该点被作为临时追踪点。

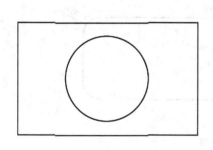

图 5-71　以矩形的中心点为圆心画圆

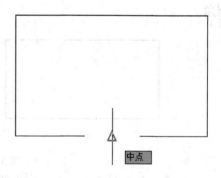

图 5-72　获取临时追踪点

将光标向上拖动，将出现图 5-73 所示的对齐路径。

用同样方法将光标移至矩形左边线中点处，捕捉该边线的中点，该点被作为临时追踪点，将光标向右拖动，将出现图 5-74 所示的另一个对齐路径。

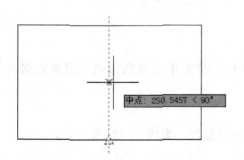

图 5-73　移动光标后出现对齐路径

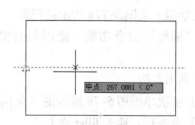

图 5-74　移动光标后出现另一个对齐路径

将光标向右慢慢移动，当光标接近矩形中心位置时，将出现两条对齐路径汇交，以指示此时捕捉到两个中点，如图 5-75 所示。

当出现两条对齐路径汇交时，即可如图 5-76 所示，单击左键确定圆心位置，然后输入半径画圆，完成任务。

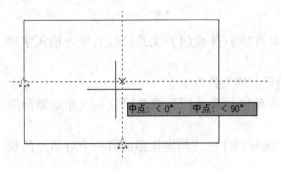

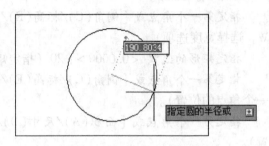

图 5-75　出现两条对齐路径汇交　　　　　　　图 5-76　确定圆心位置及半径

任务 14　绘制圆角 （Fillet）

【任务目标】将图 5-77a 所示矩形的四个直角使用半径为 80 的圆弧处理成图 5-77b 所示的圆角。

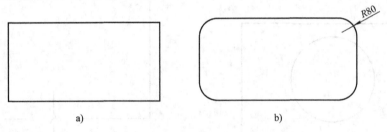

图 5-77　圆角处理

a）圆角前　b）圆角后

1. 目的

学习使用"圆角"命令。

2. 能力及标准要求

熟练掌握"圆角"命令的使用方法。

3. 知识及任务准备

先绘制一个图 5-77a 所示的矩形。

➢ "圆角"命令功能：使用与对象相切并且具有指定半径的圆弧来光滑地连接两个对象。

➢ 调用方法：

1）依次单击图 5-78 所示的"常用"选项卡→"修改"面板→"圆角" 。

2）命令行：输入 fillet 或 f。

4. 步骤

启动圆角（Fillet）命令后，在命令栏会出现以下提示：

命令：_fillet

当前设置：模式 = 修剪，半径 = 0.0000

系统首先显示"圆角"命令的当前设置，如果使用系统默认的圆角半径 0，则被圆角的

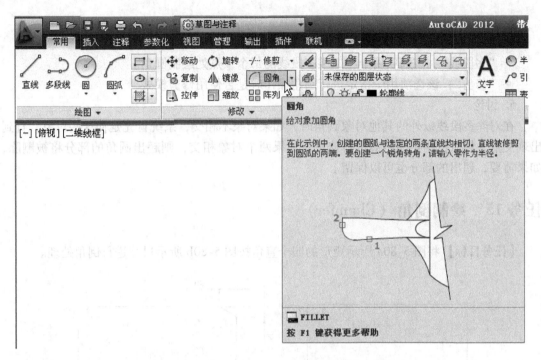

图 5-78 "常用"选项卡→"修改"面板→"圆角"

对象将被修剪或延伸直到它们相交，并不创建圆弧。接下来继续提示用户：

选择第一个对象或［放弃(U)/多段线(P)/半径(R)/修剪(T)/多个(M)］：R（输入字母 R，设置圆角半径）。

指定圆角半径 <0.0000 >：80（指定圆角半径为 80，系统默认为 0.0000）。

选择第一个对象或［放弃(U)/多段线(P)/半径(R)/修剪(T)/多个(M)］：M（输入字母 M，该选项用于为多组对象绘制圆角而无需退出命令）。

选择第一个对象或［放弃(U)/多段线(P)/半径(R)/修剪(T)/多个(M)］：（选择图 5-79a 所示的需要圆角的第一个对象直线 1）。

选择第二个对象，或按住 Shift 键选择对象以应用角点或［半径(R)］：（再选择图 5-79b 所示的需要圆角的第二个对象直线 2，完成一个圆角处理，结果如图 5-79c 所示）。

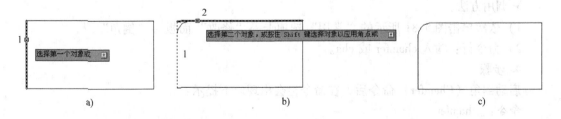

图 5-79 "圆角"命令

a）选择第一个对象 b）选择第二个对象 c）完成一个圆角处理

按上述方法，继续将其余各直角一一进行圆角处理后，回车或按右键结束命令。

5. 注意事项

圆角（Fillet）命令中的其他几个关键选项介绍：

- "多段线"：该选项用于在二维多段线的每个顶点处绘制圆角。
- "修剪"：该选项用于指定进行圆角操作时是否使用修剪模式。

6. 讨论

在对除多段线以外的其他对象圆角时，如果对象不相交，系统首先延伸这些对象，直到出现交点，然后按指定的距离进行修剪；如果两个对象相交，则超出圆角的部分将被删除，如果需要，超出的部分也可以保留。

任务15 绘制倒角（Chamfer）

【任务目标】将图5-80a所示矩形的四个直角按图5-80b所示尺寸进行倒角处理。

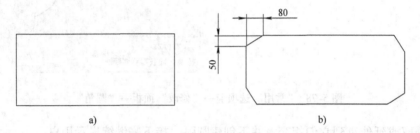

图5-80 倒角处理
a）倒角前 b）倒角后

1. 目的

学习使用"倒角"命令。

2. 能力及标准要求

熟练掌握"倒角"命令的使用方法。

3. 知识及任务准备

先绘制一个图5-80a所示矩形。

➤"倒角"命令功能：在两条直线间绘制一个斜角，斜角的大小由第一个和第二个倒角距离确定。

➤调用方法：

1）依次单击图5-81所示的"常用"选项卡→"修改"面板→"倒角"   。

2）命令行：输入chamfer或cha。

4. 步骤

启动倒角（Chamfer）命令后，在命令栏会出现以下提示：

命令：_chamfer

（"修剪"模式）当前倒角距离1 = 0.0000，距离2 = 0.0000

系统首先显示"倒角"命令的当前设置。倒角距离是每个对象与倒角线相接或与其他对象相交而进行修剪或延伸的长度。系统默认两个倒角距离都为0，则倒角操作将修剪或延伸这两个对象直至它们相交，但不创建倒角线，如图5-82所示。

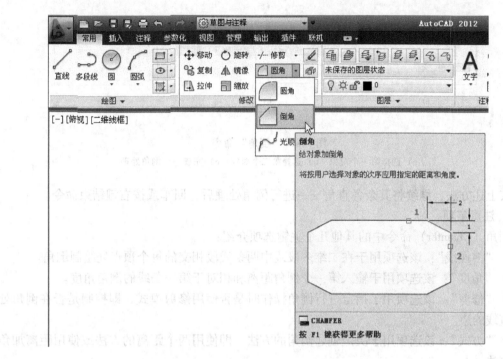

图 5-81 "常用"选项卡→"修改"面板→"倒角"

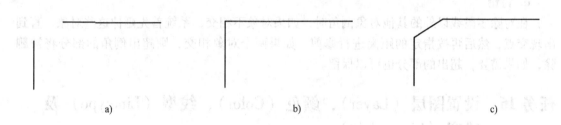

图 5-82 倒角距离

a) 原对象 b) 倒角距离为 0 c) 倒角距离不为 0

选择第一条直线或[放弃(U)/多段线(P)/距离(D)/角度(A)/修剪(T)/方式(E)/多个(M)]:D（输入字母 D，设置倒角距离）

指定 第一个 倒角距离 < 0.0000 >:50（指定第一个倒角距离为 50，默认值为 0.0000）。

指定 第二个 倒角距离 < 50.0000 >:80（指定第二个倒角距离为 80，系统默认继承第一个倒角距离数值 50）。

选择第一条直线或[放弃(U)/多段线(P)/距离(D)/角度(A)/修剪(T)/方式(E)/多个(M)]:M（输入字母 M，该选项用于为多组对象绘制倒角而无需退出命令）。

选择第一条直线或[多段线(P)/距离(D)/角度(A)/修剪(T)/方式(M)/多个(U)]:（选择图 5-83a 所示的需要倒角的第一条直线 1）。

选择第二条直线，或按住 Shift 键选择直线以应用角点或[距离(D)/角度(A)/方法(M)]:（再选择图 5-83b 所示的需要倒角的第二条直线 2，完成一个倒角处理，结果如图 5-83c 所示）。

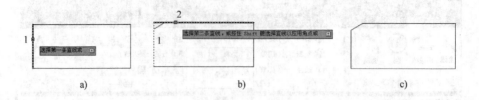

图 5-83 "倒角"命令

a）选择第一个对象　b）选择第二个对象　c）完成一个倒角处理

按上述方法，继续将其余各直角一一进行倒角处理后，回车或按右键结束命令。

5. 注意事项

倒角（Chamfer）命令中的其他几个关键选项介绍：

- "多段线"：该选项用于在二维多段线中两条线段相交的每个顶点处绘制倒角。
- "角度"：该选项用于输入第一个倒角距离和相对于第一条线的倒角角度。
- "修剪"：该选项用于指定进行倒角操作时是否使用修剪模式，即控制是否在倒角处修剪直线的边。
- "方式"：该选项用于决定创建倒角的方法，即使用两个距离的方法或使用距离加角度的方法。

6. 讨论

在对除多段线以外的其他对象倒角时，如果对象不相交，系统首先延伸这些对象，直到出现交点，然后再按指定的距离进行修剪；如果两个对象相交，则超出倒角的部分将被删除，如果需要，超出的部分也可以保留。

任务 16　设置图层（Layer）、颜色（Color）、线型（Linetype）及线宽（Lineweight）

【任务目标】使用"图层特性管理器"创建新图层、设置颜色、线型及线宽。

1. 目的

学习使用"图层特性管理器"创建新图层、设置颜色、线型及线宽的方法。

2. 能力及标准要求

熟练掌握使用"图层特性管理器"创建新图层（Layer）、设置颜色（Color）、线型（Linetype）及线宽（Lineweight）的方法。

3. 知识及任务准备

图层是绘制图形时使用的主要组织工具。可以把图层看作没有厚度的透明纸，在上面对图形中的对象进行组织和编组。先将一幅非常复杂的图形，按一定的原则分类为几个部分，然后分别将每一部分按着相同的坐标系和比例画在这些透明纸上，完成后将所有透明纸按同样的坐标重叠在一起，就可得到一副完整的图形，如图 5-84 所示。当需要修改其中某一部分时，可以将要修改的透明纸抽取出来单独进行修改，而不会影响到其他部分。

为了便于图形管理，AutoCAD 2012 提供了图层功能。用户可以按功能在图形中组织信息，通过创建图层，将相同类型的对象指定给同一图层以使其相关联；将不同类型的图形对

象（如建筑墙体、门窗、建筑设备、定位轴线、
文字、标注等）放置在不同的图层上。每个图层
都可单独设置图形元素的颜色、线型、线宽及其
他标准。为了绘图方便，用户还可通过冻结、隐
藏图层，来冻结、隐藏位于该图层中的图形元
素。在绘制建筑图时，用户可以将基础、楼层、
水管、电气和冷暖系统等放在不同的图层进行绘
制。需要打印图形时，通过选择打印不同的图
层，就可以创建打印基本的楼层平面图、电气工
程图和管道图等。

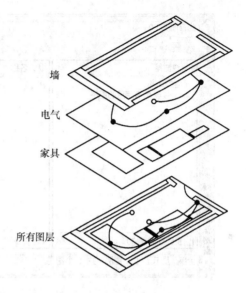

> "图层特性"命令功能：创建新图层、设
置颜色、线型及线宽等。

> 调用方法：

1）依次单击图 5-85 所示的"常用"选项卡→
"图层"面板→"图层特性" 。

图 5-84 图层

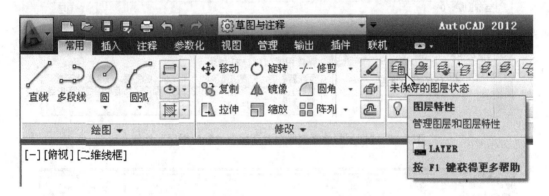

图 5-85 "常用"选项卡→"图层"面板→"图层特性"

2）命令行：输入 layer 或 la。

4. 步骤

启动图层特性（Layer）命令后，将弹出图 5-86 所示的"图层特性管理器"对话框。

作为默认设置，系统提供一个名为"0"的图层。这个图层最初设置为"开"，颜色为
"白色"（如果绘图区域的背景颜色是白色，则显示为黑色），线型为"Continuous"（连续
的实线），线宽为"默认"。"0"图层有两种用途：

- 确保每个图形至少包括一个图层。
- 提供与块中的控制颜色相关的特殊图层。

注意：无法删除或重命名"0"图层。建议用户创建几个新图层来组织图形，而不是
在"0"图层上创建整个图形。

1）创建新图层（Layer）的方法。

单击图 5-87 所示的"图层特性管理器"对话框→"新建图层"按钮 ，系统会创建一
个新图层，并自动命名为"图层 1"，如图 5-88 所示。

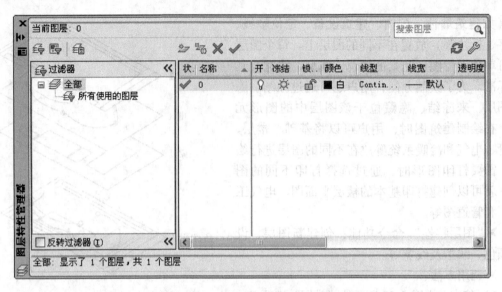

图 5-86　"图层特性管理器"对话框

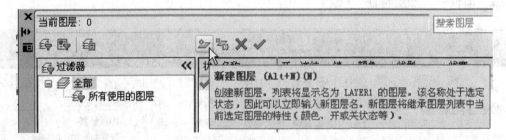

图 5-87　"图层特性管理器"对话框→"新建图层"按钮

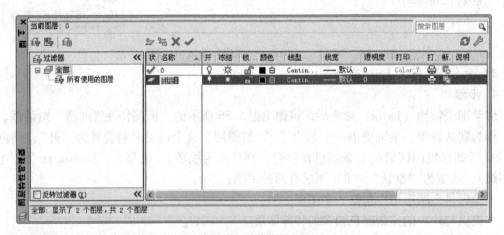

图 5-88　创建新图层

在新建图层亮显的默认图层名称上，输入所需的新图层名称，然后按回车键或在空白区域单击结束。图层名最多可以包含 255 个字符（双字节字符或由字母和数字组成的字符）：字母、数字、空格和几种特殊字符，不能包含 < > / \ ＂：；？* | ='等字符。在大多数

情况下，用户选择的图层名由企业、行业或客户标准规定。

在图形中可以创建的图层数及在每个图层中可以创建的对象数实际上没有限制。

图层特性管理器选项板按图层名称的字母顺序对图层列表中的图层排序。如果组织自己的图层方案，请仔细选择图层名。使用共同的前缀命名具有相关图形部件的图层，可以更轻松地一次查找和操纵图层编组。

只能在当前图层上绘制新对象。每次只能选择一个图层作为当前层，或是激活状态。要将选中的图层设置为当前图层，可单击图 5-89 所示的"图层特性管理器"对话框中的"置为当前"按钮✔；或者单击图 5-90 所示的"图层"列表💡☼🔓■○ ▼右侧的下拉按钮▼，打开图层列表，然后单击要设置为当前的图层名。

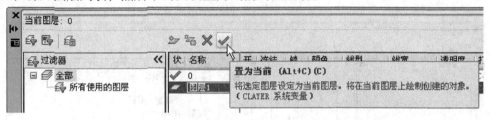

图 5-89　"图层特性管理器"对话框的"置为当前"按钮

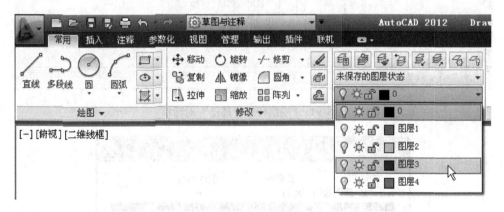

图 5-90　改变当前图层

另一个设置当前图层的有效方法，是通过选择一个已有图形对象来设置当前图层，系统立即将所选对象所在的图层设置为当前图层。

在 AutoCAD 2012 中，可以赋予每个图层各自的颜色、线型、线宽、打印样式等各种特性，以及打开、关闭、冻结、锁定等不同的状态。如果在使用"新建"按钮创建新图层之前选择了一个图层，则新图层将继承所选图层的所有特性。要改变图层的状态，可打开图 5-90 所示的"图层"列表，然后单击各图层名称前面的💡☼🔓标志，即打开/关闭、冻结/解冻或锁定/解锁图层。

•单击所选图层中的💡图标以打开或关闭该图层。在关闭图层后，该图层上的对象将不可见，也不能被打印输出。通过控制对象的显示或打印方式，可以降低图形的视觉复杂程度，并提高显示性能。

•单击所选图层中的☼图标以冻结或解冻该图层。在冻结图层上的对象不能显示，也不能被打印，同时不会随着图形的重新生成而重新生成。

●单击所选图层中的 🔓 图标以锁定或解锁该图层。在锁定图层上的对象仍然可见并可打印，但不能被编辑。可以通过锁定图层来防止意外选择和修改该图层上的对象。

2）设置图层颜色（Color）的方法。

默认情况下，用户所绘对象的颜色、线型和线宽将使用当前图层的颜色、线型和线宽（称为"随层"颜色、线型或线宽）。随图层指定颜色可以使用户轻松识别图形中的每个图层。在图 5-91 所示的"图层特性管理器"对话框中，选中某一图层后，单击该图层的"颜色"图标 ■白，将弹出图 5-92 所示的"选择颜色"对话框，在"索引颜色"选项卡中，选取一种颜色后，单击 确定 按钮完成图层颜色设置，返回到"图层特性管理器"对话框。

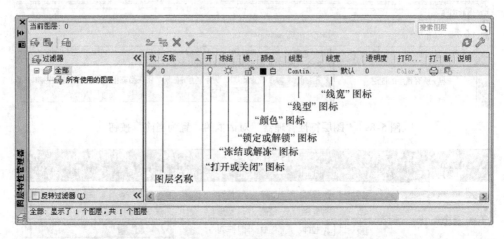

图 5-91   "图层特性管理器"对话框

图 5-92   "选择颜色"对话框

AutoCAD 2012 提供了 255 种颜色（包括 9 种标准颜色和 6 种灰度颜色）供用户使用。每一种颜色都对应一个特定的颜色编号，编号从 1 到 255。选择某种颜色，除了可以直接拾取外，还可以在"颜色"文本框中，输入颜色编号或标准颜色的名称。

3）设置图层线型（Linetype）的方法。

在图 5-91 所示的"图层特性管理器"对话框中，选中某一图层后，单击该图层的"线型"图标 Contin...，将弹出图 5-93 所示的"选择线型"对话框。

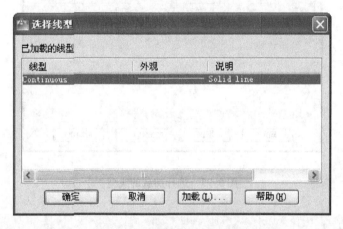

图 5-93 "选择线型"对话框

注意：只有已经加载到当前图形中的线型才显示在"选择线型"对话框中（系统默认已加载的线型只有"Continuous"连续实线一种）。若要使用没有在对话框中显示的线型，则必须首先选择"加载"按钮以加载这个线型。

单击图 5-93 所示的"选择线型"对话框中的 加载(L)... 按钮，将弹出图 5-94 所示的"加载或重载线型"对话框，在"可用线型"列表中，选择一个或多个要加载的线型，然后单击 确定 按钮，这些线型即会显示在"选择线型"对话框中。

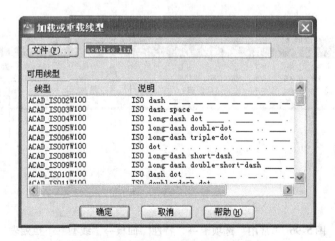

图 5-94 "加载或重载线型"对话框

再选中显示在图 5-95 所示的"选择线型"对话框中已经被加载的要使用的线型（如"CENTER"线型）后，单击 确定 按钮完成线型设置，返回到"图层特性管理器"对话框。

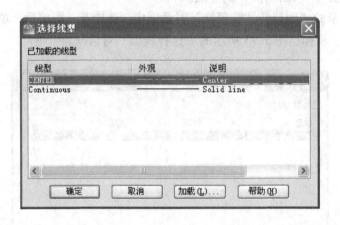

图 5-95　选择加载的线型

注意：在图 5-94 所示的"加载或重载线型"对话框中选择线型时，可以按住"Ctrl"键来选择多个线型，或者按住"Shift"键来选择一个范围内的线型。切忌加载所有的线型。因为并非所有线型都会用到，全部载入将使图形文件容量增大，占用较大内存。

如果想卸载未使用的线型，可以单击功能区"常用"选项卡→"特性"面板→"线型" ——ByLayer 右侧的下拉箭头，在图 5-96 所示 的下拉列表中单击"其他"，在打开的图 5-97 所示的"线型管理器"对话框中，选择一种线型后单击 删除 按钮，将卸载选定的线型。

图 5-96　"常用"选项卡→"特性"面板→"线型"下拉列表

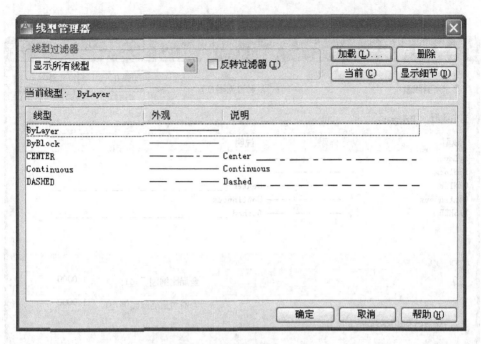

图 5-97 "线型管理器"对话框

说明：无法卸载某些线型："Bylayer"、"ByBlock"、"Continuous"及所有正在使用的线型。在图 5-97 所示的"线型管理器"对话框中单击 加载(L)... 按钮，同样会弹出图 5-94 所示的"加载或重载线型"对话框。

线型（Linetype）是点、横线和空格等按一定规律重复出现而形成的图案，默认情况下，全局和单独的线型比例均设置为 1.0。比例越小，每个绘图单位中生成的重复图案数越多。如果图形中的线型（比如点画线）显示过于紧密或过于疏松，用户可设置比例因子来改变线型的显示比例。在图 5-97 所示的"线型管理器"对话框中单击 显示细节(D) 按钮，以展开图 5-98 所示的对话框，修改"全局比例因子"，可改变所有图形的线型比例；而对于个别图形的修改，则应修改"当前对象缩放比例"。输入比例因子的新值后单击 确定 按钮即可。

4）设置图层线宽（Lineweight）的方法。

线宽是指定给图形对象及某些类型的文字的宽度值。通过为不同的图层指定不同的线宽，可以用粗线和细线清楚地区分不同构造及细节上的不同表现。

由于线宽属性属于打印设置，因此，默认情况下系统并未显示线宽设置效果，图形显示出的线宽均为 1 个像素（如果对象的线宽值为 0.25mm 或更小，则将在模型空间中以 1 个像素显示），并将以打印设备允许的最细宽度打印。如果希望在绘图区显示线宽的设置效果，可在图 5-91 所示的"图层特性管理器"对话框中，选中某一图层后，单击与该图层关联的"线宽"图标—— 默认，将弹出图 5-99 所示的"线宽"对话框，在列表中选择某一线宽后，单击 确定 按钮完成线宽设置，返回到"图层特性管理器"对话框。

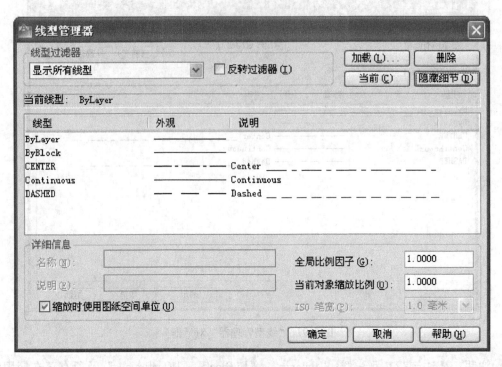

图 5-98 "线型管理器"的"显示细节"对话框

图 5-99 "线宽"对话框

通过单击状态栏上的"显示/隐藏线宽"按钮➕可以打开或关闭线宽的显示。此设置不影响线宽打印。

注意：在没有特殊显示要求下，一般不在图层里设置线宽，因为显示线宽将使用多个像素，它将降低 AutoCAD 2012 的使用性能和执行速度。在使用打印机打印出图时，只要在操作打印项目时，进行"笔宽"设置，则各种线条的粗细就能按要求打印出来了。本书在后面的建筑图绘制讲解中，设置了线宽并显示了不同线型的粗细。

完成所有设置后，单击图 5-100 所示的"图层特性管理器"对话框左上角的"关闭" ✕ 按钮，结束图层设置并返回到绘图状态。

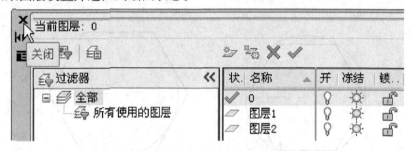

图 5-100 关闭"图层特性管理器"

用户也可以在选中图形对象后使用图 5-101 所示的功能区"常用"选项卡→"特性"面板，为其指定不同于其所在图层的颜色、线宽和线型。

图 5-101 "常用"选项卡→"特性"面板

注意：尽管系统提供了此项功能，但是建议尽量少用或不用此功能，以免造成混乱。

5）删除未使用图层的方法。

在图 5-102 所示的"图层特性管理器"对话框中，选择欲删除的未使用图层后，单击"删除图层" ✕ 按钮。

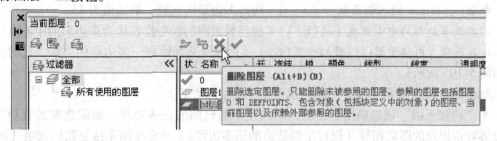

图 5-102 删除图层

注意：不能删除当前图层、"0"图层、已指定对象的图层、被块定义参照的图层、依赖外部参照的图层和名为"DEFPOINTS"的特殊图层。

任务17　绘制多边形（Polygon）

【任务目标】绘制图5-103所示的正六边形。

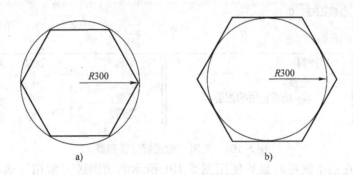

图5-103　绘制正六边形
a）内接正多边形　b）外切正多边形

1. 目的

学习使用"多边形"命令。

2. 能力及标准要求

熟练掌握"多边形"命令的使用方法。

3. 知识及任务准备

先建立1个线宽为默认的图层，绘制一个半径为300mm的假想圆；再建立一个线宽为0.30mm的图层来画正六边形。

➢"多边形"命令功能：创建具有3～1024条等长边闭合的二维正多边形。

➢调用方法：

1）依次单击图5-104所示的"常用"选项卡→"绘图"面板→"多边形" ⬠。

2）命令行：输入polygon或pol。

4. 步骤

启动多边形（Polygon）命令后，在命令栏会出现以下提示：

命令：_polygon 输入侧面数 <4>：6（指定多边形的边数，默认值为4）。

指定正多边形的中心点或［边(E)］：（捕捉假想圆的圆心位置作为多边形的中心点）。

输入选项［内接于圆(I)/外切于圆(C)］<I>：（选择绘制正多边形的方法，此时光标处如图5-105所示）。

AutoCAD 2012提供了两种不同的选项用于绘制多边形：

● "内接于圆"该选项用于绘制一个内接于假想圆的正多边形，该假想圆的直径与正多边形对角顶点的距离相等（仅对于偶数边的正多边形）。可直接回车接受默认选项【内接

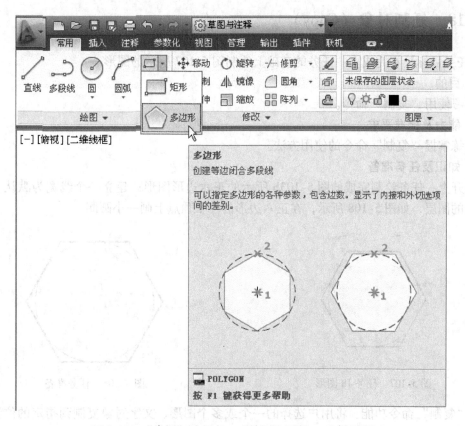

图 5-104　"常用"选项卡→"绘图"面板→"多边形"

于圆】，或者在命令行输入字母 I 选择该选项。

●　"外切于圆"该选项用于绘制一个外切于假想圆的正多边形，该假想圆的直径与正多边形对边的距离相等（仅对于偶数边的正多边形）。在命令行输入字母 C 选择该选项。

注意观察在指定圆的半径之前，鼠标移动时对多边形大小、角度的影响，如图 5-106 所示。

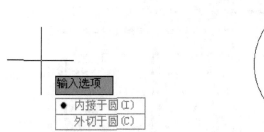

图 5-105　绘制多边形选项

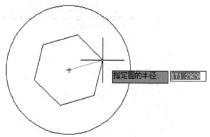

图 5-106　等待指定圆的半径

指定圆的半径：300（输入假想圆的半径数值，结果如图 5-103 所示）。

5. 注意事项

比较基于同一个假想圆尺寸的外切正六边形和内接正六边形的区别。

任务18　复制对象（Copy）

【任务目标】在完成上一任务的基础上绘制图5-107所示的图形。

1. 目的

学习使用"复制"命令。

2. 能力及标准要求

熟练掌握"复制"命令的使用方法。

3. 知识及任务准备

打开上一任务绘制完成的图5-103b所示的正六边形图形；建立一个线宽为默认、颜色为红色的图层，如图5-108所示，在正六边形的一个顶点上画一小圆圈。

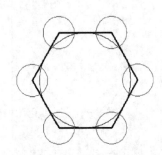 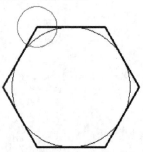

图5-107　任务18图形　　　　　　　　　　图5-108　任务准备

➤"复制"命令功能：将用户选择的一个或多个图形、文字对象复制到指定的位置，以创建对象的多个副本，且原对象保持不变。复制的对象与原对象方向、大小均相同。

➤调用方法：

1）依次单击图5-109所示的"常用"选项卡→"修改"面板→"复制" 。

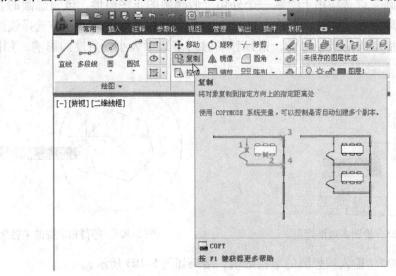

图5-109　"常用"选项卡→"修改"面板→"复制"

2）快捷菜单：选定对象后单击右键，弹出图 5-110 所示的快捷菜单，选择"复制选择"项。

3）命令行：输入 copy 或 co、cp。

4. 步骤

启动复制（Copy）命令后，在命令栏会出现以下提示：

命令：_copy

选择对象：找到 1 个（选择希望复制的红色小圆圈）。

选择对象：（回车结束对象选择）。

当前设置：复制模式 = 多个。

指定基点或［位移（D）/模式（O）］＜位移＞：（要求用户指定一个复制基准点（base point），单击选取图 5-111 所示的红色小圆圈的圆心作为基点）。

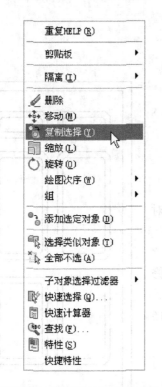

图 5-110　快捷菜单"复制选择"项

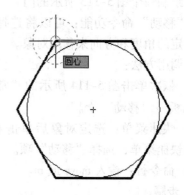

图 5-111　指定复制基准点

指定第二个点或［阵列（A）］＜使用第一个点作为位移＞：（捕捉并单击选取图 5-112a 所示的正六边形的一个顶点，完成一个红色小圆圈的复制）。

指定第二个点或［阵列（A）/退出（E）/放弃（U）］＜退出＞：（按上述方法，如图 5-112b 所示，捕捉并单击选取正六边形的其余各顶点，进行其余红色小圆圈的复制，直到按回车键或右键退出命令完成本任务）。

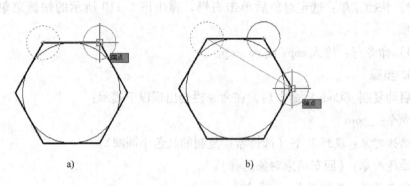

图 5-112   复制对象

a) 捕捉正六边形的一个顶点   b) 完成一个红色小圆圈的复制并捕捉另一顶点

任务19   移动对象（Move）

【任务目标】移动图 5-113 所示的门的位置。

1. 目的

学习使用"移动"命令。

2. 能力及标准要求

熟练掌握"移动"命令的使用方法。

3. 知识及任务准备

先绘制一个图 5-113 所示的门。

➤ "移动"命令功能：可以将选择的一个或多个原对象以指定的角度和方向来移动对象。

➤ 调用方法：

1）依次单击图 5-114 所示的"常用"选项卡→"修改"面板→"移动" ✛。

2）快捷菜单：选定对象后单击右键，弹出图 5-115 所示的快捷菜单，选择"移动"项。

3）命令行：输入 move 或 m。

4. 步骤

启动移动（Move）命令后，在命令栏会出现以下提示：

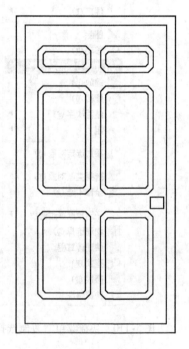

图 5-113   门

命令：_move

选择对象：指定对角点：找到 15 个（选择希望移动的门）。

选择对象：（回车结束对象选择）。

指定基点或 [位移（D）] <位移>：（单击选取图 5-116 所示的 1 点作为基点）。

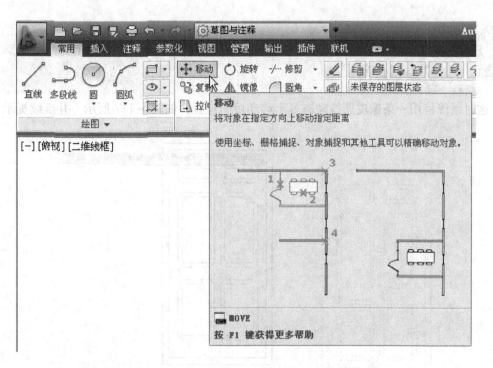

图 5-114　"常用"选项卡→"修改"面板→"移动"

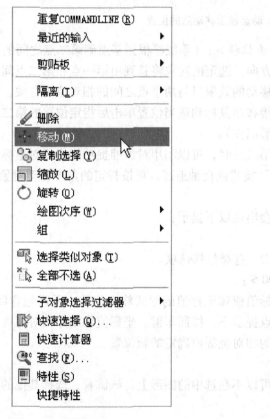

图 5-115　快捷菜单"移动"项

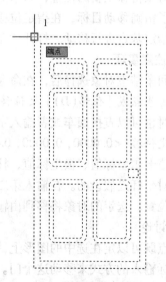

图 5-116　指定移动基准点

> **注意**：为了保证移动的图形容易准确定位，确定基点时多选定对象上的一些特殊点，如端点、中心点、圆心等。

这时系统将用一条橡皮筋线动态显示移动后的位置，如图 5-117 所示，并继续提示：

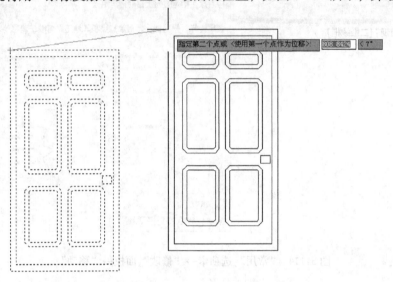

图 5-117　动态显示移动后的位置

指定第二个点或 <使用第一个点作为位移>：（系统将根据基点到第二点之间的距离和方向来确定选中对象的移动距离和移动方向，选定的对象将移到由第一点和第二点间的方向和距离确定的新位置。在这种情况下，移动的效果只与两个点之间的相对位置有关，而与点的绝对坐标无关。一般情况下，可以直接移动鼠标到适当位置单击后指定位移的第二点，选中的原对象将移至新的位置，原来的图形消失）。

为了精确移动目标，在指定位移的第二点时，可以利用对象捕捉功能或相对坐标输入方式来对指定基点进行移动。打开"正交"模式或极轴追踪，可按特定的角度移动对象。

5. 注意事项

在回车结束对象选择后，在命令栏会出现以下提示：

指定基点或 [位移(D)] <位移>：

这时也可以直接回车或者输入字母 D，选择位移选项。

指定位移 <0.0000, 0.0000, 0.0000>：

以笛卡尔坐标值、极坐标值、柱坐标值或球坐标值的形式输入位移。无需包含@符号，因为相对坐标是假设的。在输入第二个点提示下，按回车键。坐标值将用作相对位移，而不是基点位置。选定的对象将移到由输入的相对坐标值确定的新位置。

6. 讨论

基点既可以定在选中的图形上，也可以不在选中的图形上。试试看，选择其他的基点或位移坐标输入的方式来移动这个门。

任务 20　镜像对象（Mirror）

【任务目标】给图 5-118a 所示的图形创建一个图 5-118b 所示的镜像副本。

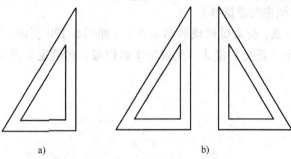

a)　　　　　　　　　　　　　　b)

图 5-118　创建对象的镜像副本

a）原对象　b）对象及其镜像副本

1. 目的

学习使用"镜像"命令。

2. 能力及标准要求

熟练掌握"镜像"命令的使用方法。

3. 知识及任务准备

镜像对创建对称的对象非常有用，因为可以快速地绘制半个对象，然后将其镜像，而不必绘制整个对象。先绘制一个图 5-118a 所示的图形。

➤"镜像"命令功能：围绕用两点定义的镜像轴线翻转对象创建对称的镜像图像。

➤ 调用方法：

1）依次单击图 5-119 所示的"常用"选项卡→"修改"面板→"镜像" △ 。

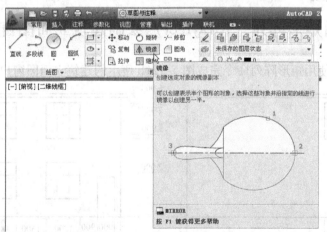

图 5-119　"常用"选项卡→"修改"面板→"镜像"

2）命令行：输入 mirror 或 mi。

4. 步骤

启动镜像（Mirror）命令后，在命令栏会出现以下提示：

命令：_mirror

选择对象：指定对角点：找到 6 个（选择希望镜像的图 5-118a 所示的图形）。

选择对象：（回车结束对象选择）。

指定镜像线的第一点：指定镜像线的第二点：（如图 5-120 所示，指定两点来定义镜像轴线，本任务可以打开"正交"模式，先确定 1 点位置，再确定 2 点位置）。

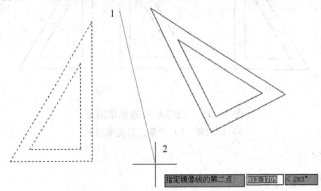

图 5-120　指定两点定义镜像轴线

要删除源对象吗？［是(Y)/否(N)］＜N＞：（按回车键或输入字母 N 保留原始对象，结果如图 5-118b 所示；或者输入字母 Y 删除原始对象）。

5. 注意事项

如果在进行镜像操作的选择对象中包括文字对象，则文字对象的镜像效果取决于系统变量 MIRRTEXT，如果该变量取值为 1，则文字也镜像显示；如果取值为 0（缺省值），则镜像后的文字仍保持原方向。

任务 21　使用矩形阵列（Arrayrect）绘制建筑立面图窗户

【任务目标】使用矩形阵列命令完成图 5-121b 所示的建筑立面图窗户的绘制。

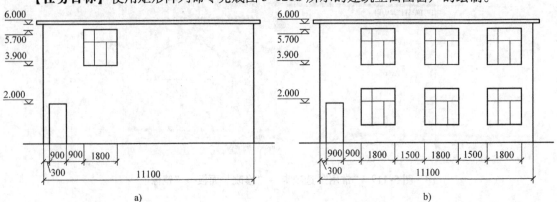

图 5-121　绘制建筑立面图窗户

a）阵列前　b）阵列后

1. 目的

学习使用"矩形阵列"命令。

2. 能力及标准要求

熟练掌握"矩形阵列"命令的使用方法。

3. 知识及任务准备

阵列对创建呈规则形分布的图形对象非常有用，因为可以先绘制一个对象，然后快速地创建以矩形或环形模式或沿指定路径均匀分布的对象的多个副本。先按图 5-121a 所示的尺寸绘制出建筑立面轮廓、门及一个窗户。

➤ "矩形阵列"命令功能：可以对选中的图形对象按矩形作队列的多重复制，创建一个呈规则形分布的对象副本阵列图形。

➤ 调用方法：

1）依次单击图 5-122 所示的"常用"选项卡→"修改"面板→"矩形阵列" 。

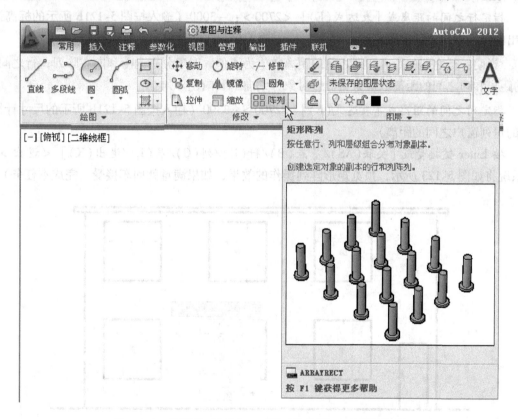

图 5-122　"常用"选项卡→"修改"面板→"矩形阵列"

2）命令行：输入 array 或 ar。

4. 步骤

启动阵列（Array）命令后，在命令栏会出现以下提示：

命令：_array

选择对象：指定对角点：找到 7 个（选择希望矩形阵列的图 5-121a 所示的建筑立面图

窗户）。

选择对象：（回车结束对象选择）。

输入阵列类型［矩形（R）/路径（PA）/极轴（PO）］＜矩形＞：R（直接回车或输入字母 R 选择矩形阵列类型）。

类型＝矩形　关联＝是

为项目数指定对角点或［基点（B）/角度（A）/计数（C）］＜计数＞：（回车选择计数选项）。

输入行数或［表达式（E）］＜4＞：2（输入矩形阵列的行数）。

输入列数或［表达式（E）］＜4＞：3（输入矩形阵列的列数）。

指定对角点以间隔项目或［间距（S）］＜间距＞：（回车选择间距选项）。

> **注意**：矩形阵列中行之间的距离和列之间的距离是指图形要素对应点到对应点之间的距离。

指定行之间的距离或［表达式（E）］＜2700＞：－3000（输入按图 5-121b 所示的标高计算出的每行窗户之间的距离）。

> **说明**：行之间的距离和列之间的距离数值为正值，对象分别向上和向右阵列；行之间的距离和列之间的距离数值为负值，对象分别向下和向左阵列。

指定列之间的距离或［表达式（E）］＜2700＞：3300（输入按图 5-121b 所示的尺寸计算出的每列窗户之间的距离）。

按 Enter 键接受或［关联（AS）/基点（B）/行（R）/列（C）/层（L）/退出（X）］＜退出＞：（系统将如图 5-123 所示，预览矩形阵列操作的效果，如果满意就回车接受，完成本任务）。

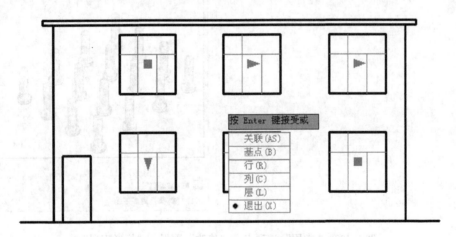

图 5-123　预览矩形阵列操作的效果

5. 注意事项

矩形阵列后的图形如图 5-124 所示是一个整体对象，将其选择后可以在图 5-125 所示的面板位置进行有关参数的编辑和修改，编辑完毕可按"Esc"键关闭面板。

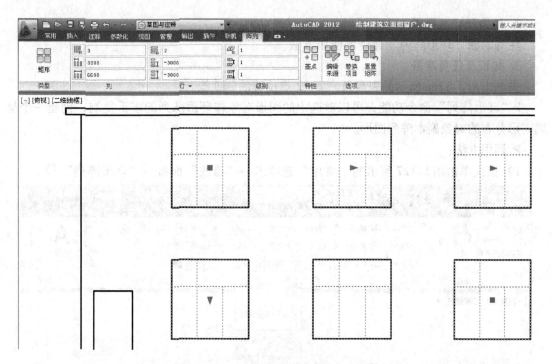

图 5-124 矩形阵列后的图形是一个整体

图 5-125 矩形阵列的参数编辑面板

任务 22 使用环形阵列（Arraypolar）绘制仪表盘

【任务目标】使用环形阵列命令绘制图 5-126b 所示的仪表盘。

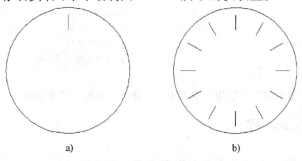

图 5-126 绘制仪表盘

a）阵列前 b）阵列后

1. 目的

学习使用"环形阵列"命令。

2. 能力及标准要求

熟练掌握"环形阵列"命令的使用方法。

3. 知识及任务准备

先画出图 5-126a 所示的表盘及一条 12 点位置的刻度线。

➤"环形阵列"命令功能：可以对选中的图形对象作环形队列的多重复制，创建一个呈规则形分布的对象副本阵列图形。

➤ 调用方法：

1）依次单击图 5-127 所示的"常用"选项卡→"修改"面板→"环形阵列" 🔾。

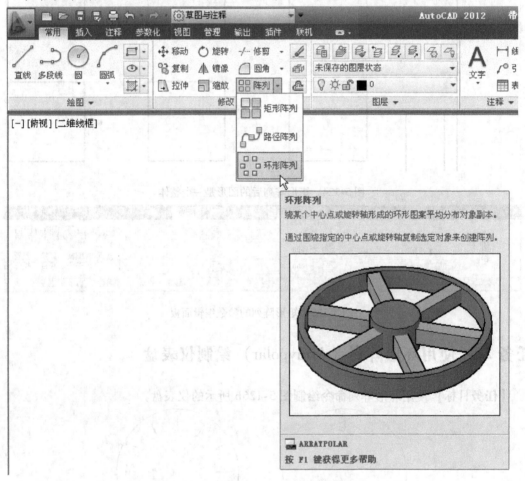

图 5-127 "常用"选项卡→"修改"面板→"环形阵列"

2）命令行：输入 array 或 ar。

4. 步骤

启动阵列（Array）命令后，在命令栏会出现以下提示：

命令：_array

选择对象：找到 1 个（选择希望环形阵列的图 5-126a 所示的表盘 12 点位置的刻度线）。

选择对象：（回车结束对象选择）。

输入阵列类型［矩形（R）/路径（PA）/极轴（PO）］＜矩形＞：PO（输入字母 PO 选择环形阵列类型）。

类型 ＝ 极轴 关联 ＝ 是

指定阵列的中心点或［基点（B）/旋转轴（A）］：（指定环形阵列的中心点。本任务捕捉并单击拾取表盘的圆心位置为环形阵列的中心点）。

输入项目数或［项目间角度（A）/表达式（E）］＜4＞：12（输入环形阵列的项目数，系统默认值为 4，本任务输入 12；或者指定两个相邻项目之间的夹角）。

注意：环形阵列时的项目总数是指包括原对象及其副本对象的总数。

指定填充角度（ ＋ ＝逆时针、－ ＝顺时针）或［表达式（EX）］＜360＞：（指定分布了全部项目的圆弧的填充夹角，系统默认值为 360°，本任务可直接回车接受默认值）。

说明：正角度值创建一个逆时针方向的阵列，负角度值创建一个顺时针方向的阵列。

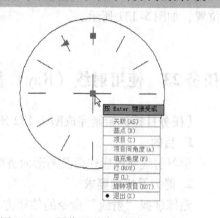

按 Enter 键接受或［关联（AS）/基点（B）/项目（I）/项目间角度（A）/填充角度（F）/行（ROW）/层（L）/旋转项目（ROT）/退出（X）］＜退出＞：（系统将如图 5-128 所示，预览环形阵列操作的效果，如果满意就回车接受，完成本任务）。

5. 注意事项

环形阵列后的图形如图 5-129 所示是一个整体对象，将其选择后可以在图 5-130 所示的面板位置进行有关参数的编辑和修改，编辑完毕可按"Esc"键关闭面板。

图 5-128　预览环形阵列操作的效果

| | 极轴 | | | | | 12
30
360 | | 1
156.4766
156.4766 | | 1
1
1 | | 基点 | 旋转项目 | 编辑
来源 | 替换
项目 | 重置
矩阵 |

草图与注释　常用　插入　注释　参数化　视图　管理　输出　插件　联机　阵列　AutoCAD 2012　带标注.dwg

| 类型 | 项目 | 行 ▼ | 级别 | 特性 | 选项 |

［-］［俯视］［二维线框］

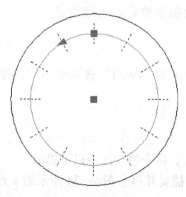

图 5-129　环形阵列后的图形是一个整体

图 5-130　环形阵列的参数编辑面板

6. 讨论

系统默认复制时旋转项目，即环形阵列操作所生成的副本图形上的任一点均同时进行向心旋转。如果不选择图 5-130 所示的面板位置，则阵列操作所生成的副本保持与原对象相同的方向不变，而只改变相对位置，如图 5-131 所示。

图 5-131　环形阵列不旋转项目

任务 23　使用射线（Ray）作投影图

【任务目标】绘制完成图 5-132 所示的台阶俯视图。

1. 目的

学习射线在投影作图及图形对齐时的作用。

2. 能力及标准要求

熟练掌握"射线"命令的使用方法。

3. 知识及任务准备

如果直线只有起点而没有终点（或者说其终点在无穷远处），这类直线被称为射线。通常在作图时将它用作创建其他对象的参照，作为辅助参考线使用，以方便同一个项目的多个视图投影作图及图形对齐等。先绘制出图 5-132 所示的图形，并打开"正交"模式。

➤ "射线"命令功能：绘制以给定点为起始点，单方向无限延伸的直线。

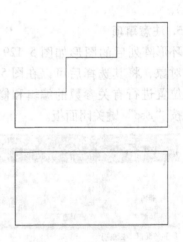

图 5-132　绘制台阶俯视图

➤ 调用方法：

1）依次单击图 5-133 所示的"常用"选项卡→"绘图"滑出式面板下拉菜单→"射线"。

2）命令行：输入 ray。

4. 步骤

启动射线（Ray）命令后，命令栏会出现以下提示：

命令：_ray 指定起点：（捕捉并单击图 5-134 所示的 1 点作为射线的起点）。

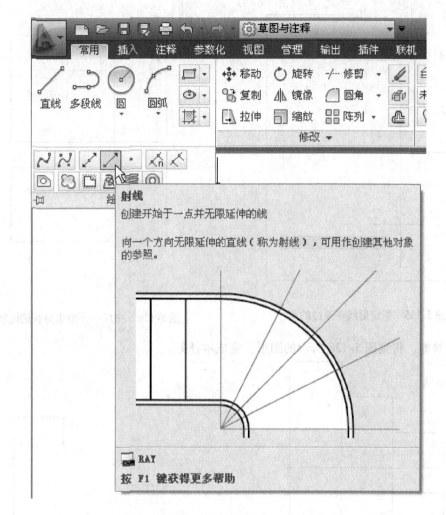

图 5-133 "常用"选项卡→"绘图"滑出式面板下拉菜单→"射线"

指定通过点：（向下移动光标，在"正交"模式下会拉出一条图 5-135 所示的铅垂轨迹线，此时可在其延长线上任意一点位置单击，指定射线要通过的 2 点）。

指定通过点：（指定另外一点以绘制另一条射线，所有后续射线都将经过第一个指定点 1 点。本任务按回车键结束射线命令，完成一条如图 5-136 所示向下无限延伸的铅垂射线的绘制，其符合工程制图"长对正"的投影原理和要求）。

按上述方法，再绘制一条通过图 5-136 所示的 3 点向下无限延伸的铅垂射线，得到图 5-137 所示的图形。

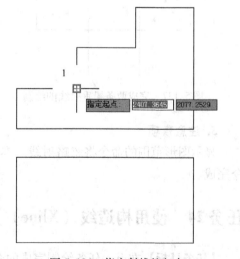

图 5-134 指定射线的起点

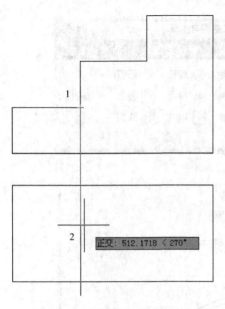

图 5-135　指定射线要通过的点

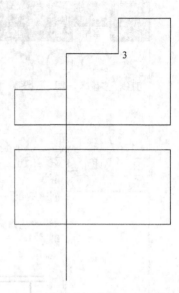

图 5-136　完成一条铅垂射线的绘制

经过修剪，得到图 5-138 所示的图形，完成本任务。

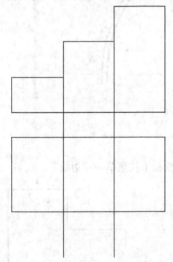

图 5-137　完成两条铅垂射线的绘制

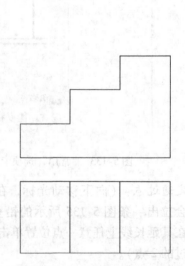

图 5-138　完成台阶俯视图的绘制

5. 注意事项

显示图形范围的命令将忽略射线。本任务也可采用下一任务讲授的构造线（Xline）命令完成。

任务 24　使用构造线（Xline）绘制三视图

【任务目标】在上一任务绘制完成的图 5-138 所示的台阶两个视图的基础上，绘制其侧视图。

1. 目的

学习构造线在投影作图及图形对齐时的作用。

2. 能力及标准要求

熟练掌握"构造线"命令的使用方法。

3. 知识及任务准备

既没有起点也没有终点的直线被称为构造线（Construction Line）。通常将它用作创建其他对象的参照，在作图时将水平和垂直构造线作为投影线使用，可以帮助用户准确地根据工程制图"长对正、高平齐、宽相等"的投影原理和要求绘制出三视图。打开上一任务绘制完成的图 5-138 所示的图形。

➤"构造线"命令功能：通过给定的点绘制两端无限延长的直线。

➤ 调用方法：

1）依次单击图 5-139 所示的"常用"选项卡→"绘图"滑出式面板下拉菜单→"构造线" 。

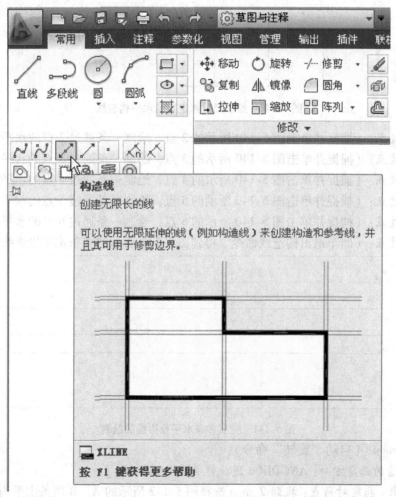

图 5-139　"常用"选项卡→"绘图"滑出式面板下拉菜单→"构造线"

2）命令行：输入 xline 或 xl。

4. 步骤

启动构造线（Xline）命令后，命令栏会出现以下提示：

命令：_xline 指定点或［水平(H)/垂直(V)/角度(A)/二等分(B)/偏移(O)］：H（输入字母 H，选择该选项用于绘制通过给定点且平行于当前 UCS 的 X 轴的构造线）。

指定通过点：（捕捉并单击图 5-140 所示的 1 点，绘制一条通过 1 点的水平构造线）。

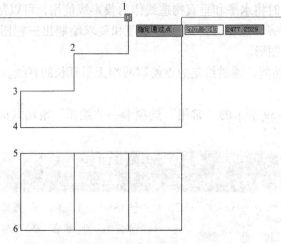

图 5-140　绘制通过指定点的水平构造线

指定通过点：（捕捉并单击图 5-140 所示的 2 点，绘制一条通过 2 点的水平构造线）。

指定通过点：（捕捉并单击图 5-140 所示的 3 点，绘制一条通过 3 点的水平构造线）。

指定通过点：（捕捉并单击图 5-140 所示的 4 点，绘制一条通过 4 点的水平构造线）。

指定通过点：（捕捉并单击图 5-140 所示的 5 点，绘制一条通过 5 点的水平构造线）。

指定通过点：（捕捉并单击图 5-140 所示的 6 点，绘制一条通过 6 点的水平构造线）。

指定通过点：（回车退出构造线命令，得到图 5-141 所示的多条水平投影线）。

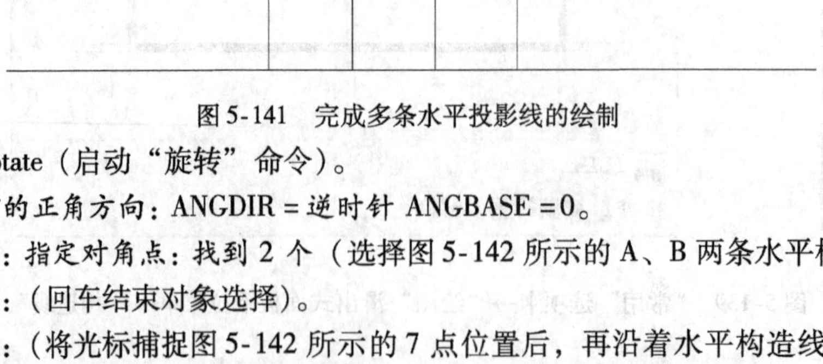

图 5-141　完成多条水平投影线的绘制

命令：_rotate（启动"旋转"命令）。

UCS 当前的正角方向：ANGDIR = 逆时针 ANGBASE = 0。

选择对象：指定对角点：找到 2 个（选择图 5-142 所示的 A、B 两条水平构造线）。

选择对象：（回车结束对象选择）。

指定基点：（将光标捕捉图 5-142 所示的 7 点位置后，再沿着水平构造线 A 向右移动，到适当位置 8 点处单击确定旋转基点)。

指定旋转角度,或〔复制(C)/参照(R)〕<0>:90(输入 90,将 A、B 两条水平构造线以 8 点为中心逆时针旋转 90°,得到图 5-143 所示的图形)。

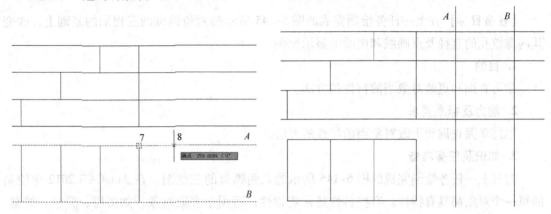

图 5-142　指定旋转基点　　　　　　　　　图 5-143　旋转 A、B 两条水平投影线

经过修剪,得到图 5-144 所示的图形,完成本任务。

5. 注意事项

构造线命令中的其他关键选项介绍:

- "垂直":该选项用于绘制通过给定点且平行于当前 UCS 的 Y 轴的构造线。
- "角度":该选项用于绘制给定角度的构造线。
- "二等分":该选项用于绘制通过给定点且平分由第二点、给定点和第三点所形成的夹角的构造线,其中给定点为夹角的顶点。
- "偏移":该选项用于绘制与选定的对象平行且偏移指定距离的构造线。

显示图形范围的命令同样也忽略构造线。

6. 讨论

根据已掌握的知识,思考并动手操作一下,如何至少设置四个图层来绘制图 5-145 所示的六角螺母的三视图。

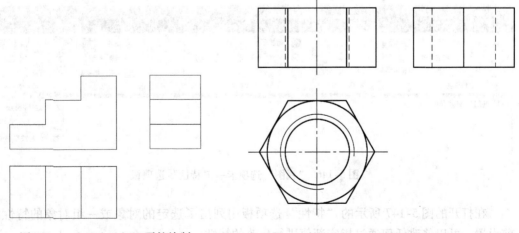

图 5-144　完成台阶侧视图的绘制　　　　　　　图 5-145　六角螺母的三视图

任务 25　查询和更改对象特性

【任务目标】 在上一任务绘制完成的图 5-145 所示的六角螺母的三视图的基础上，改变其内螺纹孔的直径及点画线和虚线的显示比例。

1. 目的

学习查询和更改对象当前特性的方法。

2. 能力及标准要求

熟练掌握查询和更改对象当前特性的方法。

3. 知识及任务准备

打开上一任务绘制完成的图 5-145 所示的六角螺母的三视图。在 AutoCAD 2012 中绘制的每一个对象都具有特性。有些特性是常规特性，适用于多数对象，如图层、颜色、线型、透明度和打印样式；有些特性是特定于某个对象的特性，例如，圆的特性包括半径、直径、周长和面积，直线的特性包括长度和角度。可以在图形中显示和更改任何对象的当前特性。大多数常规特性可以通过图层指定给对象，也可以直接指定给对象。

• 如果将特性设定为"BYLAYER"，则将为对象指定与其所在图层相同的值。例如，如果将在图层 0 上绘制的直线的颜色指定为"BYLAYER"，并将图层 0 的颜色指定为"红"，则该直线的颜色为红色。

• 如果将特性设定为一个特定值，则该值将替代图层设定的值。例如，如果将在图层 0 上绘制的直线的颜色指定为"蓝"，并将图层 0 的颜色指定为"红"，则该直线的颜色为蓝色。

➢ "特性"命令功能：调出特性窗口，显示与更改选定对象的当前特性。

➢ 调用方法：

1）依次单击图 5-146 所示的"视图"选项卡→"特性"选项板 。

图 5-146　"视图"选项卡→"特性"选项板

在打开的图 5-147 所示的"特性"选项板中列出了选定的对象或一组对象的特性的当前设置。可以修改任何通过指定新值进行更改的特性。

• 选中多个对象时，"特性"选项板只显示选择集中所有对象的共有特性。

• 如果未选中对象，"特性"选项板只显示当前图层的常规特性、附着到图层的打印样式表的名称、视图特性及有关 UCS 的信息。

2）使用图 5-148 所示的"常用"选项卡→"特性"面板中的可用控件，用户可以便捷地确认或更改特性（如颜色、图层和线型）的设置。

• 如果没有选择任何对象，该面板将显示将来创建的对象的默认特性。

• 如果选择了一个或多个对象，则控件将会显示选定对象的当前特性。

• 如果选择了一个或多个对象但是其特性不同，则这些特性的控件将为空白。

• 如果选择了一个或多个对象，且在功能区更改了某一特性，则选定的对象将根据指定值进行更改。

3）控制双击行为：当 DBLCLKEDIT 和 PICKFIRST 系统变量处于打开状态（默认设置）时，可以双击大部分对象（如图 5-145 所示的六角螺母俯视图上的圆）来打开图 5-149 的所示"快捷特性"选项板。

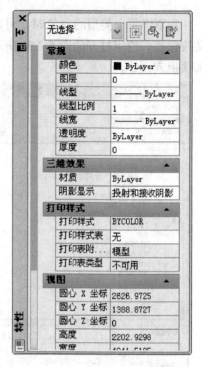

图 5-147　"特性"选项板

图 5-148　"常用"选项卡→"特性"面板

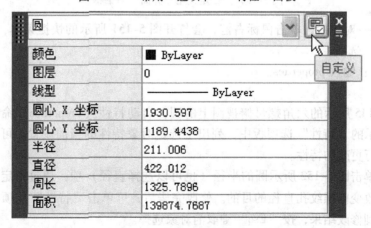

图 5-149　"快捷特性"选项板

当双击每个类型的对象时，可单击图 5-149 所示的"快捷特性"选项板右上角的自定义按钮，使用打开的图 5-150 所示的"自定义用户界面"对话框（CUI）来控制使用哪些选项板或命令。

图 5-150　"自定义用户界面"对话框

4）选择某一对象后，单击鼠标右键，会打开图 5-151 所示的快捷菜单，选择"特性"或"快捷特性"选项。

5）命令行：输入 properties。

4. 步骤

选中图 5-145 所示的六角螺母俯视图上的圆，启动特性（Properties）命令后，在弹出的图 5-152 所示的"特性"选项板中，列出了选定对象特性的当前设置。可以修改任何通过指定新值进行更改的特性。

本任务可单击图 5-152 所示圆的半径（也可以选择直径）项，通过指定新值更改圆的特性，以达到改变内螺纹孔直径的目的。修改完毕后，可单击"特性"选项板左上角 ×关闭选项板并看到修改结果，按"Esc"键取消对象选择。

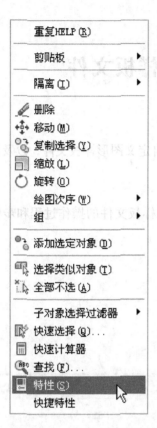

图 5-151 快捷菜单"特性"或"快捷特性"选项

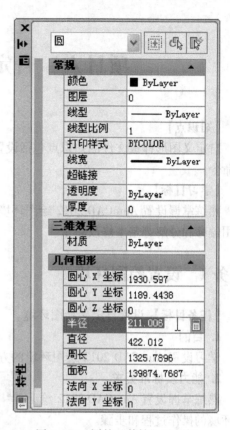

图 5-152 圆的"特性"选项板

5. 注意事项

前面介绍过，由于全局和单独的线型显示比例均默认设置为 1.0，故上一任务绘制完成的图 5-145 所示的六角螺母三视图中点画线和虚线的显示会过于紧密。除了可以采用前面介绍的通过设置比例因子来改变线型的显示比例外，本任务还可以分别选择要更改线型比例的点画线和虚线对象，在打开的图 5-153 所示的"特性"选项板中，选择"线型比例"项，然后输入新值，直到显示效果满意为止。

6. 讨论

思考，如何查询图 5-145 所示的六角螺母俯视图中正六边形的面积和周长等特性？

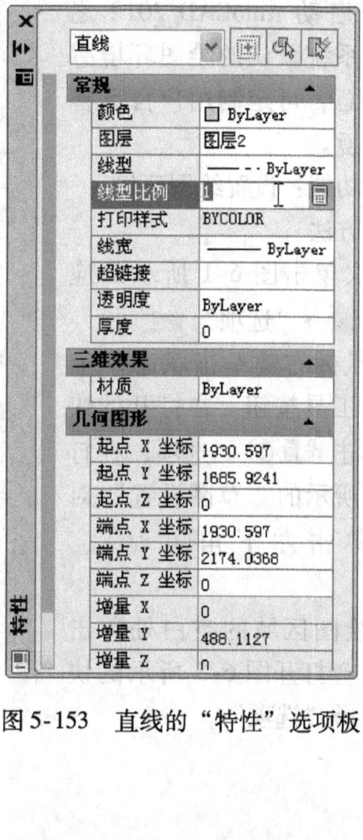

图 5-153 直线的"特性"选项板

项目六 自定义图形样板文件

【知识点】

自定义图形样板文件的知识点包括设置绘图环境，自定义图形样板文件，以及偏移和分解命令。

【学习目标】

熟练掌握设置 AutoCAD 2012 绘图环境和自定义图形样板文件的操作过程和步骤。熟练使用偏移和分解等基本修改命令。

任务1 设置绘图环境

【任务目标】 设置自定义绘图环境。

1. 目的

学习设置 AutoCAD 2012 绘图环境的方法。

2. 能力及标准要求

熟练掌握设置 AutoCAD 2012 绘图环境的操作过程和步骤。

3. 知识及任务准备

当用户启动 AutoCAD 2012 之后，如果对系统默认的绘图环境感到不是很满意，可定制用户自己喜欢的绘图环境。

➢ 命令功能：设置绘图环境。

➢ 调用方法：

1）依次单击图 6-1 所示的应用程序菜单 → "选项" 。

2）用鼠标右键单击状态栏上的有关图形工具按钮，在打开的快捷菜单中单击设置(S)...选项，在打开的图 6-2 所示的"草图设置"对话框中，单击左下角 选项(T)... 按钮。

3）在绘图区域的空白处单击鼠标右键，会打开图 6-3 所示的快捷菜单，选择"选项"。

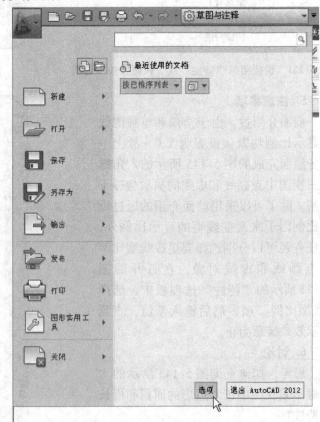

图 6-1 应用程序菜单→"选项"

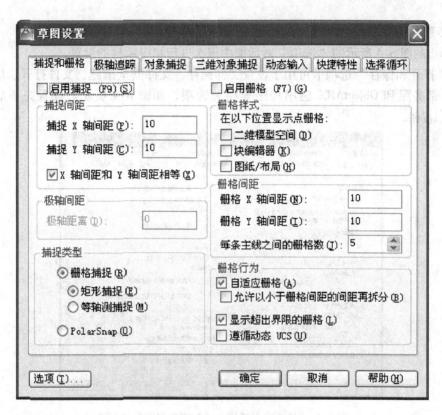

图 6-2 "草图设置"对话框

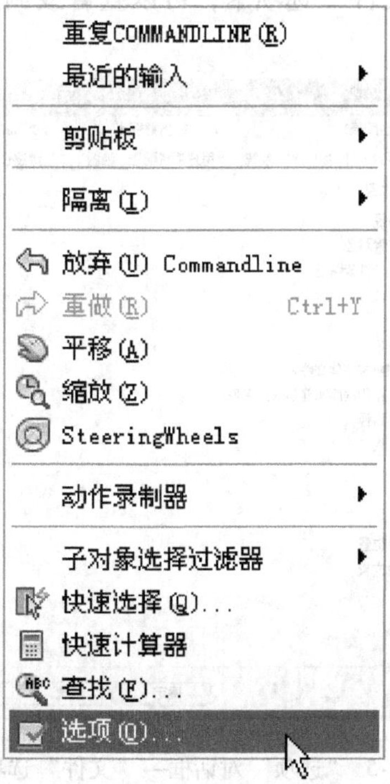

图 6-3 快捷菜单"选项"

4. 步骤

在弹出的图 6-4 所示的"选项"对话框中依次进行相应项目的设置。

1）"打开和保存"选项卡可用于设置文件保存、文件安全措施、文件打开、应用程序菜单、外部参照和 ObjectARX 应用程序等相关选项，如图 6-4 所示。设置完毕后，单击 应用(A) 按钮。

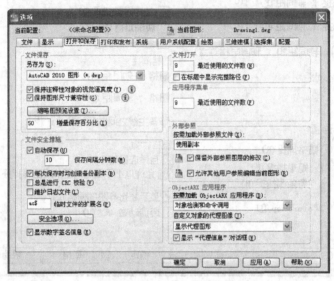

图 6-4　"选项"对话框→"打开和保存"选项卡

2）选择图 6-5 所示的"文件"选项卡，可以查看或调整各种文件的路径。设置完毕后，单击 应用(A) 按钮。

图 6-5　"选项"对话框→"文件"选项卡

3）选择图 6-6 所示的"显示"选项卡，可用于设置窗口元素、布局元素、显示精度、显示性能、十字光标大小和淡入度控制等相关选项。设置完毕后，单击 应用(A) 按钮。

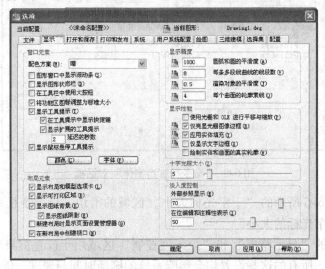

图 6-6　"选项"对话框→"显示"选项卡

单击图 6-6 所示的"窗口元素"区域的 颜色(C)... 按钮，可打开图 6-7 所示的"图形窗口颜色"对话框，在"上下文"和"界面元素"列表中单击要修改颜色的元素，在右上部"颜色"下拉列表中选择一种新颜色，单击 应用并关闭(A) 按钮退出，即可改变相应元素的颜色。

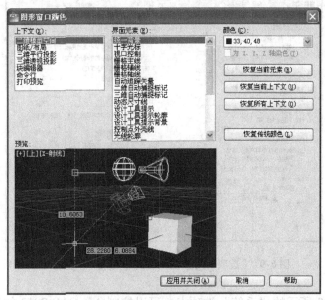

图 6-7　"图形窗口颜色"对话框

● 单击图 6-6 所示的"窗口元素"区域的 字体(F)... 按钮，将弹出图 6-8 所示的"命令行窗口字体"对话框，用户可以在其中设置命令行文字的字体、字形和字号。

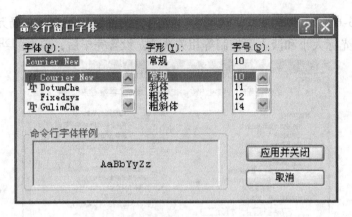

图6-8 "命令行窗口字体"对话框

• 通过移动图6-6所示的"十字光标大小"区域的滑块，可改变框中光标与屏幕大小的百分比，调整十字光标的大小。

• 图6-6所示的"显示精度"和"淡入度控制"区域用于设置渲染对象的平滑度、每个曲面轮廓线数等。所有的这些设置均会影响系统的刷新时间与速度，进而影响用户操作的流畅性。

4）选择图6-9所示的"打印和发布"选项卡，可以控制打印和发布的有关选项。设置完毕后，单击 应用(A) 按钮。

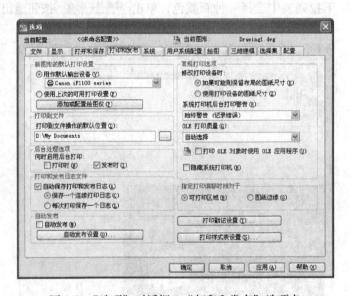

图6-9 "选项"对话框→"打印和发布"选项卡

5）选择图6-10所示的"系统"选项卡，可以控制 AutoCAD 2012 的系统设置。设置完毕后，单击 应用(A) 按钮。

6）选择图6-11所示的"用户系统配置"选项卡，用于设置优化 AutoCAD 2012 工作方式的一些选项。设置完毕后，单击 应用(A) 按钮。

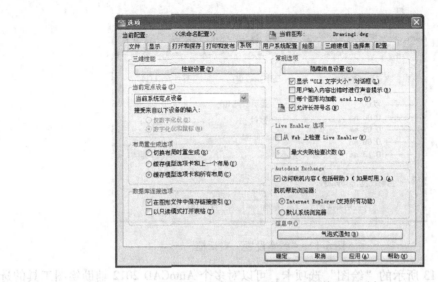

图 6-10　"选项"对话框→"系统"选项卡

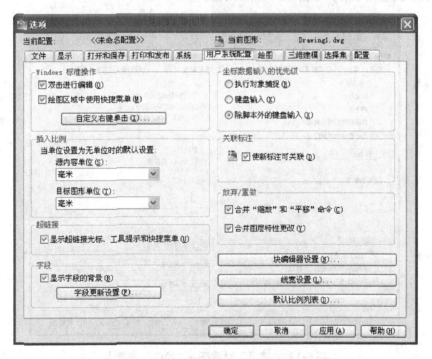

图 6-11　"选项"对话框→"用户系统配置"选项卡

> **提示：** "Windows 标准操作"区域中，"绘图区域中使用快捷菜单"复选项前面的"勾"可以去掉，以减少绘图命令执行过程中点击菜单的次数，加快绘图速度。

- "插入比例"区域中的"源内容单位"和"目标图形单位"的默认设置都为毫米。
- 单击 线宽设置(L)... 按钮，将弹出图 6-12 所示的"线宽设置"对话框，可以设置线宽的显示特性和默认选项，同时还可以设置当前线宽和显示线宽。

图 6-12 "线宽设置"对话框

7）选择图 6-13 所示的"绘图"选项卡，可以对多个 AutoCAD 2012 辅助绘图工具的选项进行设置。设置完毕后，单击 应用(A) 按钮。

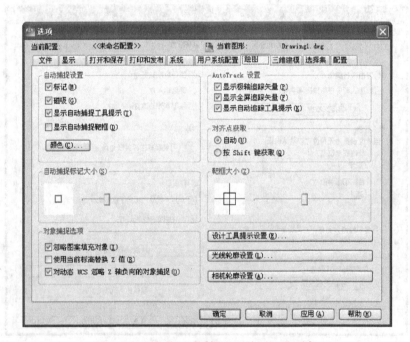

图 6-13 "选项"对话框→"绘图"选项卡

8）选择图 6-14 所示的"三维建模"选项卡，可以对三维十字光标、在视口中显示工具、三维对象、三维导航和动态输入等选项进行设置。设置完毕后，单击 应用(A) 按钮。

9）选择图 6-15 所示的"选择集"选项卡，可以控制 AutoCAD 2012 选择工具和对象的方法。用户可以控制拾取框大小、指定选择集模式、选择集预览、设置夹点和功能区选项等。设置完毕后，单击 应用(A) 按钮。

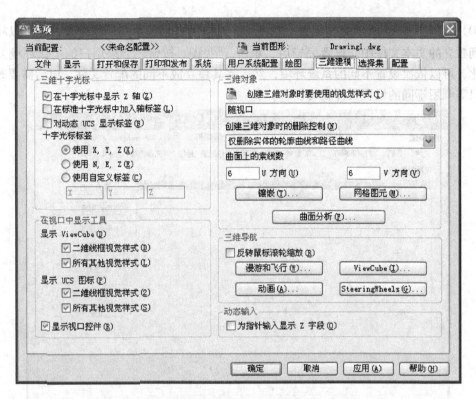

图 6-14 "选项"对话框→"三维建模"选项卡

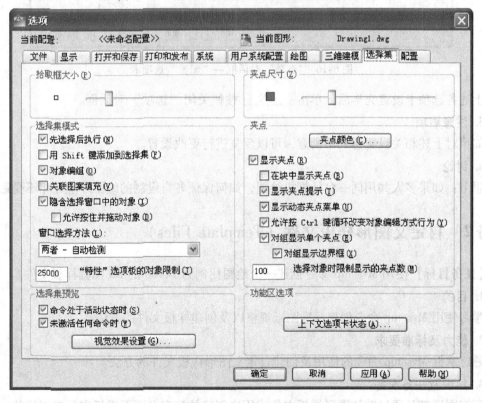

图 6-15 "选项"对话框→"选择集"选项卡

10）选择图 6-16 所示的"配置"选项卡，可以用来创建绘图环境配置，还可以将配置保存到独立的文本文件中。设置完毕后，单击 应用(A) 按钮。如果用户的工作环境需要经常变化，可以依次设置不同的系统环境，然后将其建立成不同的配置文件，以后需要改变设置，只需调用不同的设置文件就可以了。

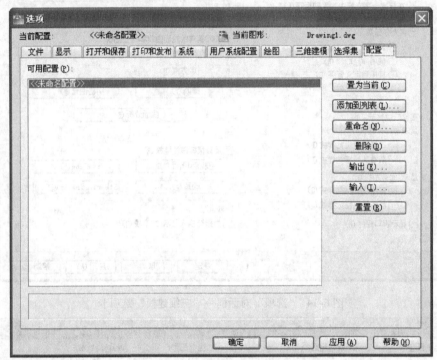

图 6-16 "选项"对话框→"配置"选项卡

上述各选项卡设置完毕后，单击 确定 按钮关闭"选项"对话框。

5. 注意事项

如果对上述相关设置感到不满意，可以反复进行更改设置。

6. 讨论

思考：如果多人共用同一台计算机绘图，如何保证各自设制的绘图环境互相不受影响？

任务2　自定义图形样板文件（Template Files）

【任务目标】使用 Mvsetup 命令创建一个绘图比例为 1∶100 的 A3 图幅样板文件。

1. 目的

学习使用 Mvsetup 命令创建标准图纸规格以及创建样板文件的方法。

2. 能力及标准要求

熟练掌握 Mvsetup 命令的使用及创建自定义图形样板文件的方法。

3. 知识及任务准备

所有图形都是通过默认图形样板文件或用户创建的自定义图形样板文件来创建的。图形

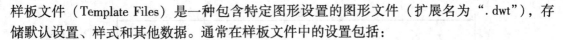

样板文件（Template Files）是一种包含特定图形设置的图形文件（扩展名为".dwt"），存储默认设置、样式和其他数据。通常在样板文件中的设置包括：

- 图形界限。
- 单位类型和精度。
- 捕捉、栅格和正交设置。
- 标题栏、边框和徽标。
- 图层组织。
- 线型和线宽。
- 标注和文字样式。

如果使用样板来创建新的图形，则新的图形就继承了样板中的所有设置。新的图形文件与所用的样板文件是相对独立的，因此在新图形中的修改不会影响样板文件。

需要创建使用相同约定和默认设置的多个图形时，通过创建或自定义图形样板文件而不是每次启动时都指定约定和默认设置，这样就避免了大量的重复设置工作，可以节省很多时间，也可以确保用户创建的针对公司或者同一项目中所有图形文件风格样式的一致性和标准化。

AutoCAD 2012 为用户提供了风格多样的样板文件，这些样板文件的大部分以英制或公制单位提供，有些针对三维建模进行了优化。默认情况下，这些样板文件都保存在 AutoCAD 2012 主文件夹的"Template"子文件夹中。所有图形样板文件的扩展名均为".dwt"。当用户创建一个新的图形文件时，图 3－3 所示的"选择样板"对话框列出了所有可供使用的样板供用户选择。用户通常使用默认的以毫米为单位的"acadiso.dwt"样板文件（或是以英寸为单位的"acad.dwt"样板文件）创建新图形。

在创建自定义图形样板文件之前，首先应明确工程制图国家标准对于工程图纸相关尺寸的规定。图纸幅面及图框尺寸应符合表 6-1 及图 6-17 的尺寸规定。

表 6-1　图纸幅面及图框尺寸　　　　　　　　　　　　　　（单位：mm）

幅面代号 尺寸代号	A0	A1	A2	A3	A4
$B \times L$	841×1189	594×841	420×594	297×420	210×297
c	10			5	
a	25				

> "Mvsetup"命令功能：该命令是系统的一个 AutoLISP 程序，能帮助用户依次选择单位制、比例、图幅大小并自动按图幅大小设置图形边界（Limits），完成 Zoom All 缩放全图的工作并画出图幅。

> 调用方法：

命令行：输入 mvsetup。

4. 步骤

打开系统默认的以毫米为单位的"acadiso.dwt"样板文件，输入 Mvsetup 命令后，在命令栏会出现以下提示：

命令：mvsetup

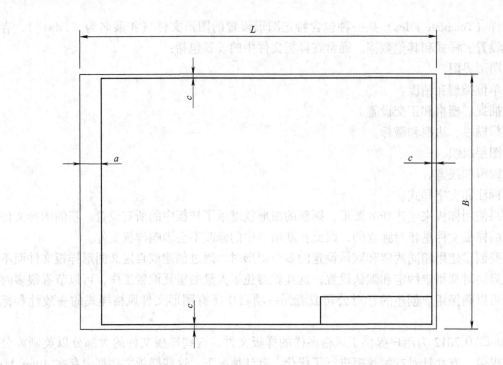

图 6-17　图纸幅面及图框尺寸

正在初始化…

是否启用图纸空间？［否(N)／是(Y)］＜是＞：N（选择"No"选项，进入模型空间）。

输入单位类型［科学(S)／小数(D)／工程(E)／建筑(A)／公制(M)］：M（选择"公制"单位选项）。

公制比例

＝＝＝＝＝＝＝＝＝＝＝＝＝＝＝＝＝

(5000) 1∶5000

(2000) 1∶2000

(1000) 1∶1000

(500) 1∶500

(200) 1∶200

(100) 1∶100

(75) 1∶75

(50) 1∶50

(20) 1∶20

(10) 1∶10

(5) 1∶5

(1) 全尺寸

在系统弹出的图 6-18 所示的"AutoCAD 文本窗口"中进一步指定比例因子为 100、图纸宽度为 420 和高度为 297。

回车后文本窗口自动消失，同时将根据用户的选择更改图形的单位类型、图形界限等设置，并自动绘制一个图 6-19 所示的矩形边框（Polyline 对象）来显示 A3 图幅图形界限。

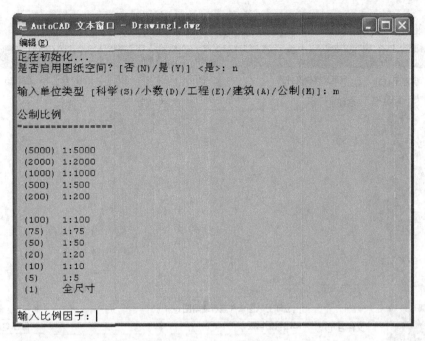

图 6-18　AutoCAD 文本窗口

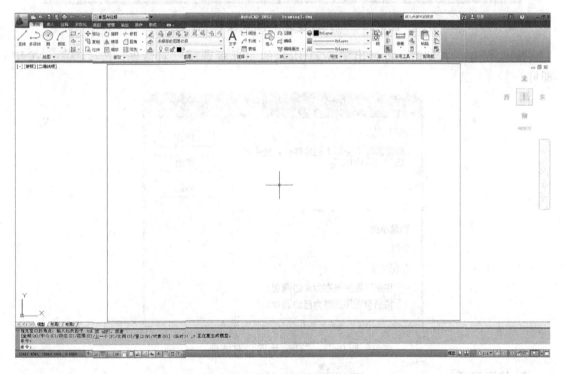

图 6-19　绘制 A3 图幅图形界限

　　单击图 3 – 2 所示的"快速访问工具栏"中的"保存"命令图标按钮，如图 6-20 所示，将该文件以"A3 建筑图模板"为文件名、以".dwt"为扩展名保存到用户自己定义的文件夹里，创建一个自定义 AutoCAD 图形样板文件备用。

注意：系统默认将新样板文件保存在 template 文件夹中。

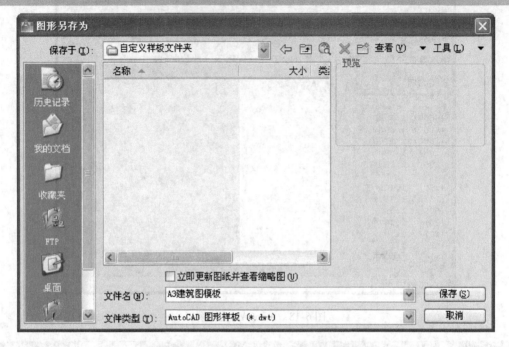

图 6-20　保存 A3 建筑图自定义图形样板文件

按 **保存(S)** 按钮时，将弹出图 6-21 所示的"样板选项"对话框，按 **确定** 按钮即可。

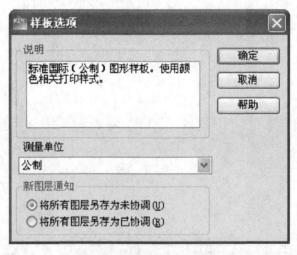

图 6-21　"样板选项"对话框

5. 注意事项

普通图形文件和样板文件的图标是不同的，如图 3-6、图 3-7 所示。

6. 讨论

随着讲述内容的增加，后面还要反复对这个 A3 建筑图模板样板文件进行追加修改，如还要绘制标题栏、边框，设置图层、线型和线宽，设置标注和文字样式等。涉及文件的打开、修改、保存等操作与普通文件的操作相同。

任务3　使用偏移（Offset）绘制图框

【任务目标】使用"偏移"命令为 A3 建筑图模板样板文件建立图框。

1. 目的

学习使用"偏移"命令。

2. 能力及标准要求

熟练掌握"偏移"命令的使用方法。

3. 知识及任务准备

偏移对象以创建形状与原始对象平行的新对象。例如，可以创建平行线或等距曲线；如果偏移圆或圆弧，则会创建更大或更小的同心圆或圆弧，具体取决于指定向哪一侧偏移。本任务首先应明确工程制图国家标准对于 A3 图纸图框尺寸的规定，参见表6-1 及图6-17。

打开上一任务绘制完成的绘图比例为 1：100 的 "A3 建筑图模板" 样板文件。

> 提示：一种有效的绘图技巧是偏移对象，然后修剪或延伸其端点。

"偏移"命令功能：用于创建一个与指定对象各对应线段沿法线方向等距，形状与原始对象平行的新对象。

调用方法：

1）依次单击图 6-22 所示的"常用"选项卡→"修改"面板→"偏移" 。

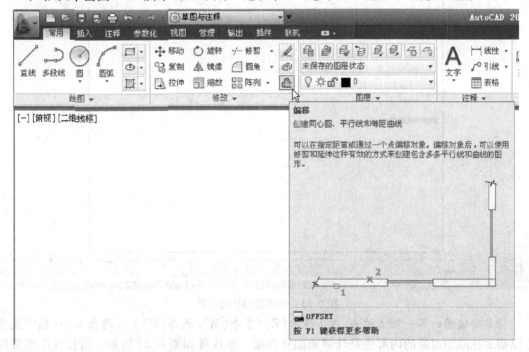

图 6-22 "常用"选项卡→"修改"面板→"偏移"

2）命令行：输入 offset 或 o。

4. 步骤

启动偏移（Offset）命令后，在命令栏会出现以下提示：

命令：_offset

当前设置：删除源＝否 图层＝源 OFFSETGAPTYPE＝0

指定偏移距离或［通过(T)/删除(E)/图层(L)］＜通过＞：

这时用户有两种选择：

● 输入字母"T"或直接回车选择使偏移对象通过一点的方式，系统会提示：

选择要偏移的对象或＜退出＞：（选择要偏移的对象）。

指定通过点：（指定偏移对象要通过的某点的位置）。

● 指定偏移距离：

指定偏移距离或［通过（T）/删除（E）/图层（L）］＜通过＞：500（要求用户输入偏移距离值，即指定新图形距原有图形的距离。对于 A3 图纸幅面及图框尺寸，根据 1∶100 的绘图比例，本任务直接输入 500 即可。思考为什么不是输入 5?)。

选择要偏移的对象,或［退出(E)/放弃(U)］＜退出＞：（选择图 6-23 所示的 A3 建筑图模板文件中的图形界限边框）。

> **注意**：此命令只能用光标直接选择对象，而不能用"窗口选择"或"窗交选择"等方式选择对象。

图 6-23　选择要偏移的对象

指定要偏移的那一侧上的点,或［退出(E)/多个(M)/放弃(U)］＜退出＞：（指定某个点以指示在原始对象的内部还是外部来偏移对象。本任务如图 6-24 所示，直接在图形界限边框的内侧任选一点位置单击左键即可，结果如图 6-25 所示）。

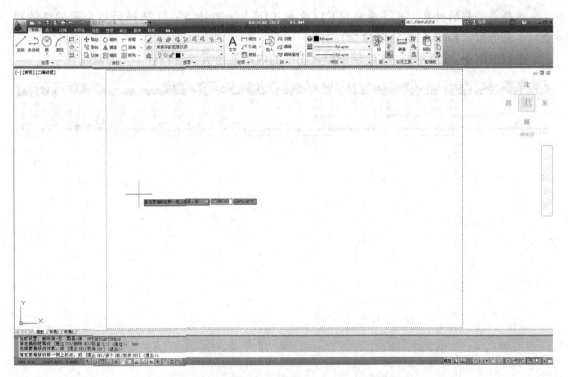

图 6-24 在图形界限边框内侧任意位置单击左键

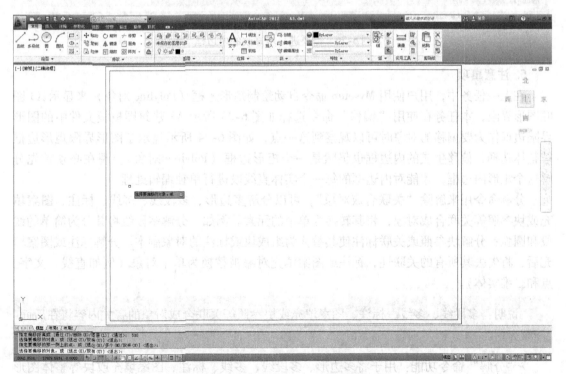

图 6-25 使用"偏移"命令生成内边框

选择要偏移的对象，或〔退出（E）/放弃（U）〕＜退出＞：（选择另一个要偏移的对象。本任务按"Enter"键结束命令）。

生成的图 6-26 所示的 A3 建筑图模板图纸的内边框还需要进行进一步的修改。

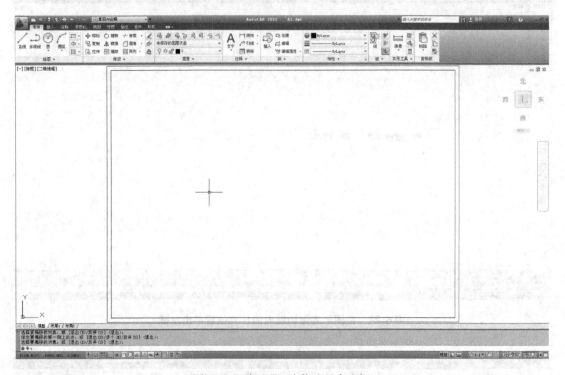

图 6-26　需要进一步修改的内边框

5. 注意事项

在上一任务中，用户使用 Mvsetup 命令自动绘制矩形边框（Polyline 对象）来显示 A3 图幅图形界限，本任务在使用"偏移"命令选择如图 6-23 所示 A3 建筑图模板文件中的图形界限边框作为要偏移的对象时可以观察到这一点，如图 6-24 所示显示了图形界限矩形边框被整体选择，偏移生成的内边框也仍然是一个矩形边框（Polyline 对象）。现在必须首先分解这个矩形内边框，才能对内边框的每一个实体直线段进行单独编辑处理。

分解命令用来解除"关联合成对象"，可以分解多边形、多段线、多线、标注、图案填充或块参照等关联合成对象，将其转换为单个的元素。例如，分解多段线将其分为简单的线段和圆弧；分解块参照或关联标注使其替换为组成块或标注的对象副本。分解标注或图案填充后，将失去其所有的关联性，标注或图案填充对象被替换为单个对象（例如直线、文字、点和二维实体）。

> **说明**：多段线、多线、标注、图案填充或块参照等关联合成对象的有关内容将在后面陆续介绍。

➤"分解"命令功能：用于将多边形、多段线、多线、标注、图案填充或块等整体图形对象分解开，转换成下一个层次的单个组成对象元素，生成由多条简单的直线段和圆弧段组成的图形。被分解后，原图形中的每一个实体元素都可以被单独编辑处理。

➢ 调用方法:

1）依次单击图 6-27 所示的"常用"选项卡→"修改"面板→"分解" 。

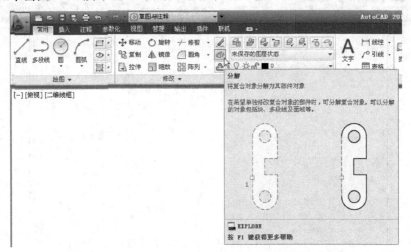

图 6-27　"常用"选项卡→"修改"面板→"分解"

2）命令行：输入 explode 或 x。

启动分解（Explode）命令后，在命令栏会出现以下提示:

命令：_ explode

选择对象：找到 1 个（如图 6-28 所示，单击左键选择要分解的 A3 建筑图模板图纸的内边框，如图 6-29 所示，内边框被整体选择）

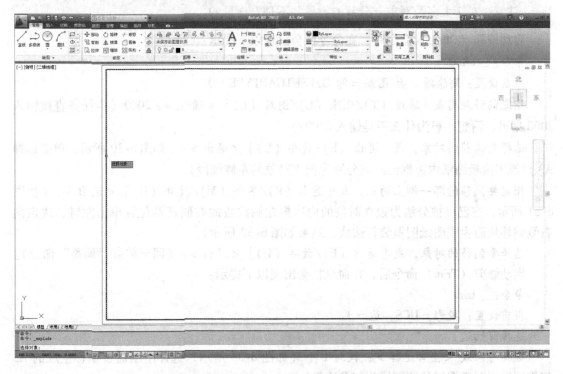

图 6-28　选择要分解的 A3 建筑图模板图纸的内边框

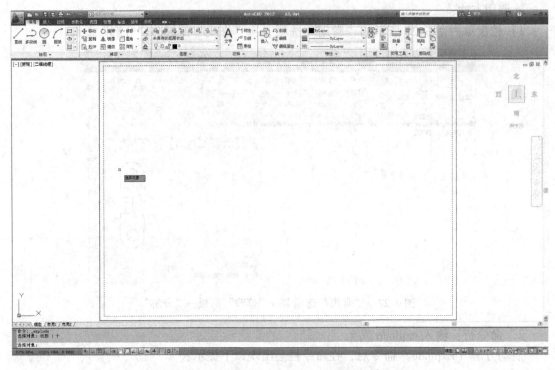

图 6-29　A3 建筑图模板图纸的内边框被整体选择

选择对象：（回车结束选择对象，完成对 A3 建筑图模板图纸内边框的分解）。

注意： 对于大多数对象，分解的效果并不是看得见的。

启动偏移（Offset）命令后，在命令栏会出现以下提示：

命令：_ offset

当前设置：删除源 = 否　图层 = 源　OFFSETGAPTYPE = 0

指定偏移距离或 [通过 (T)/删除 (E)/图层 (L)] <通过>：2000（本任务直接输入 2000 即可。请想一想为什么不是输入 2500？）

选择要偏移的对象，或 [退出 (E)/放弃 (U)] <退出>：（如图 6-30 所示，单击选择 A3 建筑图模板图纸内边框已经被分解为独立对象的左侧线段）。

指定要偏移的那一侧上的点，或 [退出 (E)/多个 (M)/放弃 (U)] <退出>：（如图 6-31 所示，在已经被分解为独立对象的内边框左侧线段的右侧任意位置单击左键，决定向右侧偏移从而生成图纸图框装订边线，结果如图 6-32 所示）。

选择要偏移的对象，或 [退出 (E)/放弃 (U)] <退出>：（回车结束"偏移"命令）。

启动修剪（Trim）命令后，在命令栏会出现以下提示：

命令：_ trim

当前设置：投影 = UCS，边 = 无

选择剪切边...

选择对象或 <全部选择>：找到 1 个（如图 6-33 所示，选择刚刚通过偏移生成的 A3 建筑图模板图纸图框的装订线为修剪边界）。

图 6-30　选择图纸内边框的左侧线段

图 6-31　在内边框左侧线段的右侧任意位置单击左键

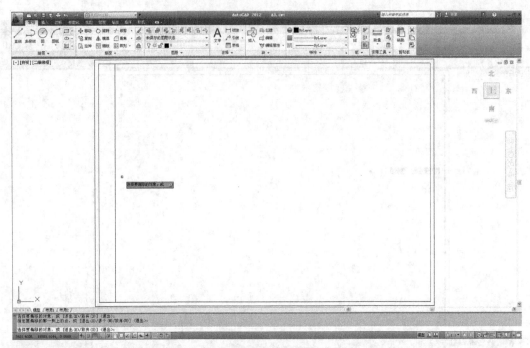

图 6-32　向右侧偏移内边框左侧线段的结果

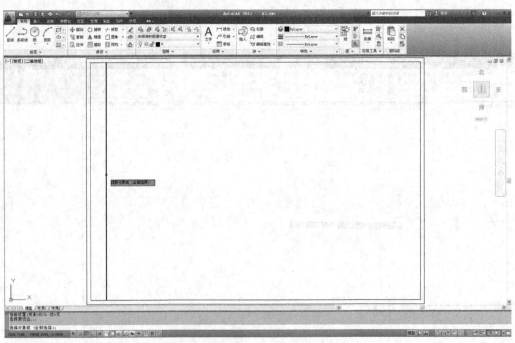

图 6-33　选择图框的装订线为修剪边界

选择对象：（回车结束选择修剪边界对象）。

选择要修剪的对象，或按住 Shift 键选择要延伸的对象，或

[栏选（F）/窗交（C）/投影（P）/边（E）/删除（R）/放弃（U）]：（如图 6-34 所示，单击内边框上面线段的左侧位置）。

图 6-34　修剪内边框上面线段

选择要修剪的对象，或按住 Shift 键选择要延伸的对象，或

[栏选（F）/窗交（C）/投影（P）/边（E）/删除（R）/放弃（U）]：（如图 6-35 所示，单击内边框下面线段的左侧位置）。

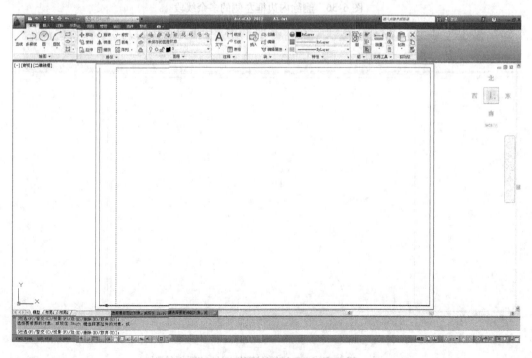

图 6-35　修剪内边框下面线段

选择要修剪的对象，或按住 Shift 键选择要延伸的对象，或

[栏选（F）/窗交（C）/投影（P）/边（E）/删除（R）/放弃（U）]：（回车结束"修剪"命令）。

删除图 6-36 所示的内边框左侧的多余线段后，完成 A3 建筑图模板图纸的图框绘制，效果如图 6-37 所示。

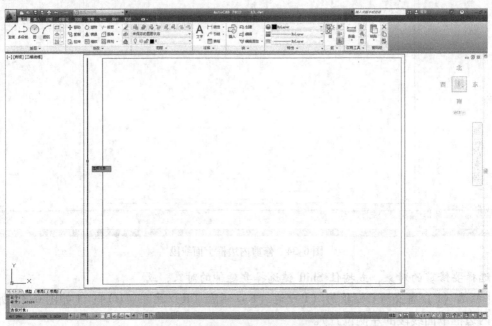

图 6-36 删除内边框左侧的多余线段

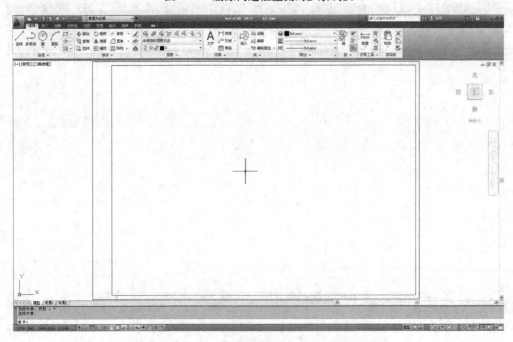

图 6-37 完成 A3 建筑图模板图纸的图框绘制

1/0 图设置义人图框，与打印时的图面排在右上，系能够检查点的 Continues 曾这设置放，然度
完美人工工种名称长整版的识别编码的标注值示信息 6 的版识于地写。

任务4　绘制标题栏

【任务目标】在上一任务绘制完成的图 6-37 所示的"A3 建筑图模板"样板文件图框的
右下角，按图 6-38 所示的尺寸绘制出标题栏。

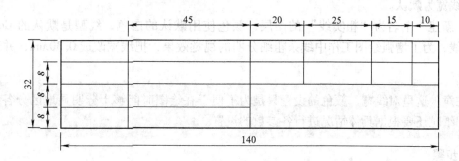

图 6-38　标题栏

1. 目的
学习使用"偏移"和"修剪"命令制作表格的方法。

2. 能力及标准要求
熟练掌握使用"偏移"和"修剪"命令制作表格的方法。

3. 知识及任务准备
打开上一任务绘制完成的图 6-37 所示的"A3 建筑图模板"样板文件，先按图 6-39 所示的规则建立图层。

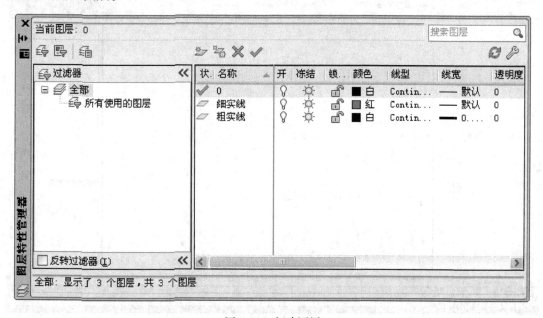

图 6-39　新建图层

1）0 图层是默认层，白色是 0 图层的默认色，线型是默认的 Continous 连续直线，线宽为默认。之前各任务所画的很多图形都是直接在 0 图层上画的，但在实际设计工作中，0 图层往往是用来定义块的。从现在开始，就应养成良好的绘图工作习惯，合理地设置和使用图层。

2）新建一个名为"细实线"的图层，将颜色改成红色，线型是默认的 Continous 连续直线，线宽为默认。

3）新建一个名为"粗实线"的图层，颜色使用默认的白色，线型是默认的 Continous 连续直线，为了增强绘图工作中线条粗细分明的视觉效果，把线宽改成 0.30mm，并选择显示线宽。

> **注意**：这里对线宽、颜色的设置只是为了便于在绘图时能够十分明显地区分各线条，打印图纸时还要根据具体情况进行各参数的设置。

4. 步骤

启动偏移（Offset）命令后，在命令栏会出现以下提示：

命令：_ offset

当前设置：删除源 = 否　图层 = 源 OFFSETGAPTYPE = 0

指定偏移距离或［通过（T）/删除（E）/图层（L）］<通过>：1000（按照图 6-38 所示的标题栏尺寸从最右侧开始偏移，先输入 1000）。

选择要偏移的对象，或［退出（E）/放弃（U）］<退出>：（如图 6-40 所示，单击选择 A3 建筑图模板图纸内边框已经被分解为独立对象的右侧线段）。

图 6-40　选择图纸内边框的右侧线段

指定要偏移的那一侧上的点，或［退出（E)/多个（M)/放弃（U)］＜退出＞：（如图6-41 所示，在已经被分解为独立对象的内边框右侧线段的左侧任意位置单击左键，决定向左侧偏移，从而生成标题栏的第一条表格单元纵向分界线，结果如图6-42 所示）。

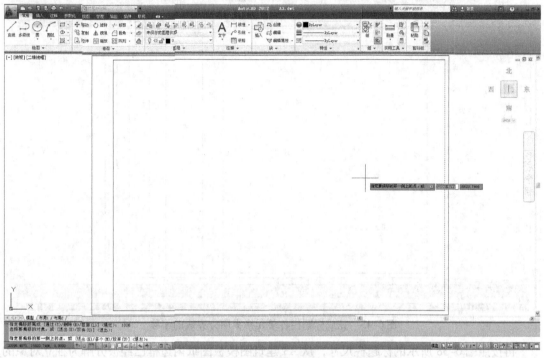

图 6-41 在内边框右侧线段的左侧任意位置单击左键

图 6-42 向左侧偏移内边框右侧线段的结果

选择要偏移的对象，或 [退出（E)/放弃（U)] ＜退出＞:（回车结束"偏移"命令）。

按上述方法继续偏移其余标题栏各单元格纵向分界线，结果如图 6-43 所示。

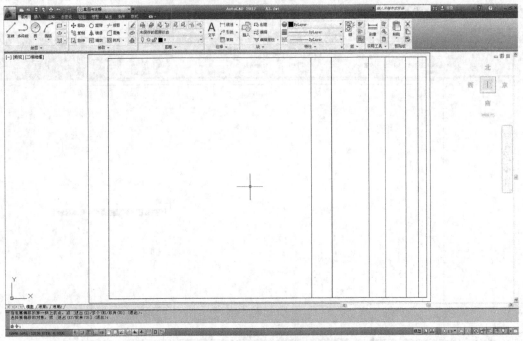

图 6-43　完成标题栏各单元格纵向分界线的偏移

再按照图 6-38 所示的标题栏尺寸，从 A3 建筑图模板图纸内边框已经被分解为独立对象的最下方线段开始，向上连续偏移，生成标题栏各单元格横向分界线，结果如图 6-44 所示。

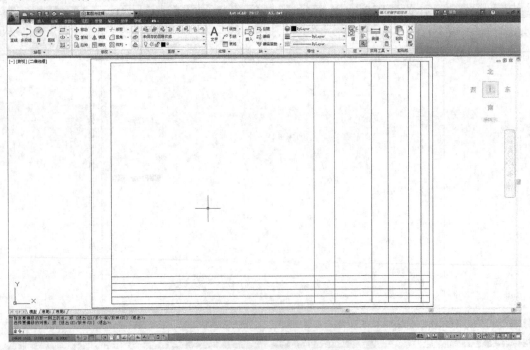

图 6-44　完成标题栏各单元格横向分界线的偏移

注意: 若偏移距离相同,就不必退出偏移命令,可连续偏移出新对象。

然后使用"修剪"命令删除多余的直线段,完成图 6-45 所示的 A3 建筑图模板样板文件标题栏的绘制。

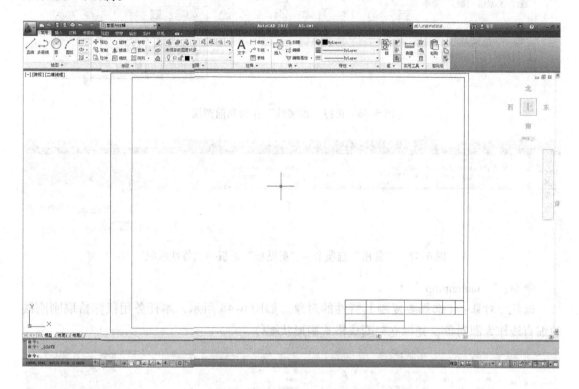

图 6-45　完成 A3 建筑图模板样板文件标题栏的绘制

5. 注意事项

目前为止,所绘制的"A3 建筑图模板"样板文件的所有图形都是直接在 0 图层上画的,所有线段都是细实线,颜色都是白色。下面需要根据工程制图国家标准的有关规定,重新将这些图形对象合理地配置到相应的图层上去,使整个图纸看起来直观醒目、线段粗细分明。常用的两种方法如下:

1)在对象之间复制特性的方法。

使用"特性匹配"(Mat chprop)命令,可以将一个对象的某些特性或所有特性复制到其他对象。可以复制的特性类型包括(但不仅限于):颜色、图层、线型、线型比例、线宽、打印样式、透明度、视口特性替代和三维厚度。默认情况下,所有可用特性均可自动从选定的第一个对象复制到其他对象。如果不希望复制特定特性,请使用"设置"选项禁止复制该特性。可以在执行命令过程中随时选择"设置"选项。

如图 6-46 所示,在图层下拉列表中选择"细实线"图层作为当前图层。

先在"细实线"图层上随便画一条细直线,然后单击图 6-47 所示的"常用"选项卡→"剪贴板"面板上的"特性匹配"工具图标按钮,在命令栏会出现以下提示:

图 6-46　选择"细实线"作为当前图层

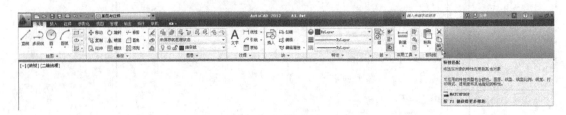

图 6-47　"常用"选项卡→"剪贴板"面板→"特性匹配"

命令：'_ matchprop

选择源对象：（选择要复制其特性的对象。如图 6-48 所示，本任务用鼠标拾取刚刚画的细直线作为源对象，光标立刻变成格式刷形状 ）。

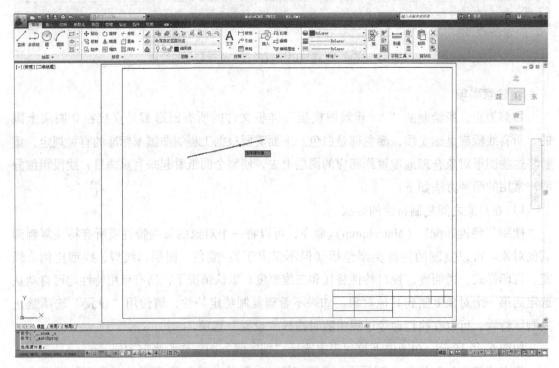

图 6-48　选择源对象

当前活动设置：颜色 图层 线型 线型比例 线宽 透明度 厚度 打印样式 标注 文字 图案填充 多段线 视口 表格材质 阴影显示 多重引线

选择目标对象或［设置（S）］：（选择要应用选定特性的目标对象。本任务先选择图纸界限，将其改变为细实线，即目标对象的特性（包括图层、颜色、线型等）已用源对象的特性替代）。

如果要控制传输的特性，请输入S（设置），在弹出的图6-49所示的"特性设置"对话框中，清除不希望复制的项目（默认情况下所有项目均处于打开状态）后，单击 确定 按钮关闭对话框。

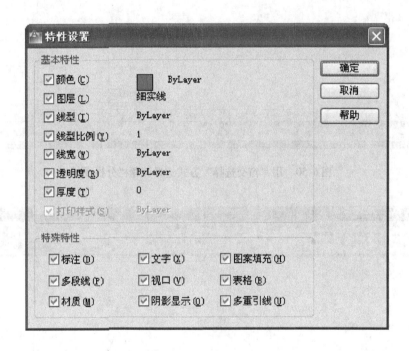

图6-49 "特性设置"对话框

选择目标对象或［设置（S）］：指定对角点：（再用"窗交选择"方式选择图6-50所示的标题栏分栏线，将其改变为细实线）。

选择目标对象或［设置（S）］：（按右键或回车结束选择并退出命令）。

删除作为源对象的那条细直线。

2）直接更改对象图层的方法。

如图6-51所示，选择要更改其所在图层的图框和标题栏外边框。

单击图6-52所示的"常用"选项卡→"图层"面板→"图层"列表右侧的下拉按钮，打开图层列表，然后单击选择要指定给对象的"粗实线"图层。

按"Esc"键结束命令并将图6-53所示的结果保存。

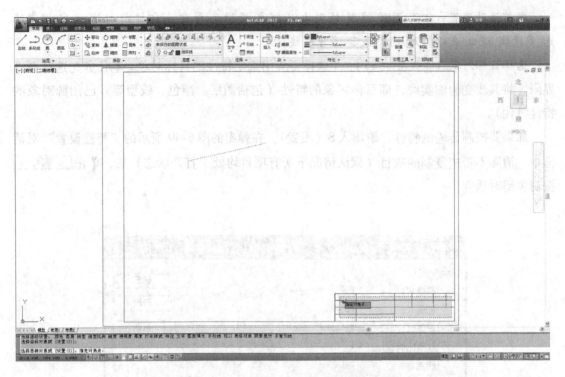

图 6-50 用"窗交选择"方式选择标题栏分栏线

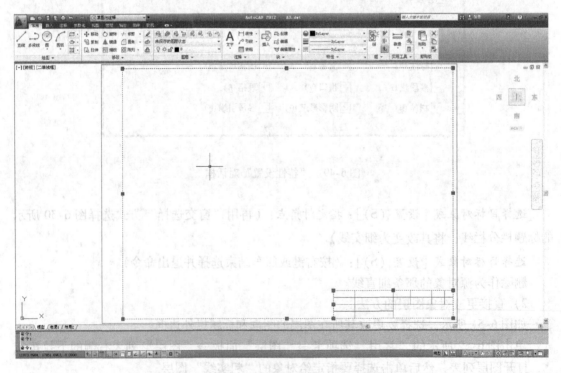

图 6-51 选择要更改其图层的图框和标题栏外边框

图 6-52 单击选择要指定给对象的"粗实线"图层

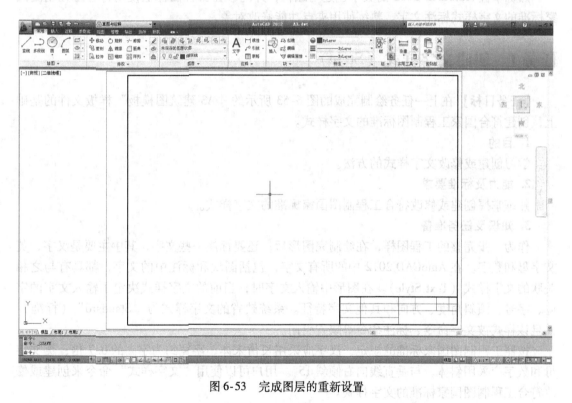

图 6-53 完成图层的重新设置

项目七　AutoCAD 2012 的文字标注

【知识点】

AutoCAD 2012 的文字标注的知识点包括创建文字样式，创建与编辑多行文字，创建与编辑单行文字，使用夹点修改对象。

【学习目标】

熟练掌握 AutoCAD 2012 的文字创建与编辑，并能够在工程图样上使用符合工程制图国家标准的文字样式标注文字。熟练使用夹点功能修改对象。

任务1　创建文字样式（Style）

【任务目标】在上一任务绘制完成的图 6-53 所示的"A3 建筑图模板"样板文件的基础上，创建符合国家工程制图标准的文字样式。

1. 目的

学习创建或修改文字样式的方法。

2. 能力及标准要求

熟练掌握创建或修改符合工程制图国家标准的文字样式。

3. 知识及任务准备

作为一张完整的工程图样，在绘制完图形后，还要标注一些文字，其中主要是汉字、英文字母和数字。在 AutoCAD 2012 中的所有文字，包括图块和标注中的文字，都具有与之相关联的文字样式（Text Style）。在图形中输入文字时，当前的文字样式决定了输入文字的字体、字号、倾斜角度、方向和其他文字特征。系统缺省的文字样式为"Standard"（标准），并且该样式被文字命令、标注命令等缺省引用。

按照工程制图国家标准的规定，汉字应采用长仿宋体，字宽约为字高的 0.7 倍；英文字母和数字应采用斜体，与垂直线向右倾斜 15°。用户可以使用"文字样式"命令来创建或修改符合工程制图国家标准的文字样式。

打开上一任务绘制完成的图 6-53 所示的"A3 建筑图模板"样板文件。

➢ 命令功能：创建新文字样式或修改已有的文字样式。

➢ 调用方法：

1）依次单击图 7-1 所示的"常用"选项卡→"注释"滑出式面板下拉菜单→"文字样式" <kbd>A</kbd>。

2）依次单击图 7-2 所示的"注释"选项卡→"文字"面板右下角→"文字样式" 。

3）命令行：输入 style 或 st。

4. 步骤

启动文字样式（Style）命令后，会弹出图 7-3 所示的"文字样式"对话框。

单击对话框中 新建(N)… 命令按钮，在弹出的图 7-4 所示的"新建文字样式"对话框中

图 7-1 "常用"选项卡→"注释"滑出式面板下拉菜单→"文字样式"

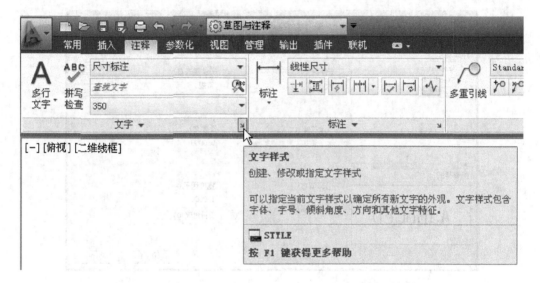

图 7-2 "注释"选项卡→"文字"面板→"文字样式"

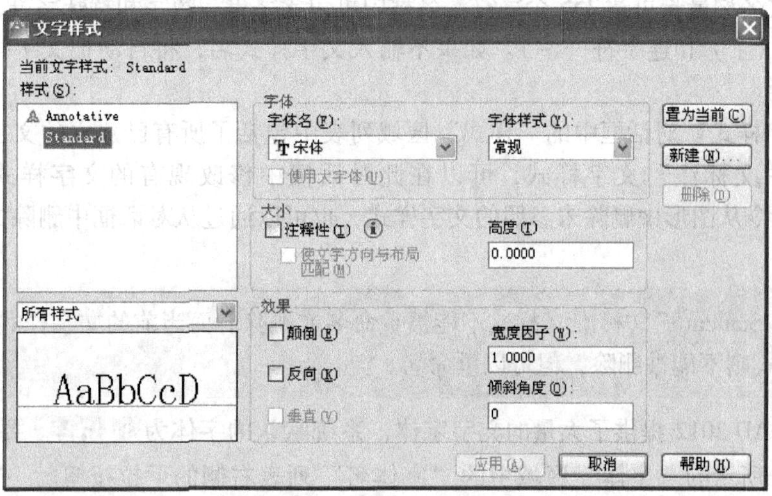

图 7-3 "文字样式"对话框

输入新的样式名（本任务输入"中文标注"），按 确定 按钮后，返回到图 7-5 所示的"文字样式"对话框。

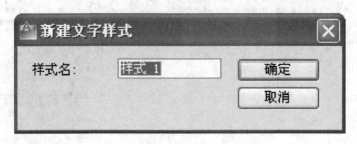

图 7-4 "新建文字样式"对话框

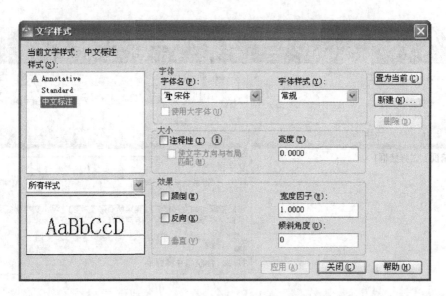

图 7-5 对中文标注样式进行设定

文字样式名称最长可达 255 个字符。名称中可包含字母、数字和特殊字符，如美元符号（$）、下画线（_）和连字符（-）。如果不输入文字样式名，将自动把文字样式命名为样式 n。

在"文字样式"对话框中的"样式"区域列表中包括了所有已建立的文字样式，并显示当前的"中文标注"文字样式，可以在此对话框中修改现有的文字样式。可以使用"PURGE"命令从图形中删除未参照的文字样式，也可以通过从对话框中删除文字样式来执行此操作。

注意："Standard"（标准）样式不能被重命名或删除。而当前的文字样式和已经被引用的文字样式则不能被删除，但可以重命名。

• AutoCAD 2012 提供了大量的文字字体，系统默认的字体为 宋体。要选择新字体，可单击图 7-6 所示的"字体"区域中的"字体名"列表右侧的下拉按钮，打开字体下拉列表，然后选择 仿宋_GB2312 字体文件，将字体指定给"中文标注"文字样式。

注意：以@符号开始的字体将被旋转 90°，以便在垂直文字中正确显示。

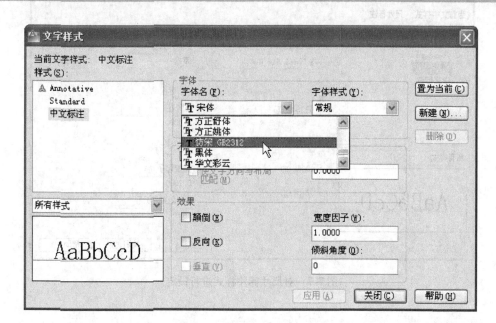

图 7-6　选择"仿宋"字体

● "文字样式"对话框中的"效果"区"宽度因子"文本框用于设置字符宽度与高度的比值。本任务将默认值 1.0000 设置为 0.7。

● "文字样式"对话框中的"效果"区"倾斜角度"文本框用于设置字符相对于 90°方向的倾斜角度。本任务中文标注使用默认设置值 0°，文字不倾斜。倾斜角度为正值时，文字顶部沿顺时针方向向右倾斜；倾斜角度为负值时，文字顶部沿逆时针方向向左倾斜。

● 在"文字样式"对话框左下角可动态预览选定的字体和字符效果，单击 应用(A) 按钮保存修改的设置。

按同样方法建立图 7-7 所示的名为"尺寸标注"的新样式，选择 Times New Roman 字体，将宽度因子设置为 0.7，倾斜角度设置为 15，单击 应用(A) 按钮保存修改的设置，然后单击 关闭(C) 按钮退出"文字样式"对话框。保存"A3 建筑图模板"样板文件备用。

5. 注意事项

"文字样式"对话框中的"大小"区"高度"文本框用于设置字符的高度。如果高度使用默认设置值 0.0000，那么在 text 和 mtext 命令下使用此文字样式时，可以在每次调用该命令时改变文字的高度；如果高度设置为其他值，这个值将被用作该文字样式固定的字高，即文字的高度不能改变。笔者建议使用默认设置值 0.0000，待具体标注时再设置字高。

某些样式设置对多行文字和单行文字对象的影响不同。例如，更改"颠倒"和"反向"选项对多行文字对象无影响，更改"宽度因子"和"倾斜角度"选项对单行文字无影响。

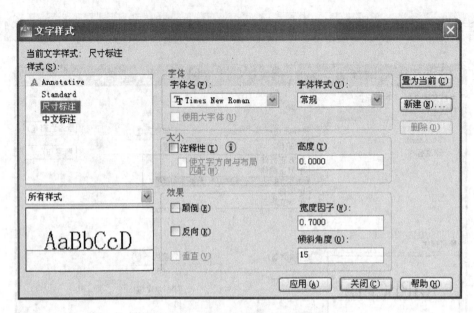

图 7-7　对尺寸标注样式进行设定

任务 2　使用多行文字（Mtext）填写标题栏

【任务目标】在上一任务完成文字样式创建的"A3 建筑图模板"样板文件的基础上，填写图 7-8 所示的标题栏内容。

学 生 姓 名		图　　名		性　别	
班　　级		出生年月日		成　绩	
学　　号			XX大学XX学院		
指 导 教 师					

图 7-8　标题栏内容

1. 目的

学习使用"多行文字"命令创建文字对象。

2. 能力及标准要求

熟练掌握使用"多行文字"命令创建文字对象的方法。

3. 知识及任务准备

添加到图形中的文字可以表达各种信息，可以是复杂的技术要求、标题栏信息、标签，甚至是图形的一部分。可以使用多种方法创建文字。对简短的输入项使用单行文字；对于较长、较为复杂的内容，可以创建多行或段落文字。多行文字的编辑选项比单行文字多。例如，可以将对下画线、字体、颜色和文字高度的更改应用到段落中的单个字符、单词或短语。多行文字是由任意数目的文字行或段落组成的，布满指定的宽度，还可以沿垂直方向无限延伸。无论行数是多少，单个编辑任务中创建的每个段落集将构成单个对象，用户可对其进行移动、旋转、删除、复制、镜像或缩放操作。

打开上一任务完成文字样式创建的"A3 建筑图模板"样板文件，如图 7-9 所示，新建一个名为"标注"的图层并将其置为当前图层，将颜色改成蓝色，线型是默认的 Continous 连续直线，线宽为默认。

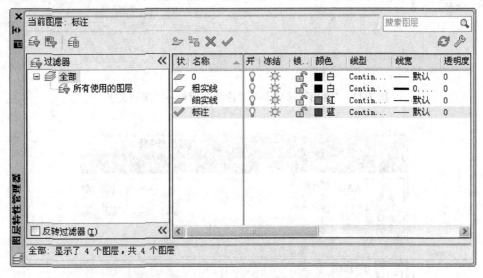

图 7-9　新建名为"标注"的图层并将其置为当前图层

在输入文字之前，先要依次单击图 7-10 所示的"常用"选项卡→"注释"滑出式面板下拉菜单→"文字样式"下拉列表中，选择"中文标注"样式作为当前的文字标注样式。

图 7-10　设定当前的文字标注样式

➢"多行文字"命令功能：将段落式文本作为一个整体对象进行注写，每个多行文字段无论包含多少字符或段落，都被认为是一个单独对象。段落的宽度由指定的矩形框决定。

➢ 调用方法：

1）依次单击图 7-11 所示的"常用"选项卡→"注释"面板→"多行文字"**A**。

2）依次单击图 7-12 所示的"注释"选项卡→"文字"面板→"多行文字"**A**。

3）命令行：输入 mtext 或 mt。

4. 步骤

启动多行文字（Mtext）命令后，在命令栏会出现以下提示：

命令：_ mtext 当前文字样式："中文标注" 文字高度：2.5 注释性：否（显示当前文字样式和文字高度）。

图 7-11 "常用"选项卡→"注释"面板→"多行文字"

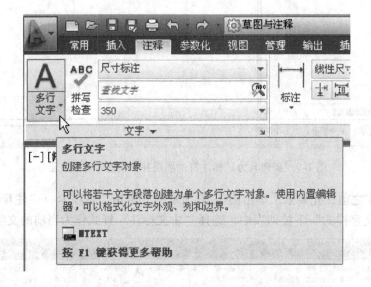

图 7-12 "注释"选项卡→"文字"面板→"多行文字"

指定第一角点:(指定边框的对角点以定义多行文字对象的宽度。如图 7-13a 所示,选取标题栏左上方第一单元格左上角 A 点作为矩形框第一角点)。

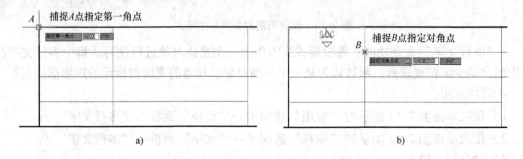

图 7-13 设置矩形框的两个对角顶点

a) 捕捉 A 点确定第一角点 b) 捕捉 B 点指定对角点

● "指定第一角点"和"对角点"这两个选项用于指定文本矩形框的起止位置。当指定了矩形框的第一角点后,拖动光标,屏幕上将动态显示一个图 7-14 所示的含有箭头的矩形框，该矩形框为将要输入的文字段落确定宽度范围。多行文字对象的长度取决于文字量，而不是边框的长度。

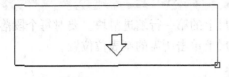

图 7-14　指定文本输入边界矩形框

指定对角点或［高度 (H)/对正 (J)/行距 (L)/旋转 (R)/样式 (S)/宽度 (W)/栏 (C)］：H［输入字母 H 选择高度 (H) 选项指定输入文本的字体高度］。

指定高度 <2.5>：350（系统默认的字体高度为 2.5。根据工程制图国家标准规定，长仿宋字的字体高度分为 20、14、10、7、5、3.5 六种。在 1∶100 的绘图环境下，字高应相应扩大 100 倍才能正常显示。本单元格指定字体高度为 350）。

指定对角点或［高度 (H)/对正 (J)/行距 (L)/旋转 (R)/样式 (S)/宽度 (W)/栏 (C)］：J［输入字母 J 选择对正 (J) 选项来指定字体不同的对正方式。文字根据其左右边界进行中央对正、左对正或右对正；根据其上下边界控制文字是与段落中央对齐，还是与段落顶部或段落底部对齐］。

输入对正方式［左上 (TL)/中上 (TC)/右上 (TR)/左中 (ML)/正中 (MC)/右中 (MR)/左下 (BL)/中下 (BC)/右下 (BR)］<左上 (TL)>：MC［本单元格输入字母 MC，选择字体正中 (MC) 对正方式选项］。

指定对角点或［高度 (H)/对正 (J)/行距 (L)/旋转 (R)/样式 (S)/宽度 (W)/栏 (C)］：（如图 7-13b 所示，本单元格捕捉标题栏左上方第一单元格右下角 B 点作为矩形框的对角点）。

指定矩形框的对角点后，功能区将显示图 7-15 所示的"多行文字"上下文选项卡，同时弹出图 7-16 所示的"在位文字编辑器"，可以在在位文字编辑器中创建一个或多个段落的多行文字 (mtext)。本单元格在输入"学生姓名"文字后，单击在位文字编辑器外部的绘图区域或者在图 7-15 所示的功能区上下文选项卡的"关闭"面板中，单击，将保存段落文字并关闭对话框，且将文字放置在指定位置上。

图 7-15　"多行文字"上下文选项卡

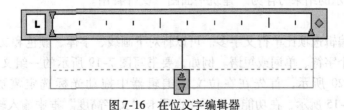

图 7-16　在位文字编辑器

说明：在输入"学生姓名"这四个字时，可以使用空格键拉开字间的距离。多行文字对象和输入的文本文件最大为 256 KB。

如果要对每个段落的首行缩进，拖动标尺上的第一行缩进滑块。要对每个段落的其他行缩进，拖动段落滑块。要设定制表符，在标尺上单击所需的制表位位置。

在功能区上，可以按以下方式更改格式：

- 要更改选定文字的字体，请从列表格中选择一种字体。
- 要更改选定文字的高度，请在"文字高度"框中输入新值。
- 要使用粗体或斜体设定 TrueType 字体的文字格式，或者为任意字体创建下画线文字或上画线文字，单击功能区上的相应按钮。SHX 字体不支持粗体或斜体。
- 要向选定的文字应用颜色，从"颜色"列表格中选择一种颜色。单击"选择颜色"选项，可显示"选择颜色"对话框。

按照上述方法使用 350 字高在标题栏相应位置分别输入"学生姓名"、"班级"、"学号"、"指导教师"、"图名"、"出生年月日"、"性别"和"成绩"等内容；使用 500 字高在标题栏相应位置输入"学校名称"后，结果如图 7-8 所示。

命令中其他选项介绍：

- "行距"：该选项用于设置多行文字的行间距。多行文字的行距是一行文字的基线（底部）与下一行文字基线之间的距离。行距比例适用于整个多行文字对象而不是选定的行。
- "旋转"：该选项用于以当前角度测量单位设置新输入文字或选定文字的旋转角度。
- "样式"：该选项用于选择文字样式。在"输入样式名"提示下输入现有的文字样式名。如果要先查看文字样式列表，请输入"?"，然后按回车键两次。
- "宽度"：该选项用于设置新输入的文字或选定的文字的段落宽度。
- "栏"：该选项用于指定各列的栏宽、栏间距宽度和栏高。

如果需要输入比较多的文本内容，比如要在图样中输入设计说明等内容时，可以先在 Microsoft Word 中编辑好，然后通过剪贴板粘贴到在位文字编辑器中。思考并练习，如何在标题栏上方适当位置输入图 7-17 所示的设计说明文字？

说明：

1. 屋面厚为100mm。
2. 屋面飘出外墙300mm。
3. 墙厚均为180mm。

图 7-17　设计说明

5. 注意事项

要对多行文字进行编辑和修改，最简单的方法就是直接在需要进行编辑的多行文字上面双击鼠标左键，即可打开图 7-15 所示的"多行文字"上下文选项卡和图 7-16 所示的"在位文字编辑器"，可根据需要编辑和修改文字。

选中一段多行文字后按住左键移动鼠标，可将选中的文字拖动到理想位置。

将图 7-18 所示的结果另存为"建筑平面图"文件备用。

6. 讨论

多行文字的编辑选项比单行文字多。可以将对下画线、字体、颜色和文字高度的更改应用到段落中的单个字符、单词或短语。例如，要书写图 7-19 所示的一组文字高度不同的多行文字，如图 7-20 所示，首先在在位文字编辑器中拖动光标选定需更改高度的文字"1∶100"，如图 7-15 所示，在功能区上下文选项卡"文字高度"框中输入较小的新值即可。

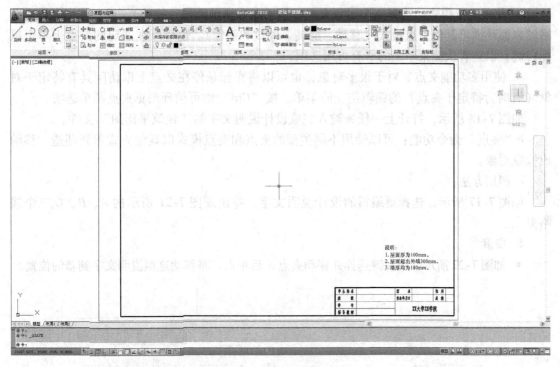

图 7-18　"建筑平面图"文件

建筑平面图　1:100

图 7-19　一组文字高度不同的多行文字

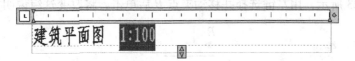

图 7-20　选定需更改高度的文字

任务 3　使用夹点修改对象

【任务目标】使用夹点修改图 7-17 所示的设计说明文字的位置和文字段落的宽度及长度范围。

1. 目的

学习使用夹点修改对象的方法。

2. 能力及标准要求

熟练掌握使用夹点修改对象的方法。

3. 知识及任务准备

在选定某一对象后，在其上的某些战略点位置上将显示夹点。用户可以用不同的方法使用夹点：

● 使用夹点模式。选择一个对象夹点以使用默认夹点模式（拉伸），或者按回车键或空格键来循环浏览其他夹点模式（移动、旋转、缩放和镜像）。也可以在选定的夹点上单击鼠标右键，以查看快捷菜单上的所有可用选项。

● 使用多功能夹点。对于很多对象，也可以将光标悬停在夹点上以访问具有特定于对象（有时为特定于夹点）的编辑选项的菜单。按"Ctrl"键可循环浏览夹点菜单选项。

如图 7-18 所示，打开上一任务输入完成设计说明文字的"建筑平面图"文件。

➢ "夹点"命令功能：可以使用不同类型的夹点和夹点模式以其他方式重新塑造、移动或操纵对象。

➢ 调用方法：

如图 7-17 所示，选择要编辑的设计说明文字，将出现图 7-21 所示的 A、B、C 三个战略夹点。

4. 步骤

● 如图 7-22 所示，用左键选择并移动夹点 A 后单击，将移动这组说明文字到新的位置。

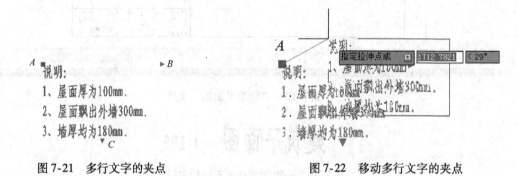

图 7-21　多行文字的夹点　　　　　　图 7-22　移动多行文字的夹点

● 如图 7-23 所示，用左键选择并移动夹点 B 后单击，将改变这组说明文字的列宽。

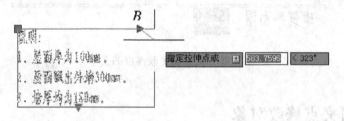

图 7-23　改变多行文字列宽的夹点

● 如图 7-24 所示，用左键选择并移动夹点 C 后单击，将改变这组说明文字的列高。

按"Esc"键退出对象选择和夹点状态。

5. 注意事项

对于某些对象，使用夹点动态拖动对象的端点可以拉伸对象。如图 7-25a 所示，一条直线段被选中后，将在其两个端点和中点

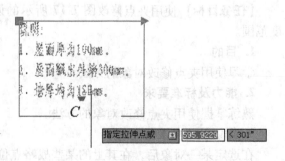

图 7-24　改变多行文字列高的夹点

位置出现 *A*、*B*、*C* 三个战略夹点。如图 7-25b 所示，用左键选择并移动夹点 *A* 后单击，将改变这条直线段的长度和方向（选择 *C* 点可以在另一方向上改变这条直线段的长度和方向）。

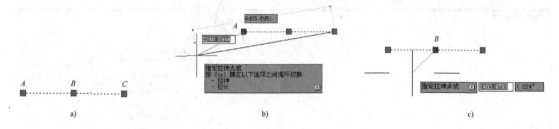

图 7-25　直线段的夹点操作

a）直线段的三个战略夹点　b）使用夹点拉伸直线段　c）使用夹点移动直线段

文字、块参照、直线中点、圆心和点对象上的夹点将移动对象而不是拉伸它。例如，如图 7-25c 所示，用左键选择并移动夹点 *B* 后单击，将移动这条直线段而不是拉伸它。

任务4　创建单行文字（Text）

【任务目标】在图 7-18 所示的"建筑平面图"文件上书写单行文字。

1. 目的

学习使用"单行文字"命令创建文字对象。

2. 能力及标准要求

熟练掌握使用"单行文字"命令创建文字对象的方法。

3. 知识及任务准备

对于不需要多种字体或多行的简短项，可以创建单行文字。可以使用单行文字（Text）创建一行或多行文字，通过按回车键结束每一行文字。每行文字都是独立的对象，可以对其进行重新定位、调整格式或其他修改。

打开图 7-18 所示的"建筑平面图"文件，将"标注"图层置为当前图层，并选择"中文标注"样式作为当前的文字标注样式。

➤"单行文字"命令功能：创建由简短文字组成的单行文字。

➤ 调用方法：

1）依次单击图 7-26 所示的"常用"选项卡→"注释"面板→"单行文字" A。

2）依次单击图 7-27 所示的"注释"选项卡→"文字"面板→"单行文字" A。

3）命令行：输入 text。

4. 步骤

启动单行文字（Text）命令后，在命令栏会出现以下提示：

命令：_ text

当前文字样式："中文标注"　文字高度：350.0000　注释性：否（显示当前文字样式和文字高度）

指定文字的起点或［对正（J）/样式（S）］：［如图 7-28 所示，在绘图区域的适当位置

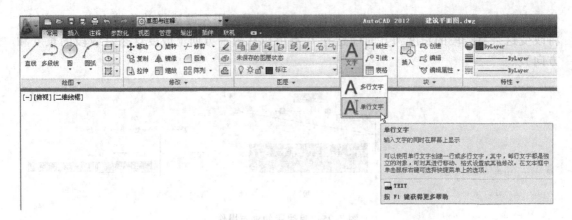

图 7-26   "常用"选项卡→"注释"面板→"单行文字"

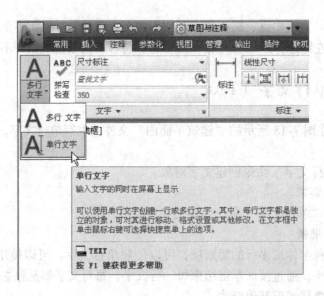

图 7-27   "注释"选项卡→"文字"面板→"单行文字"

单击指定第一个字符的插入点。如果按回车键，将紧接着最后创建的文字对象（如果存在）定位新的文字]。

指定高度 <350.0000>：（此提示只有文字高度在当前文字样式中设定为 0 时才

图 7-28   指定文字的起点

显示。一条拖引线从文字插入点附着到光标上。单击可以将文字的高度设定为拖引线的长度。本任务回车使用系统默认的字体高度）。

指定文字的旋转角度 <0>：（可以输入旋转角度值。本任务回车使用系统默认的 0 角度，此时文字是水平的）。

这时光标出现在屏幕上文字的起点位置，本任务输入单行文字内容"客厅"后按回车键，结果如图 7-29 所示。

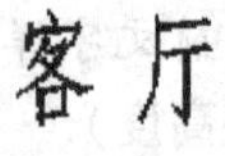

在绘图区域的其他位置继续单击左键，指定了另一个点，光标将

客厅

图 7-29   单行文字

如图 7-30 所示，移到该点上，可以继续输入单行文字。每次按回车键或指定点时，都会创建新的单行文字对象。按照需要可输入更多单行文字，如厨房、卧室、书房等。在空行处按回车键将结束单行文字命令。

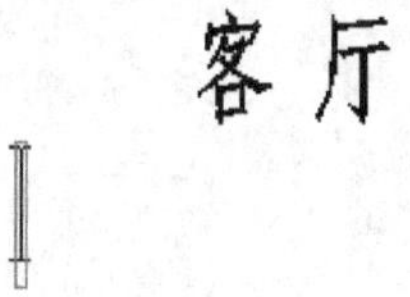

图 7-30　指定另一个单行文字的起点

命令中其他选项介绍：

- "对正"：该选项用于指定字体不同的对正方式，包括对齐（A）/布满（F）/居中（C）/中间（M）/右对齐（R）/左上（TL）/中上（TC）/右上（TR）/左中（ML）/正中（MC）/右中（MR）/左下（BL）/中下（BC）/右下（BR）。左对齐是默认选项。
- "样式"：该选项用于选择文字样式。

5. 注意事项

图 7-31　单行文字的在位编辑器

在需要进行编辑的单行文字（如在"客厅"）上面双击鼠标左键，即可在图 7-31 所示的在位编辑器中编辑选中的单行文字。按回车键结束命令。

如图 7-32 所示，使用夹点也可以移动单行文字对象的位置。

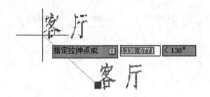

图 7-32　移动单行文字的位置

项目八　绘制建筑平面图

【知识点】

绘制建筑平面图的知识点包括多线命令，编辑多线命令，多段线命令。绘制建筑平面图轴线、墙体、门窗洞口、窗户、阳台、楼梯和箭头。

【学习目标】

熟练掌握多线及其编辑命令、多段线命令。熟练掌握绘制建筑平面图轴线、墙体、门窗洞口、窗户、阳台、楼梯和箭头的方法。

任务1　绘制建筑平面图轴线

【任务目标】按图 8-1 所示的尺寸，使用 1：100 的绘图比例绘制建筑平面图轴线。

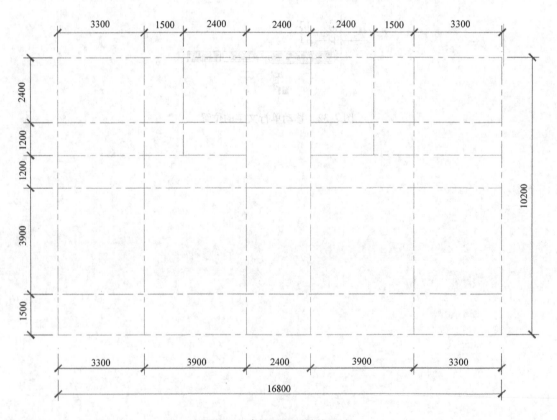

图 8-1　建筑平面图轴线尺寸

1. 目的

学习使用"偏移"命令绘制建筑平面图轴线的方法。

2. 能力及标准要求

熟练掌握使用"偏移"命令绘制建筑平面图轴线的方法。

3. 知识及任务准备

打开图7-18所示的"建筑平面图"图形文件。如图8-2所示，新建一个名为"轴线"的图层并将其置为当前图层，将颜色改成绿色，线型是CENTER，线宽为默认。

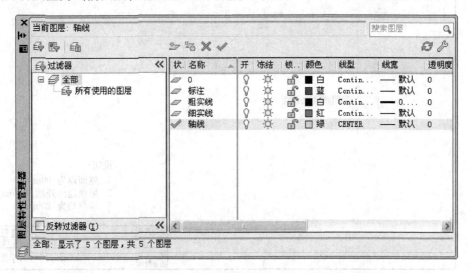

图8-2　新建名为"轴线"的图层并将其置为当前图层

4. 步骤

1）打开正交模式，使用【直线】命令绘制一条长度为10200的铅垂轴线。

命令：_ line 指定第一点：（在绘图区域的适当位置指定直线的起点位置）。

指定下一点或［放弃（U）］：10200（根据1∶100的绘图比例输入直线长度10200）。

指定下一点或［放弃（U）］：（回车退出直线命令）。

2）使用偏移（Offset）命令生成铅垂轴线。

命令：_ offset

当前设置：删除源＝否 图层＝源 OFFSETGAPTYPE＝0

指定偏移距离或［通过（T）/删除（E）/图层（L）］＜通过＞：3300（输入第2根轴线的偏移距离3300）。

选择要偏移的对象，或［退出（E）/放弃（U）］＜退出＞：（选取图8-3所示的长度为10200的铅垂轴线为偏移对象）。

指定要偏移的那一侧上的点，或［退出（E）/多个（M）/放弃（U）］＜退出＞：（用光标在偏移对象的右侧单击）。

选择要偏移的对象，或［退出（E）/放弃（U）］＜退出＞：（回车退出偏移命令，结果如图8-4所示）。

命令：（回车继续调用偏移命令）。

OFFSET

当前设置：删除源＝否 图层＝源 OFFSETGAPTYPE＝0

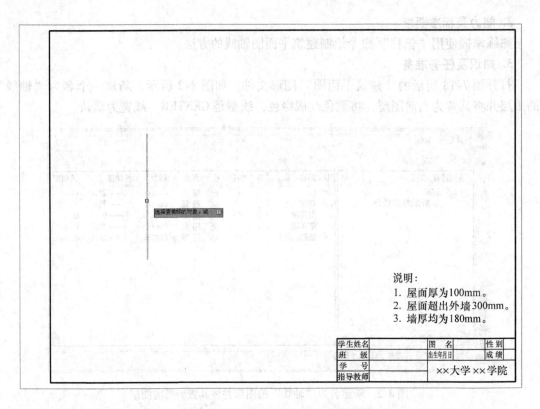

说明:
1. 屋面厚为100mm。
2. 屋面超出外墙300mm。
3. 墙厚均为180mm。

学生姓名		图　名		性　别
班　级		出生年月日		成　绩
学　号			××大学××学院	
指导教师				

图 8-3　选取长度为 10200 的铅垂轴线为偏移对象

　　指定偏移距离或 [通过 (T)/删除 (E)/图层 (L)] <3300.0000>:1500 (输入第 3 根轴线的偏移距离 1500)。

　　选择要偏移的对象，或 [退出 (E)/放弃 (U)] <退出>:(选取新生成的第 2 根轴线为偏移对象)。

　　指定要偏移的那一侧上的点，或 [退出 (E)/多个 (M)/放弃 (U)] <退出>:(用光标在偏移对象的右侧单击，生成第 3 根轴线)。

　　选择要偏移的对象，或 [退出 (E)/放弃 (U)] <退出>:(回车退出偏移命令)。

　　命令:(回车继续调用偏移命令)。

　　OFFSET

　　当前设置:删除源 = 否　图层 = 源　OFFSETGAPTYPE = 0

　　指定偏移距离或 [通过 (T)/删除 (E)/图层 (L)] <1500.0000>:2400 (输入第 4 根轴线的偏移距离 1500)。

　　选择要偏移的对象，或 [退出 (E)/放弃 (U)] <退出>:(选取新生成的第 3 根轴线为偏移对象)。

　　指定要偏移的那一侧上的点，或 [退出 (E)/多个 (M)/放弃 (U)] <退出>:(用光标在偏移对象的右侧单击，生成第 4 根轴线)。

　　选择要偏移的对象，或 [退出 (E)/放弃 (U)] <退出>:(选取新生成的第 4 根轴线为偏移对象)。

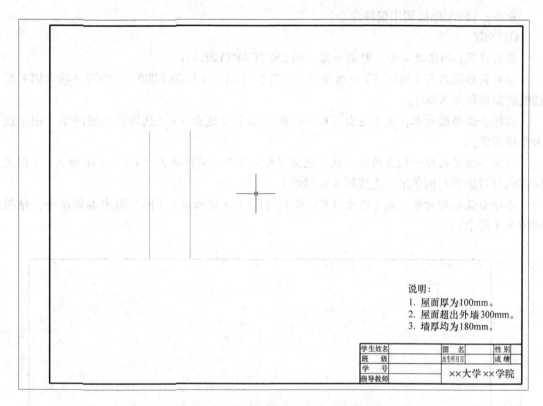

说明：
1. 屋面厚为100mm。
2. 屋面超出外墙300mm。
3. 墙厚均为180mm。

学生姓名		图 名		性 别	
班 级		出生年月日		成 绩	
学 号		××大学××学院			
指导教师					

图8-4 使用偏移命令生成第2根轴线

注意： 若偏移距离相同，就不必退出偏移命令，可连续偏移出新对象。

指定要偏移的那一侧上的点，或［退出（E)/多个（M)/放弃（U)］<退出>：（用光标在偏移对象的右侧单击，生成第5根轴线）

选择要偏移的对象，或［退出（E)/放弃（U)］<退出>：（选取新生成的第5根轴线为偏移对象）。

指定要偏移的那一侧上的点，或［退出（E)/多个（M)/放弃（U)］<退出>：（用光标在偏移对象的右侧单击，生成第6根轴线）。

选择要偏移的对象，或［退出（E)/放弃（U)］<退出>：（回车退出偏移命令）。

命令：（回车继续调用偏移命令）

OFFSET

当前设置：删除源=否 图层=源 OFFSETGAPTYPE=0

指定偏移距离或［通过（T)/删除（E)/图层（L)］<2400.0000>：1500（输入第7根轴线的偏移距离1500）。

选择要偏移的对象，或［退出（E)/放弃（U)］<退出>：（选取新生成的第6根轴线为偏移对象）。

指定要偏移的那一侧上的点，或［退出（E)/多个（M)/放弃（U)］<退出>：（用光标在偏移对象的右侧单击，生成第7根轴线）。

选择要偏移的对象，或［退出（E)/放弃（U)］<退出>：（回车退出偏移命令）。

命令：（回车继续调用偏移命令）

OFFSET

当前设置：删除源＝否　　图层＝源　　OFFSETGAPTYPE＝0

指定偏移距离或［通过（T）/删除（E）/图层（L）］＜1500.0000＞：3300（输入第8根轴线的偏移距离3300）。

选择要偏移的对象，或［退出（E）/放弃（U）］＜退出＞：（选取新生成的第7根轴线为偏移对象）。

指定要偏移的那一侧上的点，或［退出（E）/多个（M）/放弃（U）］＜退出＞：（用光标在偏移对象的右侧单击，生成第8根轴线）。

选择要偏移的对象，或［退出（E）/放弃（U）］＜退出＞：（回车退出偏移命令，结果如图8-5所示）。

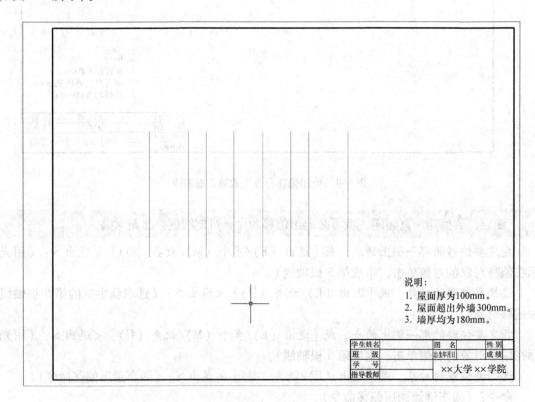

说明：
1. 屋面厚为100mm。
2. 屋面超出外墙300mm。
3. 墙厚均为180mm。

学生姓名		图　名		性　别	
班　级		出生年月日		成　绩	
学　号					
指导教师				××大学××学院	

图8-5　使用偏移命令生成铅垂轴线

使用直线命令绘制图8-6所示的第1根水平轴线。

3）按上述方法，使用偏移命令按图8-1所示的尺寸可以生成图8-7所示的水平轴线。

4）使用夹点改变第3、第6根铅垂轴线的长度。

5）使用修剪（Trim）命令将第4、第5根水平轴线的中间部分剪断。

6）如图8-8所示，使用"特性"功能将所有CENTER线型比例改为30，完成本任务，保存文件备用。

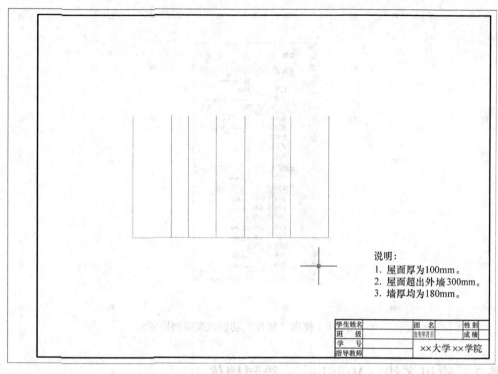

图 8-6　使用直线命令绘制第 1 根水平轴线

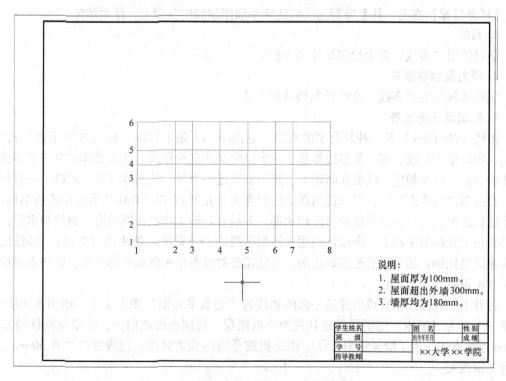

图 8-7　使用偏移命令生成水平轴线

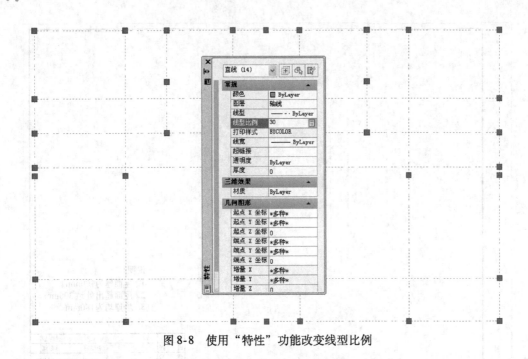

图 8-8　使用"特性"功能改变线型比例

任务 2　使用多线（Multiline）绘制墙体

【任务目标】在上一任务绘制完成的建筑平面图轴线的基础上，绘制墙体。

1. 目的

学习使用"多线"命令绘制墙体的方法。

2. 能力及标准要求

熟练掌握使用"多线"命令绘制墙体的方法。

3. 知识及任务准备

多线（Multiline）是一种复合型的对象，它由 1～16 条平行线（称为多线元素）构成，因此也叫多重平行线。每一条多线都基于一个预定义的多线样式，该多线样式决定了多线中元素的数量，以及颜色、线型和间距等。整个多线是一个单一的实体对象，可以统一进行编辑。在绘制建筑平面图时，可以使用默认的包含两个元素的 STANDARD 多线样式绘制墙体。开始绘制之前，可以更改多线的对正和比例。多线对正确定将在光标的哪一侧绘制多线，或者是否位于光标的中心上。多线比例用来控制多线的全局宽度（使用当前单位）。多线比例不影响线型比例。如果要更改多线比例，可能需要对线型比例做相应的更改，以防点或虚线的尺寸不正确。

打开上一任务绘制完成的建筑平面图轴线的"建筑平面图"图形文件。如图 8-9 所示，新建一个名为"墙体"的图层并将其置为当前图层，将颜色改成白色，线型是默认的 Continous 连续直线，为了增强绘图工作中线条粗细分明的视觉效果，把线宽改成 0.30mm，并选择显示线宽。

单击图 8-10 所示的快速访问工具栏"工作空间"窗口右侧的"自定义快速访问工具栏"的下拉按钮，在展开的下拉窗口中点选"显示菜单栏"选项。

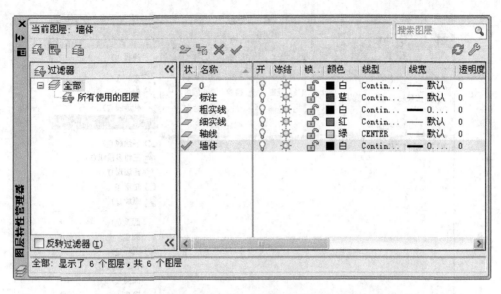

图 8-9　新建名为"墙体"的图层并将其置为当前图层

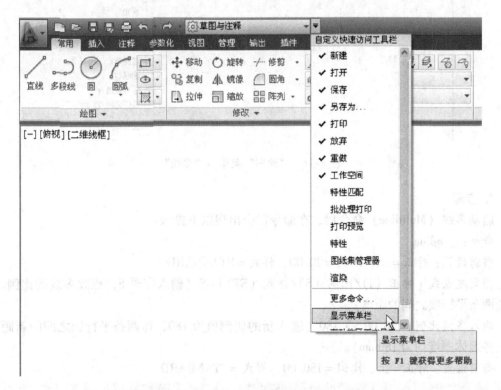

图 8-10　选择"显示菜单栏"选项

➤"多线"命令功能：按给定的样式绘制多条连续的互相平行的直线。

➤ 调用方法：

1）依次单击图 8-11 所示的"绘图"菜单→"多线"　。

2）命令行：输入 mline 或 ml。

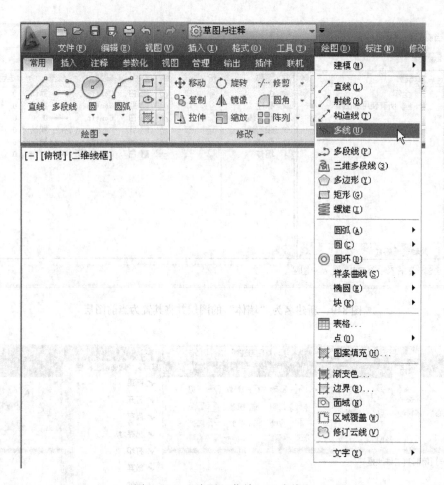

图 8-11 "绘图"菜单→"多线"

4. 步骤

启动多线（Multiline）命令后，在命令栏会出现以下提示：

命令：_ mline

当前设置：对正 = 上，比例 = 20.00，样式 = STANDARD

指定起点或［对正（J）/比例（S）/样式（ST）］：S（输入字母 S，更改多线的比例，即改变两条平行线之间的距离）。

输入多线比例 < 20.00 >：180（输入新的比例值为 180，即两条平行线之间的新距离。本任务墙体厚度均为 180mm）。

当前设置：对正 = 上，比例 = 180.00，样式 = STANDARD

说明：系统默认是"对正 = 上"上对正方式，即最顶端的线随着光标移动。

指定起点或［对正（J）/比例（S）/样式（ST）］：（捕捉并单击图 8-12 所示的 1 点作为多线的起点）。

指定下一点：（随着鼠标的移动，光标将拖动两条平行线开始绘制多线，捕捉并单击图 8-13 所示的 2 点作为多线的下一点）。

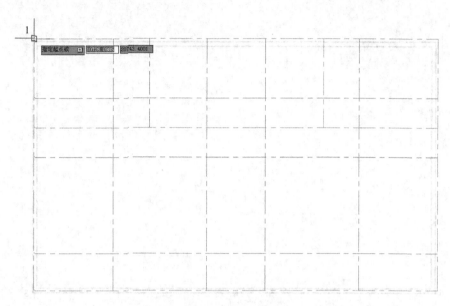

图 8-12 指定多线的起点

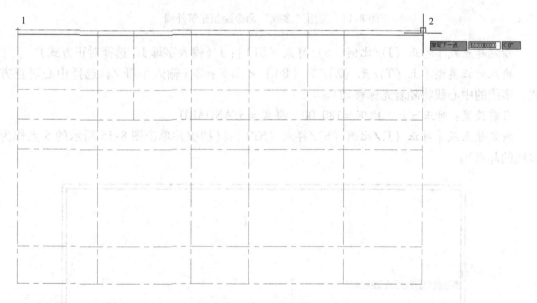

图 8-13 指定多线的下一点

指定下一点或 [放弃 (U)]：(捕捉并单击图 8-14 所示的 3 点作为多线的下一点)。

指定下一点或 [闭合 (C)/放弃 (U)]：(捕捉并单击图 8-14 所示的 4 点作为多线的下一点)。

指定下一点或 [闭合 (C)/放弃 (U)]：C (输入字母 C 闭合多线，完成图 8-14 所示的外墙的绘制)。

命令：_ mline (继续启动多线命令)

当前设置：对正 = 上，比例 = 180.00，样式 = STANDARD

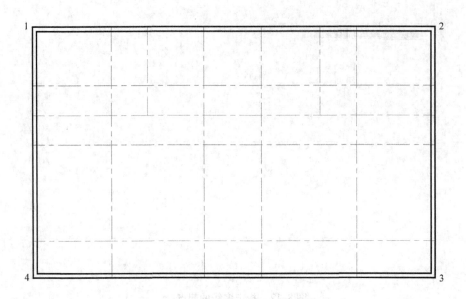

图 8-14　使用"多线"命令绘制建筑外墙

指定起点或 [对正 (J)/比例 (S)/样式 (ST)]：J（输入字母 J，选择对正方式）。

输入对正类型 [上 (T)/无 (Z)/下 (B)] ＜上＞：Z（输入字母 Z，选择中心对正方式，多线的中心线将随着光标移动）。

当前设置：对正＝无，比例＝180.00，样式＝STANDARD

指定起点或 [对正 (J)/比例 (S)/样式 (ST)]：（捕捉并单击图 8-15 所示的 5 点作为多线的起点）。

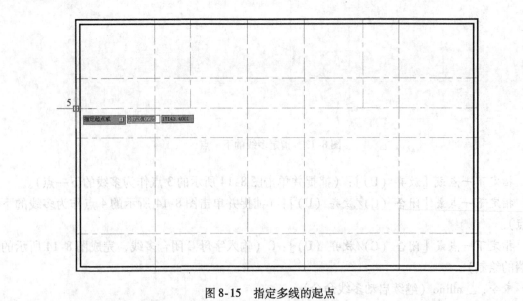

图 8-15　指定多线的起点

指定下一点：（捕捉并单击图 8-16 所示的 6 点作为多线的下一点）。

指定下一点或［放弃（U）］：（按回车键退出命令，完成图 8-16 所示的内墙的绘制）。

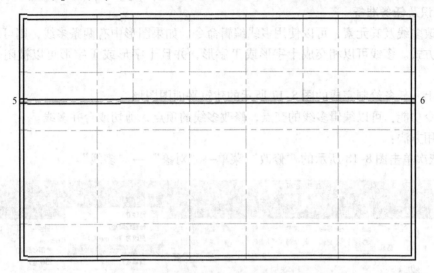

图 8-16 使用"多线"命令绘制建筑内墙

请用上述方法，如图 8-17 所示，绘制完成其余的建筑内墙，并保存文件备用。

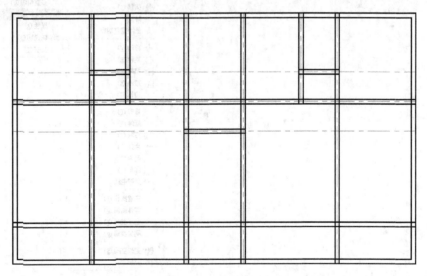

图 8-17 使用"多线"命令绘制完成建筑平面图墙体

任务 3　使用编辑多线修改墙体相交部分

【任务目标】在上一任务绘制完成的图 8-17 所示的建筑平面图墙体的基础上，修改墙体相交部分。

1. 目的

学习编辑多线命令的作用方法。

2. 能力及标准要求

熟练掌握编辑多线命令的使用方法。

3. 知识及任务准备

要修改多线及其元素，可以使用多线编辑命令。如果图形中有两条多线，则可以控制它们相交的方式。多线可以相交成十字形或 T 字形，并且十字形或 T 字形可以被闭合、打开或合并。

打开上一任务绘制完成的图 8-17 所示的建筑平面图图形。

➢ 命令功能：可以编辑多线的交点，修改多线的顶点，剪切或合并多线。

➢ 调用方法：

1）依次单击图 8-18 所示的"修改"菜单→"对象"→"多线"。

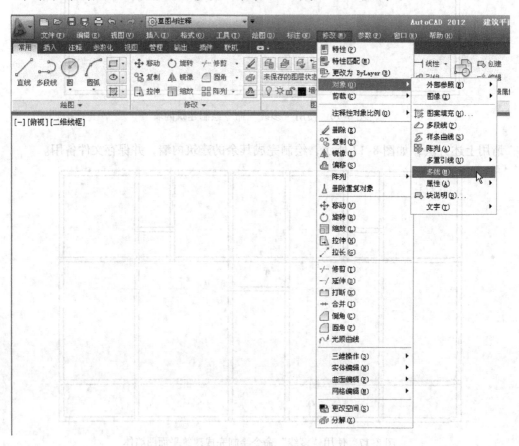

图 8-18 "修改"→菜单"对象""多线"

2）命令行：输入 mledit。

4. 步骤

启动编辑多线（Mledit）命令后，系统将弹出图 8-19 所示的"多线编辑工具"对话框，共提供了 12 个多线编辑工具选项，单击选择任一个图像按钮后，对话框将立即消失，并提示选择要编辑的多线，提示的内容根据所选的不同选项而异。

选择图 8-19 所示的"多线编辑工具"对话框中"T 形打开" 图像按钮后，在命令栏

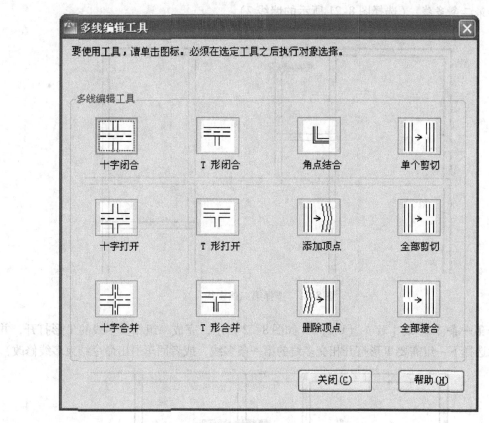

图 8-19 "多线编辑工具"对话框

会出现以下提示：

命令：_ mledit

选择第一条多线：（选择图 8-20 所示的墙线 1）。

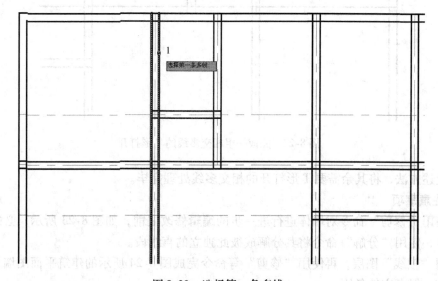

图 8-20 选择第一条多线

选择第二条多线：（选择图8-21所示的墙线2）。

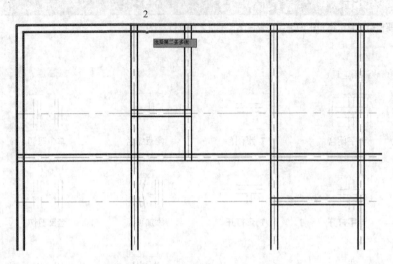

图 8-21　选择第二条多线

选择第一条多线 或 ［放弃（U）］：（如图8-22所示，完成一组相交多线的T形打开，并继续提示选择下一组需要T形打开相交多线的第一条多线，或者回车退出命令结束多线修改）。

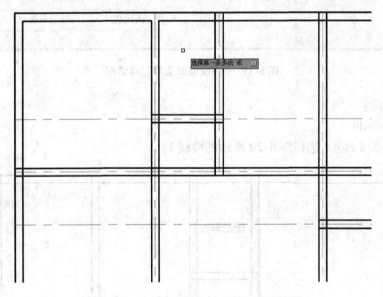

图 8-22　完成一组相交多线的 T 形打开

按上述方法，将其余需要T形打开的相交多线处理完毕。

5. 注意事项

在使用"修剪"命令对墙体进行进一步的编辑修改之前，如图8-23所示，必须先选中所有墙体，使用"分解"命令将其分解成彼此独立的直线段。

关闭"轴线"图层，再使用"修剪"等命令完成图8-24所示的建筑平面图墙体的部分修改工作，保存文件备用。

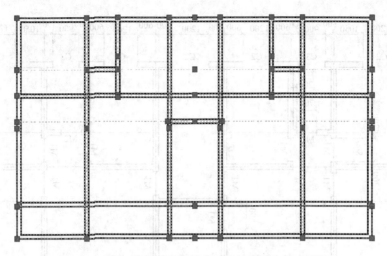

图 8-23 选中所有墙体将其分解成彼此独立的直线段

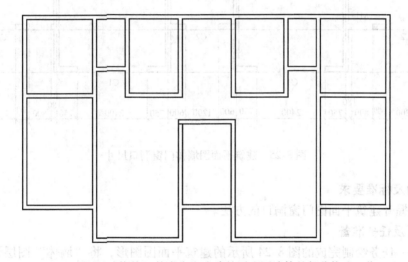

图 8-24 使用"修剪"等命令完成建筑平面图墙体的部分修改工作

6. 讨论

思考并动手练习，如何使用"十字打开"工具处理两条十字交叉的墙体？在使用多线编辑工具时，选择一组相交多线的先后顺序决定了多线剪裁或拉伸的结果，请在实践中仔细体会。

任务4 绘制建筑平面图门窗洞口

【任务目标】在上一任务绘制完成的图 8-24 所示的建筑平面图墙体的基础上，按图 8-25 所示的尺寸以 1:100 的比例绘制门窗洞口。

1. 目的

学习在建筑平面图中开门窗洞口的方法。

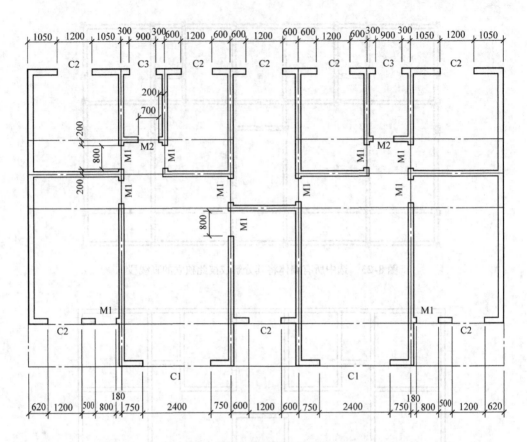

图 8-25　建筑平面图墙体门窗洞口尺寸

2. 能力及标准要求

熟练掌握开建筑平面图门窗洞口的方法。

3. 知识及任务准备

打开上一任务绘制完成的图 8-24 所示的建筑平面图图形，将"墙体"图层设置为当前层并打开正交模式。

4. 步骤

（1）方法一

1）启动直线（Line）命令后，在命令栏会出现以下提示：

命令：_ line 指定第一点：1050（用光标捕捉到图 8-26a 所示的左上角 A 点位置后，向右移动鼠标，在拖出一条图 8-26b 所示的向正右方的追踪路径后，从键盘输入距离值 1050，如图 8-26c 所示，指定直线的起点 B 点）。

指定下一点或［放弃（U）］：（如图 8-26d 所示，将光标垂直向下移动到垂足 C 点，画出一条内墙线的垂线 BC）。

指定下一点或［放弃（U）］：（回车退出直线命令）。

2）如图 8-27 所示，将刚画出的直线段 BC 向右偏移 1200，生成直线段 DE。

3）使用"修剪"命令剪掉多余线段后，完成图 8-28 所示的 C2 窗洞的绘制。

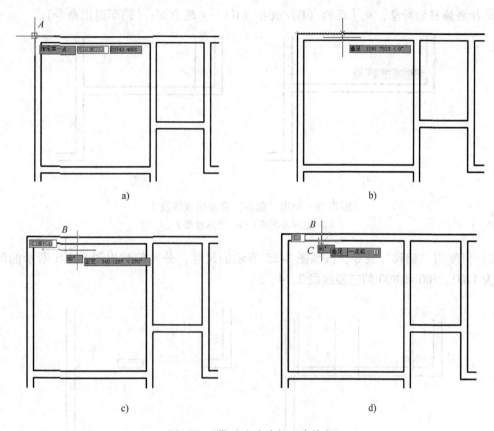

图 8-26 借助追踪路径画直线段

a）捕捉 A 点 b）拖出追踪路径 c）指定直线的起点 B 点 d）画出一条垂线 BC

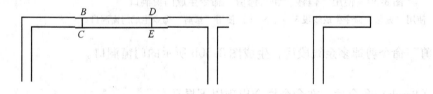

图 8-27 偏移生成直线段 DE 图 8-28 使用"修剪"命令完成 C2 窗洞的绘制

（2）方法二：

1）启动偏移（Offset）命令后，在命令栏会出现以下提示：

命令：_ offset

当前设置：删除源=否 图层=源 OFFSETGAPTYPE=0

指定偏移距离或［通过（T）/删除（E）/图层（L）］<通过>：620（从键盘输入偏移值 620）。

选择要偏移的对象，或［退出（E）/放弃（U）］<退出>：（用光标选取图 8-29a 所示的左下角外墙线 1）。

指定要偏移的那一侧上的点，或［退出（E）/多个（M）/放弃（U）］<退出>：（用光标在外墙线 1 右侧单击，生成图 8-29b 所示的线段 2）。

选择要偏移的对象，或 [退出 (E)/放弃 (U)] ＜退出 ＞：（回车退出命令）。

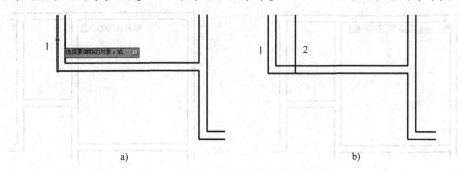

图 8-29 使用"偏移"命令生成线段 2

a）选择外墙线 1 b）生成线段 2

2）再使用"偏移"命令，按照图 8-25 所示的尺寸，分别偏移出图 8-30a 所示的间距分别为 1200、500 和 800 的三根线段 3、4、5。

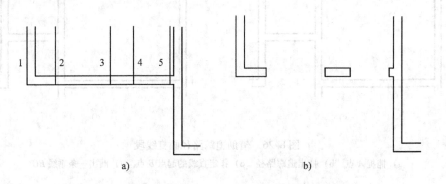

图 8-30 使用"偏移"和"修剪"命令生成门窗洞口

a）使用"偏移"命令生成线段 3、4、5 b）使用"修剪"命令生成门窗洞口

3）使用"修剪"命令剪掉多余线段后，生成图 8-30b 所示的门窗洞口。

（3）方法三：

1）启动打断（Break）命令后，在命令栏会出现以下提示：

命令： _ break 选择对象：（用鼠标单击选取图 8-31a 所示的左上角 M2 门所在位置的线段 1）。

指定第二个打断点 或 [第一点 （F）]：F （输入字母 F，重新指定第一个打断点）。

指定第一个打断点：110 （用光标捕捉到如图 8-31b 所示的 A 点位置后，向左移动鼠标，在拖出一条如图 8-31c 所示向正左方的追踪路径后，从键盘输入距离值 200 – 半墙厚 90 = 110，确定第一个打断点位置）。

指定第二个打断点：700 （如图 8-31d 所示，将光标继续向左移动确认第二个打断点方向后，从键盘输入 M2 门的宽度值 700，确定第二个打断点位置。打断结果如图 8-31e 所示）。

2）使用"直线"命令，如图 8-32a 所示，分别过 *B*、*C* 点作线段 2 的垂线 *BD*、*CE*。

3）使用"修剪"命令剪掉多余线段后，生成图 8-32b 所示的 M2 门洞口。

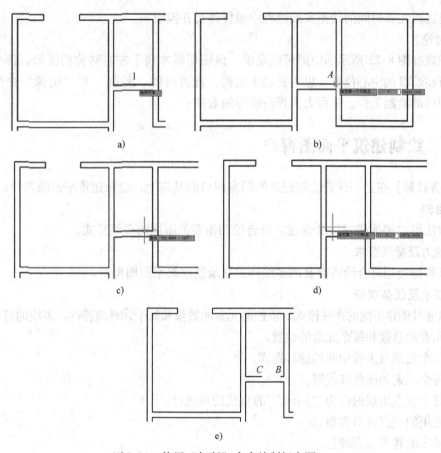

图 8-31　使用"打断"命令绘制门窗洞口

a）选取打断对象　b）捕捉 A 点位置　c）拖出追踪路径　d）确认第二个打断点方向　e）打断结果

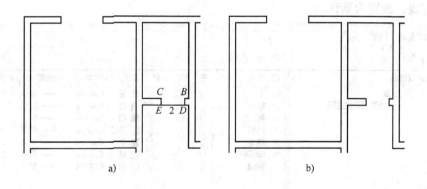

图 8-32　绘制 M2 门洞口

a）过 B、C 点作线段 2 的垂线 BD、CE　b）使用"修剪"命令生成 M2 门洞口

用上述任一种方法，完成其余门窗洞口的绘制工作后，保存文件备用。

5. 注意事项

同样的图形往往可以采用多种不同的绘制方法来完成，本任务只是介绍了常用的三种开门窗洞口的方法。试试看，是否还有其他方法完成本任务？找到一种自己熟悉并快捷的绘图方法，是需要在长时间的绘图实践过程中慢慢体会并摸索的。

6. 讨论

仔细观察图 8-25 所示的图形可以发现，该图形基本属于左右对称的图形。部分窗洞又处于其所在墙段的中心位置。思考并动手实践，能否借助"复制"和"镜像"命令完成部分门窗洞口的绘制工作，从而大大提高绘图的效率？

任务5 绘制建筑平面图窗户

【任务目标】在上一任务绘制完成的门窗洞口的基础上，绘制建筑平面图窗户。

1. 目的

学习使用"多线样式"命令建立符合绘图需要的不同的多线样式。

2. 能力及标准要求

熟练掌握使用符合绘图需要的多线样式来绘制建筑平面图窗户。

3. 知识及任务准备

可以通过创建不同的多线样式，以控制元素的数量和每个元素的特性。多线的特性包括：

- 元素的总数和每个元素的位置。
- 每个元素与多线中间的偏移距离。
- 每个元素的颜色和线型。
- 每个顶点出现的称为"joints"的直线的可见性。
- 使用的端点封口类型。
- 多线的背景填充颜色。

打开上一任务绘制完成的门窗洞口的"建筑平面图"图形文件。如图 8-33 所示，新建一个名为"门窗"的图层并将其置为当前图层，将颜色改成洋红色，线型是默认的 Continous 连续直线，线宽为默认。

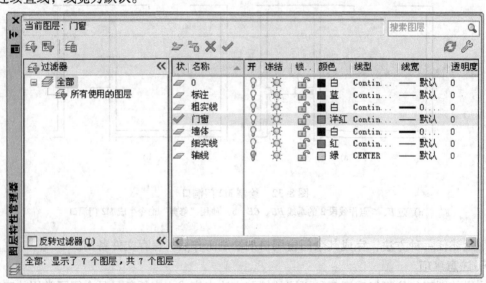

图 8-33　新建名为"门窗"的图层并将其置为当前图层

➢ "多线样式"命令功能：定义、管理多线样式。

➢ 调用方法：

1）依次单击图8-34所示的"格式"菜单→"多线样式"　。

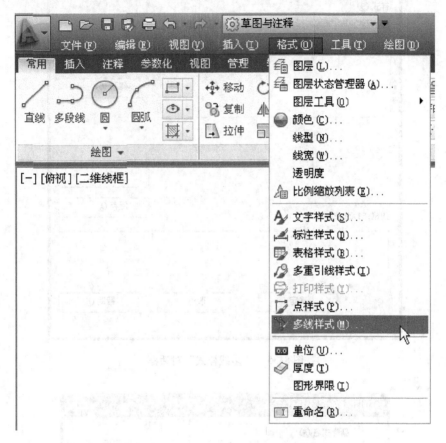

图 8-34　"格式"菜单→"多线样式"

2）命令行：输入 mlstyle。

4. 步骤

启动多线样式（Mlstyle）命令后，将弹出图 8-35 所示的"多线样式"对话框。

在该对话框中单击 新建(N)... 按钮，在弹出的图 8-36 所示的"创建新的多线样式"对话框中，输入新建的多线样式名称（本任务输入"CH"）后单击 继续 按钮。

在弹出的图 8-37 所示的"新建多线样式"对话框中，可以设置多线对象的元素特性，包括说明（说明是可选的，最多可以输入 255 个字符，包括空格。本任务输入"建筑平面图窗户"）、封口、填充颜色、显示连接、多线的线条数目、线条颜色和线型等。

点击"图元"区 添加(A) 按钮，添加两个元素，如图 8-38 所示，分别改变每个元素与多线段中心线的偏移距离。

> **说明：**带有正偏移的元素出现在多线段中心线的上侧，带有负偏移的元素出现在多线段中心线的下侧。最大正负偏移距离的总和即是多线段的总宽度。

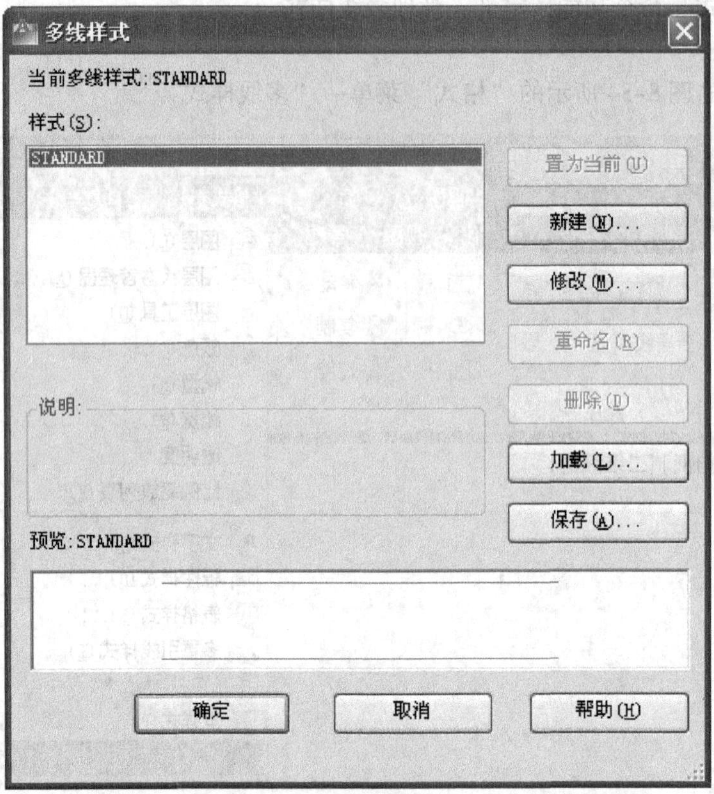

图 8-35 “多线样式”对话框

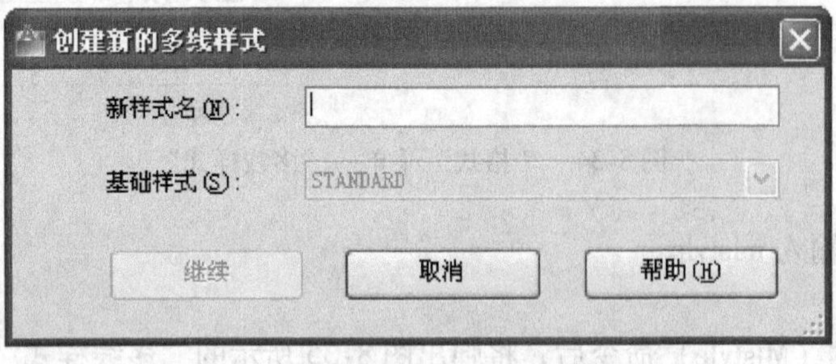

图 8-36 “创建新的多线样式”对话框

按图 8-39 所示的参数设置完四个多线元素的偏移值后，单击 确定 按钮。

回到图 8-40 所示的“多线样式”对话框，可以看到说明区显示“建筑平面图窗户”，在下部预览区可以看到新建“CH”样式的多线效果。

单击 保存(A)... 按钮打开图 8-41 所示的“保存多线样式”对话框，可以将新建的多线样式保存到默认文件“acad. mln”中。

可以将多个多线样式保存到同一个文件中。如果要创建多个多线样式，则在创建新样式之前保存当前样式，否则，将丢失对当前样式所做的更改。

单击图 8-40 所示的“多线样式”对话框 置为当前(U) 按钮后，按 确定 按钮关闭对话框。

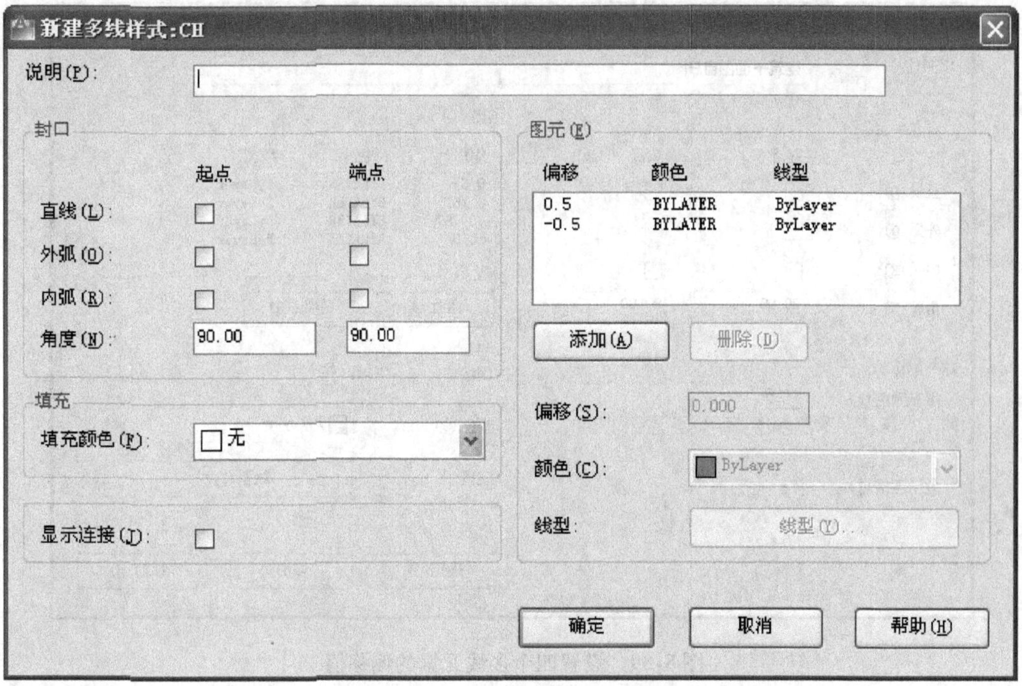

图 8-37　"新建多线样式" 对话框

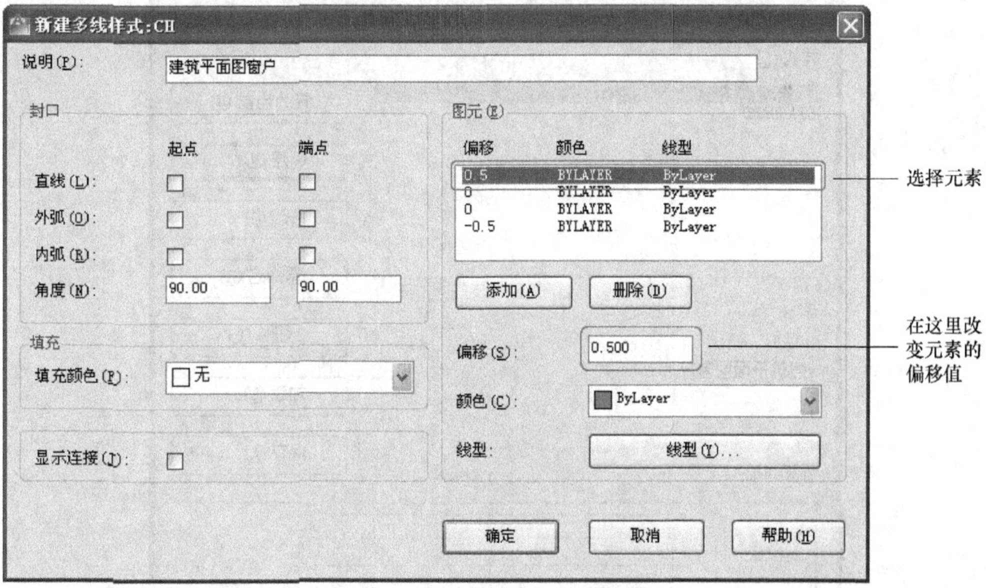

图 8-38　改变元素的偏移值

启动多线（Multiline）命令后，在命令栏会出现以下提示：

命令：_ mline

当前设置：对正 = 上，比例 = 180.00，样式 = CH

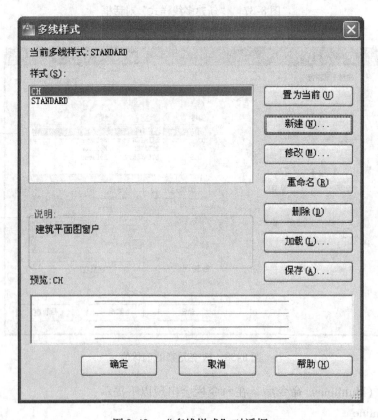

图 8-39　设置四个多线元素的偏移值

图 8-40　"多线样式"对话框

图 8-41 "保存多线样式"对话框

指定起点或 [对正 (J) /比例 (S) /样式 (ST)]: (捕捉并单击图 8-42 所示的建筑平面图的左上方 A 点位置作为多线的起点)。

指定下一点: (随着鼠标的移动,光标将拖动四条平行线开始绘制多线,捕捉并单击图 8-43 所示的 B 点作为多线的下一点)。

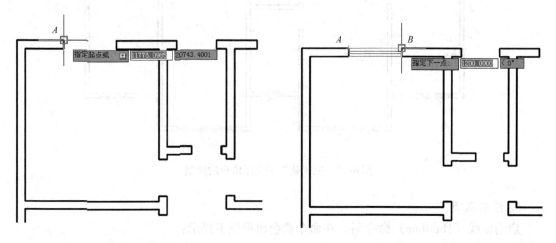

图 8-42 指定多线的起点 图 8-43 指定多线的下一点

指定下一点或 [放弃 (U)]: (按回车键退出命令,完成图 8-44 所示的建筑平面图的左上方 C2 窗的绘制)。

按上述方法,完成其余所有建筑平面图窗户的绘制。将"标注"图层置为当前图层,选择"尺寸标注"样式作为当前文字样式,使用"单行文字"命令,指定字体高度为 250,做好窗户标注,保存图 8-45 所示的结果备用。

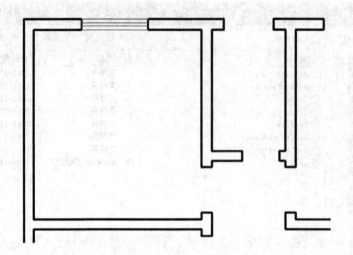

图 8-44　完成建筑平面图的左上方 C2 窗的绘制

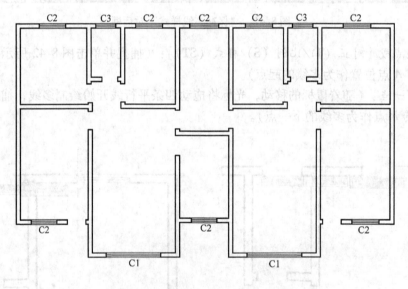

图 8-45　完成建筑平面图窗户的绘制

5. 注意事项

启动多线（Multiline）命令后，在命令栏会出现以下提示：

命令：_ mline

当前设置：对正 = 上，比例 = 180.00，样式 = CH

指定起点或 [对正 (J)/比例 (S)/样式 (ST)]：ST（输入字母 ST，可选择需要的多线样式）。

输入多线样式名或 [?]：?（请输入需要的多线样式名称或输入? 打开图 8-46 所示的文本窗口查看可用的多线样式）。

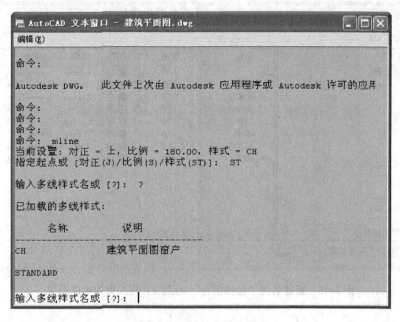

图 8-46　可用多线样式文本窗口

任务 6　绘制建筑平面图阳台

【任务目标】在上一任务绘制完成的图 8-45 所示的建筑平面图窗户的基础上，按图 8-47 所示的尺寸绘制阳台。

1. 目的

综合运用所学知识绘制建筑平面图阳台。

2. 能力及标准要求

熟练掌握综合运用所学知识绘制建筑平面图阳台的方法。

3. 知识及任务准备

打开上一任务绘制完成的建筑平面图窗户，如图 8-45 所示。如图 8-48 所示，新建一个名为"楼梯阳台"的图层并将其置为当前图层，将颜色改成青色，线型是默认的 Continous 连续直线，线宽为默认。打开正交模式。

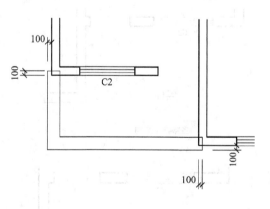

图 8-47　阳台尺寸

4. 步骤

1）启动直线（Line）命令后，在命令栏会出现以下提示：

命令：_ line 指定第一点：（用光标捕捉到图 8-49a 所示的左下角 *A* 点位置后，向下移动鼠标，如图 8-49b 所示，在拖出一条向正下方的追踪路径后，捕捉并单击交点 *B*，指定直线的起点）。

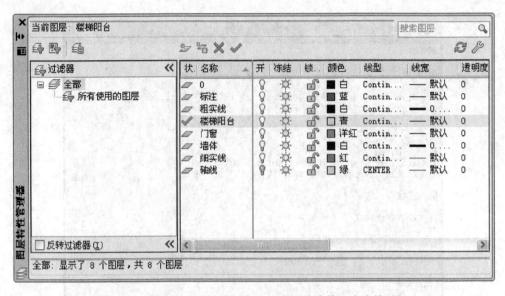

图 8-48 新建名为"楼梯阳台"的图层并将其置为当前图层

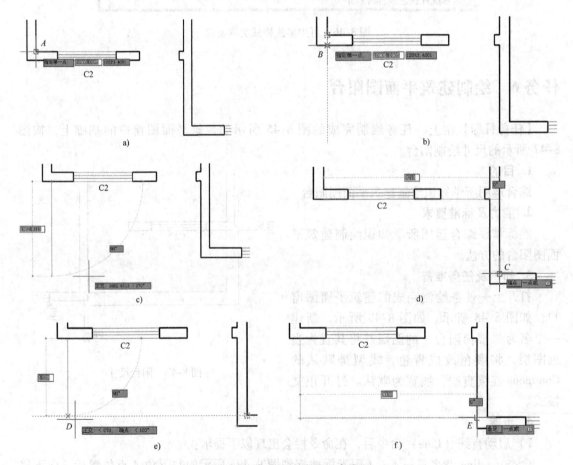

图 8-49 借助追踪路径画直线段

a) 捕捉 A 点　b) 向下拖出追踪路径并找到直线的起点 B 点　c) 向下拖出追踪路径

d) 捕捉 C 点　e) 向左拖出追踪路径并找到交点 D 点　f) 向右拖出追踪路径找到垂足 E 点

指定下一点或［放弃（U）］：（如图 8-49c 所示，将光标向下移动拖出一条向正下方的追踪路径后，再用光标捕捉到图 8-49d 所示的 C 点位置后，向左移动鼠标，如图 8-49e 所示，在拖出一条向正左方的追踪路径后，出现交点 D，单击左键画出一条阳台的垂线）。

指定下一点或［放弃（U）］：（向右移动鼠标，如图 8-49f 所示，在拖出一条向正右方的追踪路径后，出现垂足 E 点，单击左键画出一条阳台的水平线）。

指定下一点或［闭合（C）/放弃（U）］：（回车退出直线命令，结果如图 8-50a 所示）。

2）如图 8-50a 所示，在绘制完成的建筑平面图阳台内侧基础上，使用"偏移"、"夹点拉伸"和"直线"命令，按图 8-47 所示的尺寸，完成建筑平面图阳台外侧的绘制，结果如图 8-50b 所示。

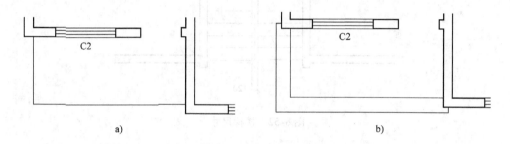

图 8-50　绘制建筑平面图阳台

a）绘制建筑平面图阳台内侧　b）绘制结果

3）使用"镜像"命令，生成另一侧建筑平面图的阳台，保存图 8-51 所示的结果备用。

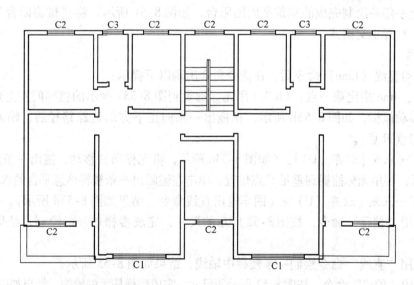

图 8-51　完成建筑平面图阳台的绘制

任务7 绘制建筑平面图楼梯

【任务目标】在上一任务绘制完成的图 8-51 所示的建筑平面图阳台的基础上，按图 8-52 所示的尺寸绘制楼梯。

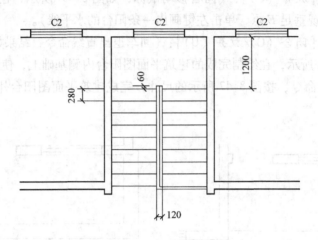

图 8-52 楼梯尺寸

1. 目的

综合运用所学知识绘制建筑平面图楼梯。

2. 能力及标准要求

熟练掌握综合运用所学知识绘制建筑平面图楼梯的方法。

3. 知识及任务准备

打开上一任务绘制完成的建筑平面图阳台，如图 8-51 所示。将"楼梯阳台"图层置为当前图层，打开正交模式。

4. 步骤

1）启动直线（Line）命令后，在命令栏会出现以下提示：

命令：_ line 指定第一点：1200（用光标捕捉到图 8-53a 所示的楼梯间左上角 A 点位置后，向下移动鼠标，如图 8-53b 所示，在拖出一条向正下方的追踪路径后，输入 1200，指定直线的起点 B 点）。

指定下一点或 [放弃（U）]：（如图 8-53c 所示，将光标向右移动，拖出一条向正右方的追踪路径后，再用光标捕捉到垂足 C 点位置，单击左键画出一条楼梯休息平台的水平线 BC）。

指定下一点或 [放弃（U）]：（回车退出直线命令，结果如图 8-53d 所示）。

2）使用"偏移"命令，按图 8-52 所示的尺寸，完成楼梯踏步的绘制，结果如图 8-54 所示。

3）使用"直线"命令绘制一条楼梯中轴线，结果如图 8-55 所示。

4）使用"偏移"命令，按图 8-52 所示的尺寸，完成楼梯扶手的绘制，结果如图 8-56 所示。

5）使用"修剪"命令，剪掉多余线段，完成建筑平面图楼梯的绘制，保存图 8-57 所示的结果备用。

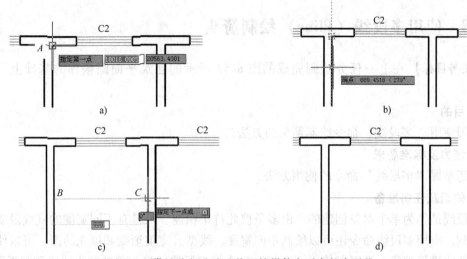

图 8-53 借助路径追踪功能画楼梯休息平台的水平线

a）捕捉 A 点 　b）向下拖出追踪路径 　c）确定直线的起点 B 并向右拖出追踪路径找到垂足 C 点 　d）完成结果

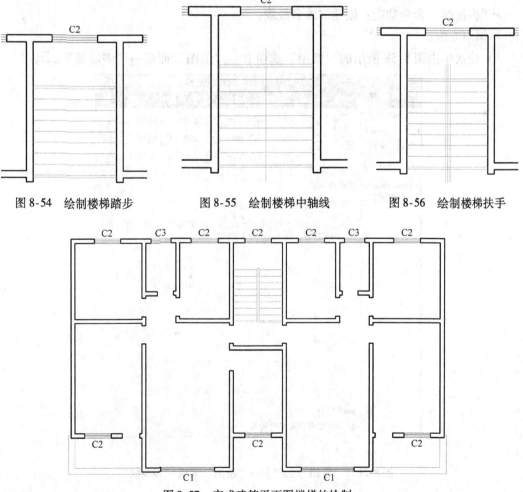

图 8-54 绘制楼梯踏步 　　　　图 8-55 绘制楼梯中轴线 　　　　图 8-56 绘制楼梯扶手

图 8-57 完成建筑平面图楼梯的绘制

任务 8　使用多段线（Pline）绘制箭头

【任务目标】在上一任务绘制完成的图 8-57 所示的建筑平面图楼梯的基础上，绘制箭头。

1. 目的

学习使用"多段线"命令绘制箭头的方法。

2. 能力及标准要求

熟练掌握"多段线"命令的使用方法。

3. 知识及任务准备

多段线是作为单个对象创建的，由多条彼此首尾相连、可具有不同宽度的直线段或圆弧线段序列。应用多段线命令还可以绘制不同宽度、线型、宽度渐变和填充的圆。可以使用夹点对多段线进行编辑，还可以使用"分解"命令将多段线转换为单独的直线段和圆弧段。

打开上一任务绘制完成的建筑平面图楼梯，如图 8-57 所示，将"楼梯阳台"图层置为当前图层，打开正交模式。

➢"多段线"命令功能：创建二维多段线。

➢ 调用方法：

1）依次单击图 8-58 所示的"常用"选项卡→"绘图"面板→"多段线"。

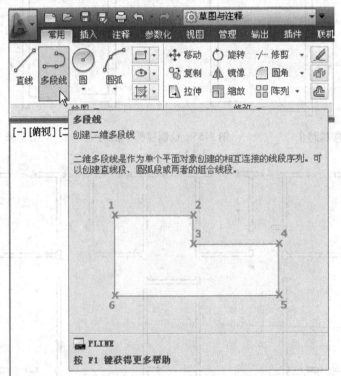

图 8-58　"常用"选项卡→"绘图"面板"多段线"

2）命令行：输入 pline 或 pl。

4. 步骤

启动多段线（Pline）命令后，在命令栏会出现以下提示：

命令：_ pline

指定起点：（借助路径追踪功能在图 8-59 所示的楼梯左边第一级踏步线中点的下方 A 点位置单击左键，指定多段线的起点）。

当前线宽为 0.0000

指定下一个点或［圆弧（A）/半宽（H）/长度（L）/放弃（U）/宽度（W）］：（向上移动光标，在图 8-60 所示的楼梯左侧休息平台中间 B 点位置单击左键，指定第一条多段线 AB 线段的端点 B 点）。

指定下一点或［圆弧（A）/闭合（C）/半宽（H）/长度（L）/放弃（U）/宽度（W）］：（向右移动光标，借助路径追踪功能，在图 8-61 所示的楼梯右边休息平台线中点上方的交点 C 点位置单击左键，指定第二条多段线 BC 线段的端点 C 点）。

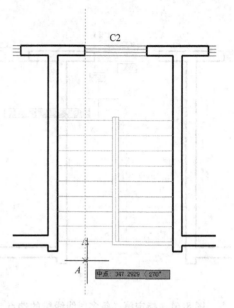

图 8-59　指定多段线的起点

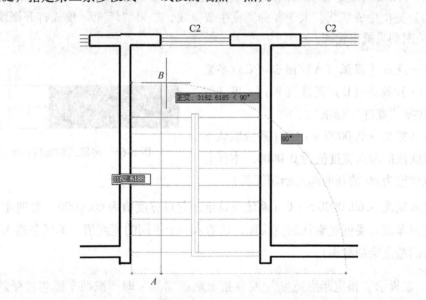

图 8-60　指定第一条多段线线段的端点

指定下一点或［圆弧（A）/闭合（C）/半宽（H）/长度（L）/放弃（U）/宽度（W）］：（向下移动光标，在图 8-62 所示的楼梯右下方的 D 点位置单击左键，指定第三条多段线 CD 线段的端点 D 点）。

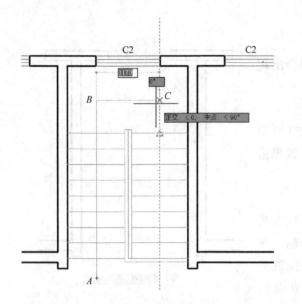

图 8-61　指定第二条多段线线段的端点

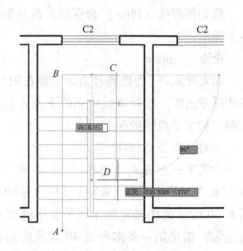

图 8-62　指定第三条多段线线段的端点

注意：可使用图 8-63 所示的"宽度"或"半宽"选项设定要绘制的下一条多段线线段的宽度。可以依次设定每条线段的宽度，使它们从一个宽度到另一宽度逐渐递增或递减。零（0）宽度生成细线，大于零的宽度生成宽线，如果"填充"模式打开则填充该宽线，如果关闭则只画出轮廓。

指定下一点或［圆弧（A）/闭合（C）/半宽（H）/长度（L）/放弃（U）/宽度（W）］：W（输入字母 W 选择"宽度"选项）。

图 8-63　多段线的宽度和半宽

指定起点宽度 < 0.0000 >：60（系统默认下一个多段线线段的起点宽度值为 0.0000。本任务输入一个宽度值为 60 的新的起点绘制箭头）。

指定端点宽度 < 60.0000 >：0（系统默认继承起点宽度值为 60.0000。要创建等宽的直线段，请按回车键；要创建锥状的直线段，请输入一个不同的宽度值。本任务输入一个宽度值为 0 的新的端点绘制箭头）。

说明：在提示"指定起点宽度"或"指定端点宽度"时，按回车键将接受默认的宽度值。如果不再改变宽度，则最后一次输入的宽度值将成为以后各多段线线段的宽度。

指定下一点或［圆弧（A）/闭合（C）/半宽（H）/长度（L）/放弃（U）/宽度（W）］：（向下移动光标，在图 8-64 所示的 E 点位置单击左键，指定第四条多段线 DE 线段的端点 E 点，其结果是绘制一条宽度递减的锥形线）。

指定下一点或［圆弧（A）/闭合（C）/半宽（H）/长度（L）/放弃（U）/宽度（W）］：（回车结束多段线命令）。

> **说明：** 要用上次绘制的多段线的端点为起点绘制新的多段线，请再次启动多段线（Pline）命令，在出现"指定起点"提示后按回车键。

如图 8-65 所示，使用"中文标注"样式 250 字高标注文字后，完成楼梯箭头的绘制，保存文件备用。

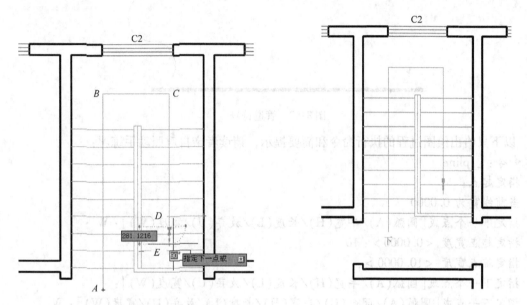

图 8-64　指定第四条多段线线段的端点　　　　　图 8-65　完成楼梯箭头的绘制

5. 注意事项

命令中其他关键选项介绍：

- "圆弧"：该选项用于绘制以当前点为端点的多段圆弧。
- "闭合"：该选项用于从当前位置到多段线起点之间绘制一条直线段以闭合该多段线。

图 8-66 所示为宽度不为零的多段线闭合与不闭合的区别。

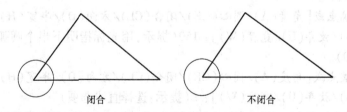

图 8-66　多段线闭合与不闭合的区别

- "半宽"：该选项通过指定图 8-63 所示的多段线的中心到外边缘的距离来设定宽度。
- "长度"：该选项用于与前一线段角度相同并按指定长度绘制一直线段。如果前一线段为圆弧，则系统将绘制与该圆弧相切的新线段。
- "放弃"：该选项用于删除最近一次添加到多段线上的线段。

6. 讨论

绘制多段线的圆弧段时，圆弧的起点就是前一条线段的端点。可以指定圆弧的角度、圆心、方向或半径。通过指定一个中间点和一个端点也可以完成圆弧的绘制。思考如何绘制图 8-67 所示的管道符号？

图 8-67　管道符号

以下只给出绘图过程的执行命令和简要提示，请读者亲自对照动手练习：

命令：_ pline

指定起点：

当前线宽为 0.0000

指定下一个点或[圆弧(A)/半宽(H)/长度(L)/放弃(U)/宽度(W)]：W

指定起点宽度 <0.0000>：10

指定端点宽度 <10.0000>：

指定下一个点或[圆弧(A)/半宽(H)/长度(L)/放弃(U)/宽度(W)]：

指定下一点或[圆弧(A)/闭合(C)/半宽(H)/长度(L)/放弃(U)/宽度(W)]：W

指定起点宽度 <10.0000>：0

指定端点宽度 <0.0000>：

指定下一点或[圆弧(A)/闭合(C)/半宽(H)/长度(L)/放弃(U)/宽度(W)]：A(提示：选择圆弧选项)。

指定圆弧的端点或[角度(A)/圆心(CE)/闭合(CL)/方向(D)/半宽(H)/直线(L)/半径(R)/第二个点(S)/放弃(U)/宽度(W)]：150(提示：用光标指明上半个圆弧的直径方向后，输入距离数值150)。

指定圆弧的端点或[角度(A)/圆心(CE)/闭合(CL)/方向(D)/半宽(H)/直线(L)/半径(R)/第二个点(S)/放弃(U)/宽度(W)]：150(提示：用光标指明下半个圆弧的直径方向后，输入距离数值150)。

指定圆弧的端点或[角度(A)/圆心(CE)/闭合(CL)/方向(D)/半宽(H)/直线(L)/半径(R)/第二个点(S)/放弃(U)/宽度(W)]：L(提示：选择直线选项)。

指定下一点或[圆弧(A)/闭合(C)/半宽(H)/长度(L)/放弃(U)/宽度(W)]：W

指定起点宽度 <0.0000>：10

指定端点宽度 <10.0000>：

指定圆弧的端点或[角度(A)/圆心(CE)/闭合(CL)/方向(D)/半宽(H)/直线(L)/半径(R)/第二个点(S)/放弃(U)/宽度(W)]：L

指定下一点或[圆弧(A)/闭合(C)/半宽(H)/长度(L)/放弃(U)/宽度(W)]：

指定下一点或[圆弧(A)/闭合(C)/半宽(H)/长度(L)/放弃(U)/宽度(W)]：

项目九　图块的使用

【知识点】

图块的使用知识点包括图案填充命令，块定义，插入块参照，圆弧命令，写块命令，插入外部图形。绘制建筑平面图中的柱子和门。

【学习目标】

熟练掌握图案填充命令、块定义、插入块参照命令、圆弧命令、写块命令及插入外部图形的使用方法。熟练掌握绘制建筑平面图中柱子和门的方法。

任务1　使用图案填充（Hatch）绘制建筑平面图柱子

【任务目标】在项目八任务 8 绘制完成的楼梯箭头的基础上，绘制建筑平面图柱子。

1. 目的

学习使用"图案填充"命令。

2. 能力及标准要求

熟练掌握"图案填充"命令的使用方法。

3. 知识及任务准备

在绘制物体的剖面或断面时，需要使用某一种图案来填充某个指定区域，这个过程称为图案填充。图案填充经常用于在剖面图中表达对象的材料类型，从而增加图形的可读性。常用以下两种方法指定图案填充的二维几何边界。

- 指定封闭对象区域内部的点。
- 选择封闭区域的对象。

打开项目八任务 8 绘制完成楼梯箭头的"建筑平面图"图形文件，将"0"图层置为当前图层。在绘图区空白位置绘制一个 360×360 的正方形。

➤"图案填充"命令功能：将某种材料符号（图案）填充到某一指定区域内。

➤调用方法：

1）依次单击图 9-1 所示的"常用"选项卡→"绘图"面板→"图案填充" ▨ 。

2）命令行：输入 hatch 或 h。

4. 步骤

启动图案填充（Bhatch）命令后，在功能区会打开图 9-2 所示的图案填充特性面板。

"边界"面板显示系统默认是对区域进行图案填充。单击"图案"面板上的填充图案 ▨ ，在绘图区空白位置刚刚绘制完成的图 9-3 所示的 360×360 正方形区域内部任意位置单击，完成选定图案的填充工作。按回车键或者单击功能区 ▭ 关闭 面板按钮退出命令，保存文件备用。

> **说明：** 默认情况下，当用户将光标移至封闭区域上时，会显示图案填充的预览。

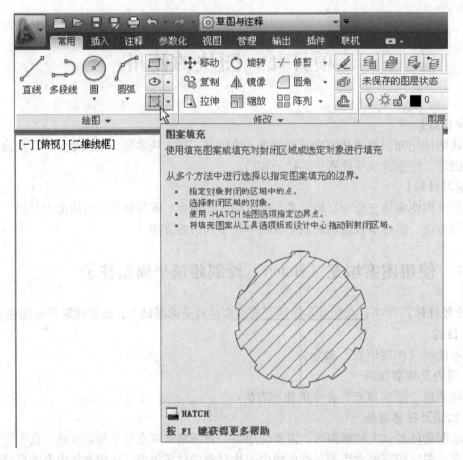

图 9-1 "常用"选项卡→"绘图"面板→"图案填充"

图 9-2 图案填充特性面板

图 9-3 在需要进行图案填充的区域内指定一点

5. 注意事项

在图 9-2 所示的图案填充特性面板中，可以更改图案填充的类型和颜色，或者修改图案填充的透明度级别、角度或比例。默认情况下，有边界的图案填充是关联的，即图案填充对象与图案填充边界对象相关联，对边界对象的更改将自动应用于图案填充。为了保持关联性，边界对象必须一直完全封闭图案填充。

6. 讨论

思考并实践，如何单击图9-4所示的"边界"面板→"选择"按钮，使用选择边界对象的方法，对要进行图案填充的正方形对象进行图案填充？

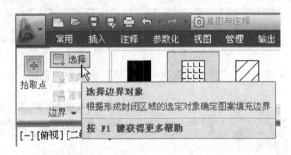

图9-4　"边界"面板→"选择"按钮

任务2　创建建筑平面图柱子块定义（Block）

【任务目标】 在上一任务绘制完成的建筑平面图柱子的基础上，将平面图柱子做成图块。

1. 目的

学习在图形中创建块的方法。

2. 能力及标准要求

熟练掌握定义块命令的使用方法。

3. 知识及任务准备

在绘制建筑图时，需要绘制大量的门、窗、标高符号、轴线标注符号及管道图中的阀门、接头等元件，这些图形符号在图样中经常进行大量重复性地使用。如果每一次都对这些图形符号重复性地逐个绘制，势必耗费大量的绘图时间，并且增加图形所占的存储空间。可以将一些经常重复使用的图形对象组合成一个整体块对象，保存起来，随时可以将它插入到图形中而不必重新绘制。块定义是使用基点和唯一特性编组到一起，作为一个命名对象的一组对象。通过这种方法可以建立图形符号库，供所有相关的设计人员使用，既节约了时间和资源，又可以保证图形符号的统一性和标准性。如果有必要，也可以使用"分解"命令将块分解为相对独立的多个对象。

打开上一任务中绘制完成的建筑平面图柱子的"建筑平面图"图形文件，将"0"图层置为当前图层。

➤"块定义"命令功能：通过关联选定的对象并为它们命名来创建一个块定义。

➤调用方法：

1）依次单击图9-5所示的"常用"选项卡→"块"面板→"创建"。

2）命令行：输入block或b。

4. 步骤

启动块定义（Block）命令后，会弹出图9-6所示的"块定义"对话框。

1）在"名称"框中输入块名（本任务输入字母"ZZ"）。

2）单击"对象"区的"选择对象"按钮后，对话框消失，如图9-7所示，使用鼠标

图 9-5　"常用"选项卡→"块"面板→"创建"

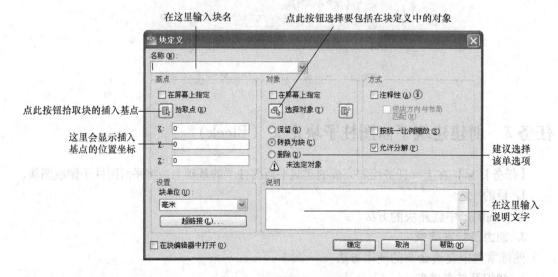

图 9-6　"块定义"对话框

选择要包括在块定义中的建筑平面图柱子对象，按回车键完成对象选择。

3）返回到"块定义"对话框，在"对象"区下选择"删除"单选项，在图形中不保留用于创建块定义的原对象。

4）单击"基点"区的"拾取点"按钮 后，对话框消失，如图 9-8 所示，使用鼠标捕捉并单击建筑平面图中柱子左上角顶点 A 点，指定块的插入基点后返回到"块定义"对话框。

图 9-7　选择要包括在块定义中的对象

图 9-8　拾取块的插入基点

说明：插入块时，将基点作为放置块的参照。缺省情况下，块的基点坐标为（0，0，0）。为了作图方便，插入基点一般选择图形块的几何中心或边界端点等特征点。以后，在插入块时将提示指定插入点。块基点与指定的插入点对齐。

5）在"说明"框中输入块定义的说明（本任务输入"建筑平面图柱子"），此说明将显示在设计中心中。

6）单击 **确定** 按钮后，对话框关闭，完成建筑平面图柱子块定义任务，保存文件备用。

5. 注意事项

用"Block"命令定义的块，仅保存在当前图形中。其他图形文件若要使用这些块，要使用"设计中心"调用。

任务3　插入建筑平面图柱子块参照（Insert）

【任务目标】在上一任务创建完成建筑平面图柱子图块的基础上，完成柱子的插入工作。

1. 目的

学习图块插入命令的使用。

2. 能力及标准要求

熟练掌握图块插入命令的使用方法。

3. 知识及任务准备

图块定义以后，每个图形文件具有一个存储所有块定义的块定义表，这些块定义包含与块相关联的全部信息。使用插入命令在图形中插入块时，所参照的就是这些块定义。插入块时并不需要对块进行复制，不是将信息从块定义复制到绘图区域，而是根据一定的位置、比例和旋转角度插入了块参照，即在块参照与块定义之间建立了链接，因此数据量要比直接绘图或复制块要小得多，从而节省了计算机的存储空间。如果更改块定义，所有的块参照也将自动更新。

打开上一任务创建完成建筑平面图柱子图块的"建筑平面图"图形文件，将"0"图层置为当前图层并打开"轴线"图层。

➤"插入"命令功能：在定义块后，可以在图形中根据需要多次插入块参照。

➤调用方法：

1）依次单击图9-9所示的"常用"选项卡→"块"面板→"插入"。

图9-9　"常用"选项卡→"块"面板→"插入"

2）命令行：输入 insert 或 i。

4. 步骤

启动插入（Insert）命令后，会弹出图 9-10 所示的"插入"对话框。

这里显示当前图块名称　单击下拉按钮，展开当前图形的块定义列表　单击此按钮，选择外部图形文件

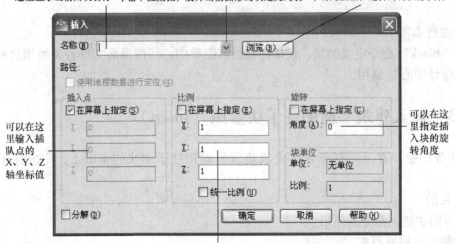

可以在这里输入插队点的 X、Y、Z 轴坐标值

可以在这里指定插入块的旋转角度

在这里指定插入块在X、Y、Z轴向上的缩放比例

图 9-10　"插入"对话框

1）单击"名称"框右侧的下拉按钮 ，从当前图形中已有的块定义列表中选择要插入的块名"ZZ"。也可以单击右侧 浏览(B)... 按钮，选择并插入外部图形文件。

2）本任务需要使用鼠标指定插入点，选择"插入点"区的"在屏幕上指定"默认选项。也可以分别输入插入点的 X、Y、Z 轴坐标值。

3）如果要将块中的对象作为单独的对象，而不是以单个块插入，请选择"分解"。

4）在"比例"区指定插入块参照在 X、Y、Z 轴向上的缩放比例（以块的基点为准）。如果选择"在屏幕上指定"项，则可在关闭对话框后用鼠标指定块参照的比例。如果选择"统一比例"项，则只需指定 X 方向上的比例因子，Y、Z 方向的比例因子自动与其保持一致。本任务使用默认的比例值为 1。

5）在"旋转"区指定插入块参照的旋转角度（以块的基点为中心）。如果选择"在屏幕上指定"项，则可在关闭对话框后用鼠标指定旋转角度。本任务选择默认选项"角度"为 0。

6）单击对话框的 确定 按钮，对话框消失，同时命令行出现如下提示：

命令：_ insert

指定插入点或[基点(B)/比例(S)/X/Y/Z/旋转(R)]：

用鼠标捕捉图 9-11 所示的建筑平面图左上角点 A，用来指定块的插入点，单击左键即可完成柱子的块参照插入。

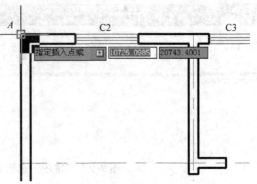

图 9-11　指定块参照的插入点

7）继续启动"插入"命令，用鼠标捕捉图9-12a所示的B点位置并插入柱子的块参照后，如果位置不理想，可使用"移动"命令将柱子的块参照移动到图9-12b所示的准确位置。

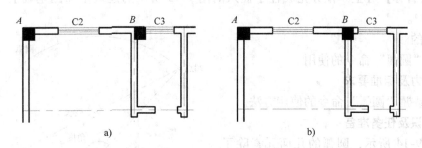

图9-12　插入并移动块参照

a）插入块参照　b）移动块参照到理想位置

8）按照上述方法完成其他柱子的插入后，保存图9-13所示的结果备用。

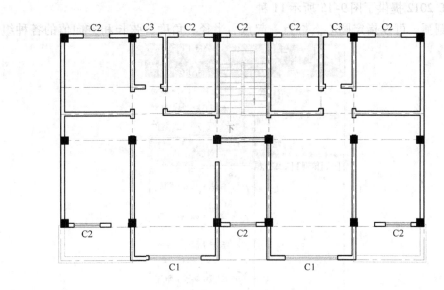

图9-13　完成柱子的插入

5. 注意事项

通过擦除可以从图形中删除块参照，但是，块定义仍保留在图形的块定义表中。要删除未使用的块定义以减小图形尺寸，可以在绘图任务中随时使用"PURGE"命令从图形中删除未使用的块定义。在清除块定义之前必须先删除块的全部参照。

说明：可以使用"PURGE"命令删除未使用的命名对象和未命名对象。可以清除的某些未命名对象包括块定义、标注样式、图层、线型和文字样式。还可以删除零长度几何图形和空文字对象。

任务4 使用圆弧（Arc）绘制建筑平面图标准门

【任务目标】在上一任务完成柱子插入的图9-13所示的建筑平面图基础上，绘制建筑平面图窗户。

1. 目的

学习"圆弧"命令的使用。

2. 能力及标准要求

熟练掌握"圆弧"命令的使用方法。

3. 知识及任务准备

如图9-14所示，圆弧的几何元素除了起点（Start）、端点（End）和圆心（Center）以外，还可由这三点得到半径（Radius）、角度（Angle）和弦长（Length）。

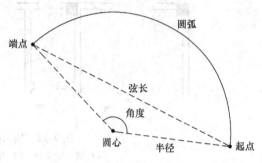

图9-14 圆弧的几何构成

AutoCAD 2012提供了图9-15所示11种方法来绘制圆弧，可以指定圆心、端点、起点、半径、角度、弦长和方向值的各种组合形

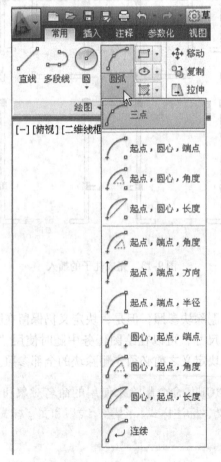

图9-15 "常用"选项卡→"绘图"面板→"圆弧"下拉菜单

式。用户可以根据掌握的几何元素数据，来创建圆弧对象，具体方法见表9-1。

表9-1 绘制圆弧的方法一览表

绘制方法	说 明	命令栏提示
三点（P）	三点法，依次指定起点、圆弧上一点和端点来绘制圆弧	命令：_ arc 指定圆弧的起点或［圆心(C)］:(指定圆弧的起点) 指定圆弧的第二个点或［圆心(C)/端点(E)］:(指定圆弧上一点) 指定圆弧的端点:(指定圆弧的终点)
起点、圆心、端点（S）	起点、圆心、端点法，依次指定起点、圆心和端点来绘制圆弧	命令：_ arc 指定圆弧的起点或［圆心(C)］:(指定圆弧的起点) 指定圆弧的第二个点或［圆心(C)/端点(E)］:C(输入字母C) 指定圆弧的圆心:(指定圆弧的圆心) 指定圆弧的端点或［角度(A)/弦长(L)］:(指定圆弧的终点)
起点、圆心、角度（T）	起点、圆心、角度法，依次指定起点、圆心角和端点来绘制圆弧，其中圆心角逆时针方向为正（缺省）	命令：_ arc 指定圆弧的起点或［圆心(C)］:(指定圆弧的起点) 指定圆弧的第二个点或［圆心(C)/端点(E)］:C(输入字母C) 指定圆弧的圆心:(指定圆弧的圆心) 指定圆弧的端点或［角度(A)/弦长(L)］:A(输入字母A) 指定包含角:(指定所绘制的圆弧所包含的角度)
起点、圆心、长度（A）	起点、圆心、长度法，依次指定起点、圆心和弦长来绘制圆弧	命令：_ arc 指定圆弧的起点或［圆心(C)］:(指定圆弧的起点) 指定圆弧的第二个点或［圆心(C)/端点(E)］:C(输入字母C) 指定圆弧的圆心:(指定圆弧的圆心) 指定圆弧的端点或［角度(A)/弦长(L)］:L(输入字母L) 指定弦长:(指定所绘制圆弧的弦长)
起点、端点、角度（N）	起点、端点、角度法，依次指定起点、端点和圆心角来绘制圆弧，其中圆心角逆时针方向为正（缺省）	命令：_ arc 指定圆弧的起点或［圆心(C)］:(指定圆弧的起点) 指定圆弧的第二个点或［圆心(C)/端点(E)］:E(输入字母E) 指定圆弧的端点:(指定圆弧的终点) 指定圆弧的圆心或［角度(A)/方向(D)/半径(R)］:A(输入字母A) 指定包含角:(指定所绘制的圆弧所包含的角度)
起点、端点、方向（D）	起点、端点、方向法，依次指定起点、端点和切线方向来绘制圆弧。向起点和端点的上方移动光标将绘制上凸的圆弧，向下方移动光标将绘制下凸的圆弧	命令：_ arc 指定圆弧的起点或［圆心(C)］:(指定圆弧的起点) 指定圆弧的第二个点或［圆心(C)/端点(E)］:E(输入字母E) 指定圆弧的端点:(指定圆弧的终点) 指定圆弧的圆心或［角度(A)/方向(D)/半径(R)］:D(输入字母D) 指定圆弧的起点切向:(指定所绘制圆弧的方向)
起点、端点、半径（R）	起点、端点、半径法，依次指定起点、端点和圆弧半径来绘制圆弧	命令：_ arc 指定圆弧的起点或［圆心(C)］:(指定圆弧的起点) 指定圆弧的第二个点或［圆心(C)/端点(E)］:E(输入字母E) 指定圆弧的端点:(指定圆弧的终点) 指定圆弧的圆心或［角度(A)/方向(D)/半径(R)］:R(输入字母R) 指定圆弧的半径:(指定所绘制圆弧的半径)
圆心、起点、端点（C）	圆心、起点、端点法，依次指定起点、圆心和端点来绘制圆弧	命令：_ arc 指定圆弧的起点或［圆心(C)］:C(输入字母C) 指定圆弧的圆心:(指定圆弧的圆心) 指定圆弧的起点:(指定圆弧的起点) 指定圆弧的端点或［角度(A)/弦长(L)］:(指定圆弧的终点)

（续）

绘制方法	说　明	命令栏提示
圆心、起点、角度（E）	圆心、起点、角度法，依次指定起点、圆心角和端点来绘制圆弧，其中圆心角逆时针方向为正（缺省）	命令：_ arc 指定圆弧的起点或[圆心(C)]：C(输入字母 C) 指定圆弧的圆心：(指定圆弧的圆心) 指定圆弧的起点：(指定圆弧的起点) 指定圆弧的端点或[角度(A)/弦长(L)]：A(输入字母 A) 指定包含角：(指定所绘制的圆弧所包含的角度)
圆心、起点、长度（L）	圆心、起点、长度法，依次指定起点、圆心和弦长来绘制圆弧	命令：_ arc 指定圆弧的起点或[圆心(C)]：C(输入字母 C) 指定圆弧的圆心：(指定圆弧的圆心) 指定圆弧的起点：(指定圆弧的起点) 指定圆弧的端点或[角度(A)/弦长(L)]：L(输入字母 L) 指定弦长：(指定圆弧的弦长值)
连续（O）	AutoCAD 2012 将把最后绘制的直线或圆弧的端点作为起点，并要求用户指定圆弧的端点，由此创建一条与最后绘制的直线或圆弧相切的圆弧	命令：_ arc 指定圆弧的起点或[圆心(C)]：[默认使用前一条直线或圆弧的终点(当前绘制的)作为新圆弧的起点] 指定圆弧的端点：(指定圆弧的终点)

打开上一任务完成柱子插入的图 9-13 所示的图形文件，将"门窗"图层置为当前图层，关闭正交模式，打开极轴追踪模式，设置 60°极轴增量角。

➢ "圆弧"命令功能：根据不同几何元素的数据绘制圆弧。

➢ 调用方法：

1）依次单击图 9-15 所示的"常用"选项卡→"绘图"面板→"圆弧"下拉菜单。

2）命令行：输入 arc 或 a。

4. 步骤

1）启动直线（Line）命令后，在命令栏会出现以下提示：

命令：_ line 指定第一点：（在绘图区空白位置单击指定图 9-16 所示直线的起点 *A* 点）。

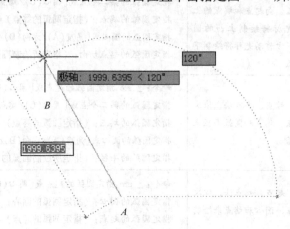

图 9-16　绘制门线

指定下一点或［放弃（U）］：1000（如图 9-16 所示，追踪 120°极轴增量角方向后，输入标准平面门的尺寸值 1000，确定直线的终点 *B* 点）。

指定下一点或［放弃（U）］：（回车结束直线命令）。

2）选择启动使用"起点、圆心、端点"方法绘制圆弧（Arc）命令后，在命令栏会出现以下提示：

命令：_ arc 指定圆弧的起点或［圆心（C）］：（捕捉并单击图 9-17a 所示直线的终点 *B* 点）。

指定圆弧的第二个点或［圆心（C）/端点（E）］：_ c 指定圆弧的圆心：（捕捉并单击图 9-17b 所示直线的起点 *A* 点）。

指定圆弧的端点或［角度（A）/弦长（L）］：＜正交 开＞（打开正交模式，如图 9-17c 所示，向左拖动光标，在 180°路径上单击确定圆弧的端点 *C* 点，完成图 9-17d 所示的建筑平面图标准门的绘制）。

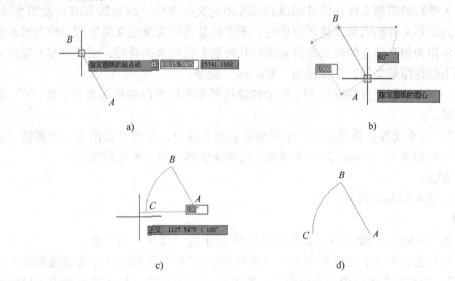

a）

b）

c）

d）

图 9-17　绘制门的开启线

a）指定圆弧的起点　b）指定圆弧的圆心　c）指定圆弧的端点　d）完成建筑平面图标准门的绘制

3）保存文件备用。

5. 注意事项

使用 Arc 命令绘制圆弧时，按不同的方向（顺时针、逆时针）单击起点、终点所形成的圆弧也将有所不同。

6. 讨论

绘制建筑平面图标准门时，把门的长度设为 1m 长（单位长度）的好处是，将其定义成块后，在图形中插入块的参照时，可以根据门的实际尺寸，通过改变 X、Y 轴向的缩放比例系数，很方便地满足不同宽度门的插入。因此，在定义各种标准图形块时，建议把图形块绘制在一个 1×1 的单位正方形内，在插入块参照时，再来确定 X、Y 轴的缩放比例系数。

任务5　使用写块（Wblock）创建用作块的图形文件

【任务目标】在上一任务绘制完成的图 9-17d 所示的建筑平面图标准门的基础上，将其创建为用作块的图形文件。

1. 目的

学习使用"写块"命令。

2. 能力及标准要求

熟练掌握"写块"命令的使用方法。

3. 知识及任务准备

一个普通的图形文件可以作为块插入到任何其他图形文件中。作为块定义源，单个图形文件更容易创建和管理。用户可以在平时不断制作和收集本专业常用的一些标准图例或符号集，将其作为单独的图形文件存储并编组到标准图例文件夹中，以备需要时当做图块插入。将一个完整的图形文件插入到其他图形中时，图形信息将作为块定义复制到当前图形的块表中。如果需要作为相互独立的图形文件来创建几种版本的图例或符号，或者要在不保留当前图形的情况下创建图形文件，建议使用"Wblock"命令。

打开上一任务绘制完成的图 9-17d 所示的建筑平面图标准门的图形文件，将"0"图层置为当前图层。

➤"写块"命令功能：将选定的一组图形要素定义成块，并将其输出为一个新的、独立的图形文件（扩展名为".dwg"）存入磁盘，或将块转换为指定的图形文件。

➤调用方法：

命令行：输入 wblock 或 w。

4. 步骤

启动写块（Wblock）命令后，会弹出图 9-18 所示的"写块"对话框。

该对话框与图 9-6 所示的"块定义"对话框相似。"源"区域的几个选项说明如下：

◆"块"：如果当前图形中存在块定义，则可选择该单选项，并在其右侧的下拉列表框中指定某个块对象，并由该对象来创建用作块的图形文件。

◆"整个图形"选择该单选项后，可利用当前的全部图形来创建用作块的图形文件。

◆本任务使用默认的"对象"单选项，通过选定一组图形对象创建用作块的图形文件。

1）单击"对象"区的"选择对象"按钮后，对话框消失，如图 9-19 所示，使用鼠标选择要包括在新图形中的图 9-17d 所示的建筑平面图标准门对象，按回车键完成对象选择。

2）返回到"写块"对话框，在"选择对象"下选择"从图形中删除"单选项，在图形中不保留用于创建新图形的原对象。

3）单击"基点"区的"拾取点"按钮后，对话框消失，如图 9-20 所示，使用鼠标捕捉并单击建筑平面图标准门右下角顶点 A 点，指定块的插入基点后返回到"写块"对话框。

4）单击"目标"区的"文件名和路径"下拉列表框右侧的 ⋯ 按钮，会弹出图 9-21 所示的"浏览图形文件"对话框，指定保存用作块的新图形文件的名称（本任务以"标准门"命名）和保存路径。

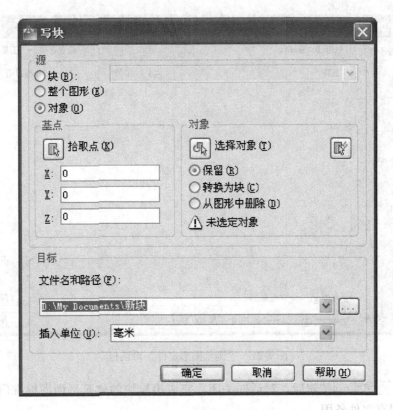

图 9-18　"写块"对话框

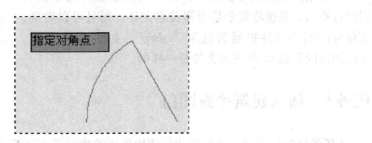

图 9-19　选择对象

图 9-20　指定块的插入基点

图9-21 "浏览图形文件"对话框

5）单击 确定 按钮后，对话框关闭，完成用作块的建筑平面图标准门图形文件的创建任务，保存文件备用。

5. 注意事项

保存用作块的图形文件时，如果与所选文件夹中已有图形有重名，系统将提示是否覆盖原文件。而且可以看到，刚保存的图形文件扩展名也为".dwg"，如图9-22所示，文件图标同普通CAD图形文件是一样的。

图9-22 用作块的图形文件

任务6 插入建筑平面图门

【任务目标】 在上一任务完成创建用作块的建筑平面图标准门图形文件的基础上，插入建筑平面图门。

1. 目的

学习如何将外部图形文件插入到当前图形中。

2. 能力及标准要求

熟练掌握插入外部图形文件的方法。

3. 知识及任务准备

打开上一任务完成创建用作块的建筑平面图标准门图形文件及"建筑平面图"图形文件，将"0"图层置为当前图层。

4. 步骤

1）启动插入（Insert）命令后，会弹出图9-10所示的"插入"对话框。单击"名称"

框右侧的 浏览(B)… 按钮，会弹出图 9-23 所示的"选择图形文件"对话框，选择上一任务创建并保存的标准门图形文件后，双击或按"文件名"框右侧的 打开(O) 按钮。

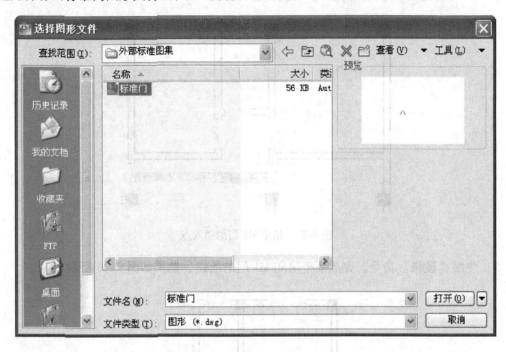

图 9-23 "选择图形文件"对话框

2）返回到如图 9-24 所示的"插入"对话框，在"比例"区选择"统一比例"项，指定 X 方向上的比例因子为 0.8（Y、Z 向的比例因子自动与其保持一致）。

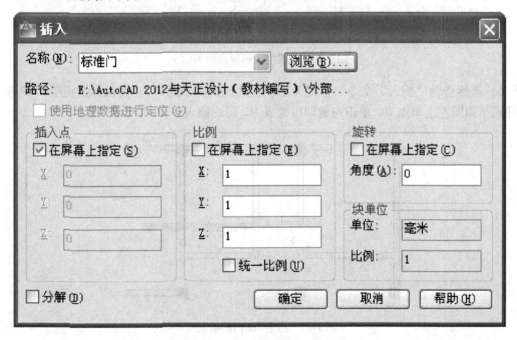

图 9-24 "插入"对话框

3）在"旋转"区指定旋转角度为90°后单击对话框的 ▢确定▢ 按钮，对话框消失。

4）用鼠标捕捉图9-25所示的建筑平面图左上角点 A，单击左键即可完成M1门的插入。

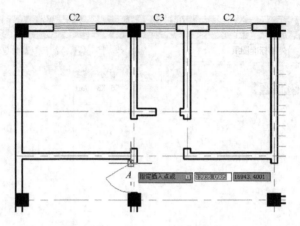

图9-25　指定M1门的插入点

5）使用"镜像"命令，完成隔壁房间M1门的绘制，结果如图9-26所示。

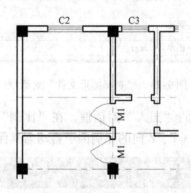

图9-26　镜像生成隔壁房间M1门

6）继续启动"插入"命令，指定X方向上的比例因子为0.7。用鼠标捕捉图9-27所示的建筑平面图左上角点 B，单击左键即可完成M2门的插入。

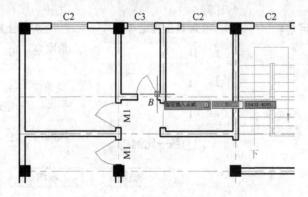

图9-27　指定M2门的插入点

7）按上述方法完成其余所有建筑平面图门的插入。

8）将"标注"图层置为当前图层，选择"尺寸标注"样式作为当前文字样式，使用"单行文字"命令，指定字体高度为250，做好门标注，保存图9-28所示的结果备用。

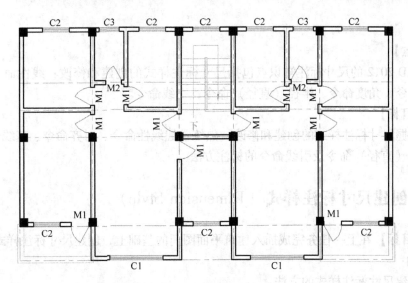

图9-28　完成门的插入并做好标注

项目十　AutoCAD 2012 的尺寸标注

【知识点】

AutoCAD 2012 的尺寸标注知识点包括尺寸标注样式的创建和修改：线性命令，对齐命令，基线命令，角度命令，半径（直径）命令，引线命令。

【学习目标】

熟练掌握尺寸标注样式的创建和修改。熟练掌握线性命令、对齐命令、基线命令、角度命令、半径（直径）命令及引线命令的标注方法。

任务1　创建尺寸标注样式（Dimension Style）

【任务目标】 在上一任务完成插入建筑平面图门的基础上，创建尺寸标注样式。

1. 目的

学习创建尺寸标注样式的方法。

2. 能力及标准要求

熟练掌握使用"标注样式"命令创建新的标注样式的方法。

3. 知识及任务准备

一个完整的尺寸标注，通常都是由以下四种基本要素构成的，如图 10-1 所示。

1）标注文字：标注文字是用于表明图形要素尺寸大小实际测量值的文本字符串。可以使用由 AutoCAD 2012 自动计算出的测量值，也可以自行指定文字或取消文字。

2）尺寸线：尺寸线用于表明尺寸标注的方向和范围。通常使用箭头来指出尺寸线的起点和端点。

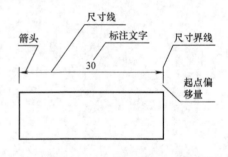

图 10-1　尺寸标注的四要素

3）箭头：箭头也称为终止符号，表明尺寸测量的开始和结束位置。AutoCAD 2012 提供了多种符号可供选择，系统缺省使用实心闭合填充箭头符号。

4）尺寸界线：尺寸界线从被标注的对象延伸到尺寸线并超出少许。尺寸界线一般与尺寸线垂直，但在特殊情况下也可以将尺寸界线倾斜。

AutoCAD 2012 中每个尺寸均将标注文字、尺寸线、箭头及尺寸界线构成一个整体，以"块"的形式在图形中标出，并与所标注的对象保持关联性。

标注样式（Dimension Style）是标注设置的命名集合，可用来控制标注的外观，如箭头样式、文字位置和尺寸公差等。使用标注样式可以快速指定标注的格式，并确保标注符合行业或工程的标准。

打开上一任务完成插入建筑平面图门的图形文件，如图 9-28 所示，将"标注"图层置为当前图层。

　➤ "标注样式"命令功能：创建新的标注样式或对已建立的标注样式进行修改和管理。

　➤ 调用方法：

　1）依次单击图 10-2 所示的"常用"选项卡→"注释"滑出式面板下拉菜单→"标注样式" 。

图 10-2　"常用"选项卡→"注释"滑出式面板下拉菜单→"标注样式"

　2）依次单击图 10-3 所示的"注释"选项卡→"标注"面板右下角→"标注样式" 。

图 10-3　"注释"选项卡→"标注"面板右下角→"标注样式"

　3）命令行：输入 dimstyle 或 d。

4. 步骤

　启动标注样式（Dimstyle）命令后，会弹出图 10-4 所示的"标注样式管理器"（Dimension Style Manger）对话框。该对话框显示了所有可用的标注样式和当前正在使用的标注样式"ISO - 25"。如果选择了其中任何一个标注样式，该样式名将变成蓝底白字，选择其中的一个按钮（置为当前、新建、修改、替代或比较）就可以对该样式进行操作。在"预览"窗口中可以看到用当前标注样式进行尺寸标注的预览图像及说明。

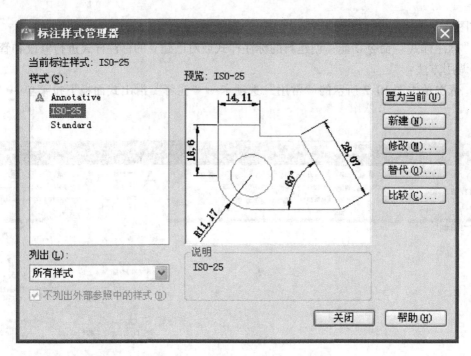

图 10-4　"标注样式管理器"对话框

1）单击 新建(N)... 按钮，会弹出图 10-5 所示的"创建新标注样式"对话框。

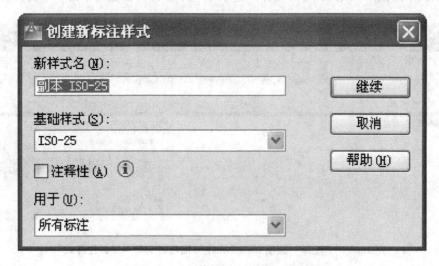

图 10-5　"创建新标注样式"对话框

在"新样式名"文本框中输入要创建的新标注样式名称（本任务输入"线性尺寸"）。"基础样式"列表框用于在创建一个新的标注样式时，选择一个已存在的标注样式作为新样式的基础样式（本任务选择使用默认的"ISO－25"标注样式）。用基础样式创建新标注样式时，只需修改其中一部分设置，从而节省了时间。"用于"列表框用于选择新创建的标注样式作用的尺寸类型。单击 继续 按钮后，会弹出图 10-6 所示的"新建标注样式"对话框，该对话框中有线、符号和箭头、文字、调整、主单位、换算单位和公差六个选项卡。

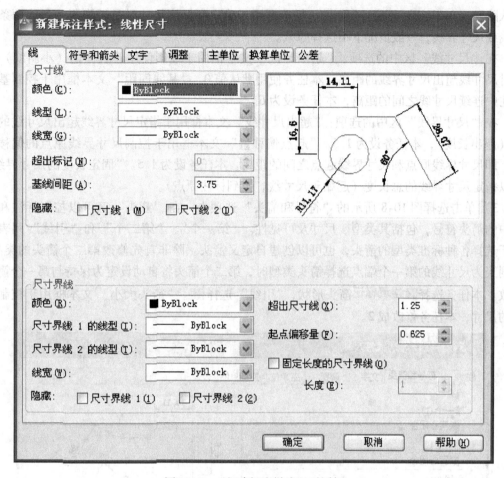

图 10-6　"新建标注样式"对话框

2）"线"选项卡用于设置构成尺寸标注的尺寸线和尺寸界线。许多设置是相互依赖的，在设置这些选项的同时，可以在预览窗口中观察到尺寸标注样例图像动态更新的效果。标注中各部分元素的含义如图 10-7 所示。

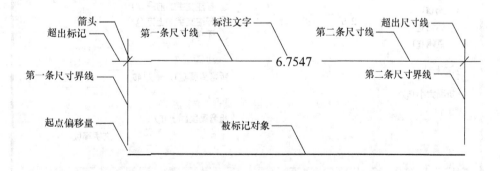

图 10-7　标注组成元素示意图

"尺寸线"与"尺寸界线"区中有共同的"颜色"列表框，分别用于确定尺寸线和尺寸界线的颜色，本任务均选择为随标注图层（ByLayer）的蓝色。保持"线型"和"线宽"

默认随块（ByBlock）不变。"隐藏"复选框用于确定在标注尺寸时是否隐藏一条或两条尺寸线或尺寸界线，一般情况下不选择隐藏。

在"尺寸线"区中的选项："超出标记"文本框用于控制使用建筑标记（小斜线）箭头时尺寸线超出尺寸界线的距离，本任务使用默认值0。"基线间距"文本框用于控制基线标注中连续尺寸线之间的距离，本任务设为6。

在"尺寸界线"区中的选项："超出尺寸线"文本框用于指定尺寸界线超出尺寸线的长度（超出长度），本任务设为1.5。"起点偏移量"文本框用于控制尺寸界线原点的偏移长度，即尺寸界线原点和尺寸界线起点之间的距离，本任务设为1.5。"固定长度的尺寸界线"可以指定尺寸界线的总长度（起始于尺寸线，直到标注原点）。

3）单击选择图10-8所示的"符号和箭头"选项卡，在"箭头"区可以控制标注和引线中的箭头符号，包括其类型、尺寸及可见性。"第一个"、"第二个"和"引线"列表框用于选择各种标准类型的箭头，也可以创建自定义箭头。除非首先修改第二个箭头的类型，否则当为尺寸线的第一个端点选择箭头类型时，第二个箭头将自动设定为保持与第一个箭头一致。本任务选择 ✒ 建筑标记箭头形状，"引线"选择 ■。"箭头大小"文本框用于控制箭头的尺寸，本任务修改成2。

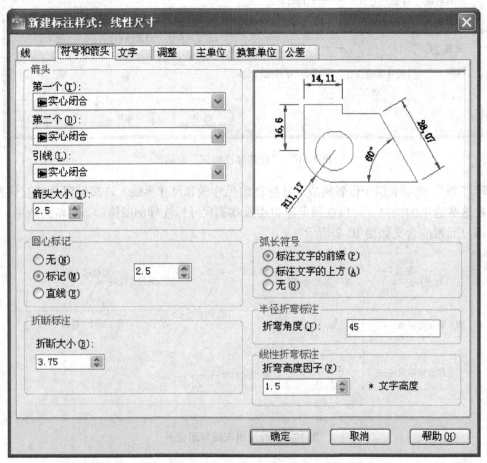

图10-8 "新建标注样式"对话框→"符号和箭头"选项卡

"圆心标记"区用于控制直径标注和半径标注的圆心标记和中心线的外观，可以选择"无"、"标记"和"直线"。如果选择"标记"选项，系统将绘制一个圆心标记，尺寸由文本框中的值确定。如果选择"直线"选项，系统将在圆心处绘制直线并延伸到圆外的一段距离，距离值由文本框中的值确定。

其他选项不常用，这里就不介绍了。

4）单击选择图 10-9 所示的"文字"选项卡，在"文字外观"区的"文字样式"下拉列表框里，选择已经事先定义好的"尺寸标注"样式；在"文字颜色"列表框中选定标注文字的颜色为随标注图层（ByLayer）的蓝色；"填充颜色"用于设定标注中文字的背景颜色，一般使用默认的**口无**；"文字高度"文本框中的数值用来确定与当前文字样式高度设置无关的标注文字的高度，本任务使用默认值 2.5。还可以指定基本标注文字与其包围线框之间的间距。

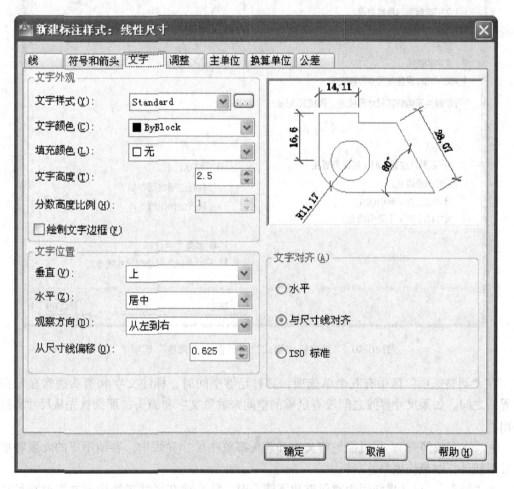

图 10-9 "新建标注样式"对话框→"文字"选项卡

在"文字位置"区的"垂直"列表框用于控制标注文字相对于尺寸线的垂直位置，使用默认的"上方"；"水平"列表框用于控制标注文字在尺寸线上相对于尺寸界线的水平位置，使用默认的"居中"；"观察方向"控制标注文字的观察方向，使用默认的"从左到右"；在"从尺寸线偏移"文本框中设置标注文字到尺寸线之间的偏移距离值为 1.5。

在"文字对齐"区中，有三个单选项，用于控制标注文字是保持水平还是与尺寸线对齐，或者是 ISO 标准，本任务使用默认的"与尺寸线对齐"。

5）单击选择图 10-10 所示的"调整"选项卡，控制各尺寸标注元素的放置位置及标注特征比例。

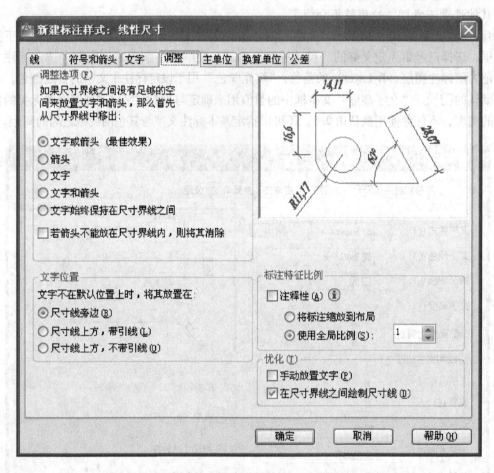

图 10-10　"新建标注样式"对话框→"调整"选项卡

在"调整选项"区中有五个单选项，具有足够空间时，标注文字和箭头通常显示在尺寸界线之间。如果尺寸界线之间没有足够的空间来放置文字和箭头，那么首先从尺寸界线中移出：

●"文字或箭头"：尽可能地将文字和箭头都放在尺寸界线中，容纳不下的元素将放在尺寸界线外，取最佳效果。

●"箭头"：尺寸界线间距离仅够放下箭头时，箭头放在尺寸界线内而文字放在尺寸界线外。否则文字和箭头都放在尺寸界线外。

●"文字"：尺寸界线间距离仅够放下文字时，文字放在尺寸界线内而箭头放在尺寸界线外。否则文字和箭头都放在尺寸界线外。

●"文字和箭头"：当尺寸界线间距离不足以放下文字和箭头时，文字和箭头都放在尺寸界线外。

● "文字始终保持在尺寸界线之间"：强制文字放在尺寸界线之间。本任务选择该单选项。

复选项"若箭头不能放在尺寸界线内，则将其消除"：如果尺寸界线内没有足够的空间，则消除箭头。

在"文字位置"区中有三个单选项，用于当标注文字不在默认位置（由标注样式定义的位置）上时，如何放置标注文字。这些选项包括"尺寸线旁边"、本任务选取的"尺寸线上方，带引线"和"尺寸线上方，不带引线"。

在"标注特征比例"区中使用默认的"使用全局比例"，可使所有尺寸标注元素按输入的比例值统一放大或减小。本任务按之前设定的绘图比例为 1 : 100，键入比例值 100。若选择"将标注缩放到布局"单选项，AutoCAD 2012 将绘制的尺寸元素在布局中缩放。

在"优化"区若选择"手动放置文字"复选框，可以在标注尺寸时，沿尺寸线动态地移动标注文字的位置，使用定点设备或输入坐标指定尺寸线和文字位置。默认选择的"在尺寸界线之间绘制尺寸线"复选项，总是在两条尺寸界线之间绘制尺寸线，而不考虑两条尺寸界线之间的距离。

6）单击选择图 10-11 所示的"主单位"选项卡，在"线性标注"区中的"单位格式"下拉列表框，用于确定尺寸标注中标注文字的单位格式，本任务使用默认的"小数"；"精度"下拉列表框，用于确定尺寸标注中标注文字中小数部分的位数，本任务选择建筑图常用的 0.00。

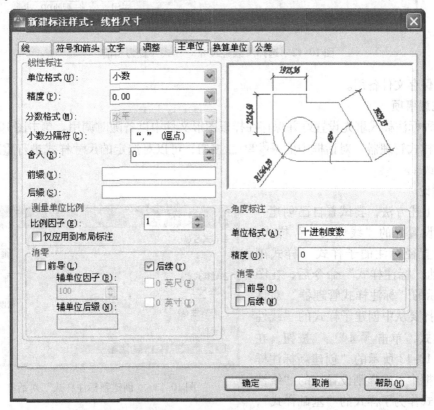

图 10-11　"新建标注样式"对话框→"主单位"选项卡

7）"换算单位"选项卡用于设置换算测量单位的格式和比例。"公差"选项卡用于控制标注文字中公差的格式。这两个选项卡建筑制图不常用，这里不再赘述。

8）单击 确定 按钮关闭"新建标注样式"对话框。

9）选择图10-12所示的"线性尺寸"样式，单击 置为当前(U) 按钮后，单击 关闭 按钮后关闭"标注样式管理器"对话框。

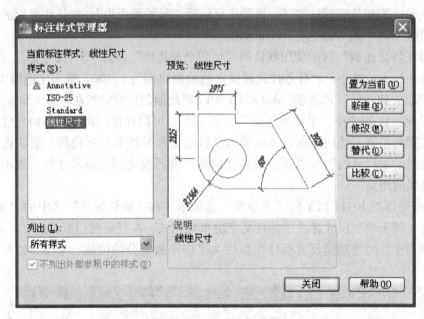

图10-12 选择"线性尺寸"样式并置为当前

10）保存文件备用。

5. 注意事项

将各种标注样式事先设置好并保存在样板图形文件中以备随时调用。单击图10-12所示的"标注样式管理器"对话框中的 修改(M)... 按钮，可以对选定的尺寸样式进行重新的参数设置和修改。

6. 讨论

按照上述方法，尝试着自己创建一个基于刚设置好的"线性尺寸"样式，用来进行直径标注的子样式（样式副本）。启动"标注样式"命令后，在图10-12所示的"标注样式管理器"对话框中，选择要从中创建子样式的"线性尺寸"样式，单击 新建(N)... 按钮，在弹出的图10-13所示的"创建新标注样式"对话框中，选择刚设置好的"线性尺寸"样式作为子样式的"基础样式"，

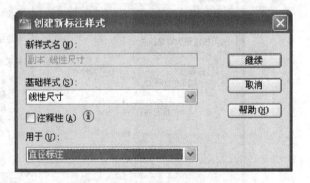

图10-13 "创建新标注样式"对话框

"用于"列表框选择尺寸类型为"直径标注"。注意选择使用 ▶实心闭合 箭头。

任务 2　标注建筑平面图的线性尺寸（Dimlinear）

【任务目标】在上一任务创建完成尺寸标注样式的基础上，标注建筑平面图的线性尺寸。

1. 目的

学习标注建筑平面图的线性尺寸。

2. 能力及标准要求

熟练掌握"线性"标注命令的使用方法。

3. 知识及任务准备

标注是向图形中添加测量注释的过程。AutoCAD 2012 提供了多种类型的尺寸标注命令，将测量结果添加到图形中，可以满足建筑、机械、电子等大多数应用领域的要求。线性标注用来标注长度方向的尺寸。

打开上一任务创建完成尺寸标注样式的图形文件，将"标注"图层置为当前图层。选择"尺寸标注"样式作为当前的文字样式。依次单击图 10-14 所示的"常用"选项卡→"注释"滑出式面板下拉菜单→"标注样式"右侧下拉箭头，并从列表中选择"线性尺寸"标注样式设定为当前标注样式。

图 10-14　设定当前标注样式

➤ "线性"命令功能：用于测量并标记两点之间在水平方向和垂直方向的尺寸。

➤ 调用方法：

1）依次单击图 10-15 所示的"常用"选项卡→"注释"面板→"线性" ┠┤。

2）依次单击图 10-16 所示的"注释"选项卡→"标注"面板→"线性" ┠┤。

3）命令行：输入 dimlinear 或 dli。

4. 步骤

1）启动线性（Dimlinear）命令后，在命令栏会出现以下提示：

命令：_ dimlinear

指定第一个尺寸界线原点或 <选择对象>：（捕捉并单击图 10-17a 所示的左上角 M2 门口左侧 *A* 点作为第一个尺寸界线的原点）。

指定第二条尺寸界线原点：（捕捉并单击图 10-17b 所示的左上角 M2 门口右侧 *B* 点作为第二条尺寸界线的原点）。

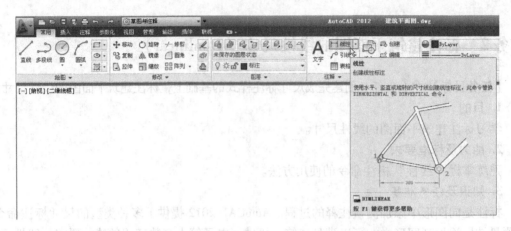

图 10-15 "常用"选项卡→"注释"面板→"线性"

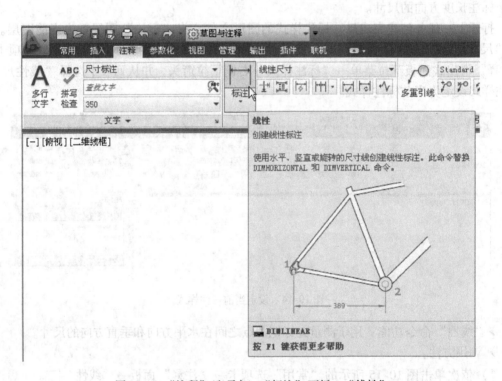

图 10-16 "注释"选项卡→"标注"面板→"线性"

指定尺寸线位置或[多行文字(M)/文字(T)/角度(A)/水平(H)/垂直(V)/旋转(R)]:（使用鼠标向上拖动尺寸标注，到图 10-17c 所示的合适位置 C 点处单击左键，指定尺寸线的放置位置）。

标注文字 =700（完成图 10-17d 所示 M2 门的线性标注）。

2）继续启动"线性"命令后，在命令栏会出现以下提示：

命令：_ dimlinear

指定第一个尺寸界线原点或＜选择对象＞:（捕捉并单击图 10-18a 所示的左下角柱子 A 点作为第一个尺寸界线的原点）。

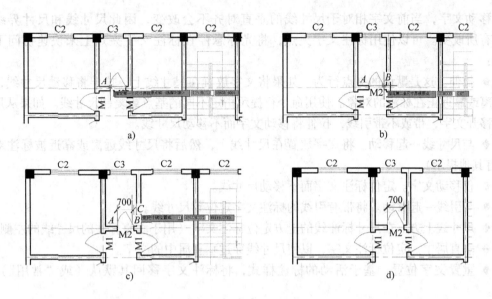

图 10-17　标注 M2 门尺寸

a）指定第一个尺寸界线原点　b）指定第二条尺寸界线原点　c）指定尺寸线位置　d）完成 M2 门的标注

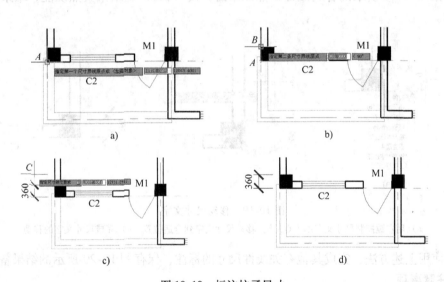

图 10-18　标注柱子尺寸

a）指定第一个尺寸界线原点　b）指定第二条尺寸界线原点　c）指定尺寸线位置　d）完成柱子的标注

指定第二条尺寸界线原点：（捕捉并单击图 10-18b 所示的左下角柱子 B 点作为第二条尺寸界线的原点）。

指定尺寸线位置或［多行文字(M)/文字(T)/角度(A)/水平(H)/垂直(V)/旋转(R)］：（使用鼠标向左拖动尺寸标注，到图 10-18c 所示的合适位置 C 点处单击左键，指定尺寸线的放置位置）。

标注文字 = 360（完成图 10-18d 所示柱子的线性标注）。

3）创建标注后，可以更改现有标注文字的位置和方向。可以将标注文字沿尺寸线移动到左、右或中心或尺寸界线之内或之外的任意位置，或返回其初始位置。如果向上或向下移动文字，当前文字相对于尺寸线的垂直对齐不会改变，因此尺寸线和尺寸界线相应地有所改变。可以使用标注文字夹点，将光标悬停在标注文字夹点上来快速访问下列功能：

◆ 拉伸。这是默认的夹点行为。如果将文字放置在尺寸线上，拉伸将移动尺寸线，使其远离或靠近正在标注的对象。使用命令行提示指定不同的基点或复制尺寸线。如果从尺寸线上移开文字，带或不带引线，拉伸将移动文字而不移动尺寸线。

◆ 与尺寸线一起移动。将文字放置在尺寸线上，然后将尺寸线远离或靠近被标注对象（没有其他提示）。

◆ 仅移动文字。定位标注文字而不移动尺寸线。

◆ 与引线一起移动。将带有引线的标注文字定位到尺寸线。

◆ 尺寸线上方。在尺寸标注线的上方定位标注文字（用于垂直标注的尺寸线的左侧）。

◆ 垂直居中。定位标注文字，以使尺寸线穿过垂直居中的文字。

◆ 重置文字位置。基于活动的标注样式，将标注文字移回其默认（或"常用"）的位置。

如图 10-19a 所示，选择 360 尺寸，用左键单击控制尺寸文字的夹点 A，可以将尺寸文字移动到图 10-19b 所示的合适位置 B 点处单击，按"Esc"键结束夹点功能，结果如图 10-19c 所示。

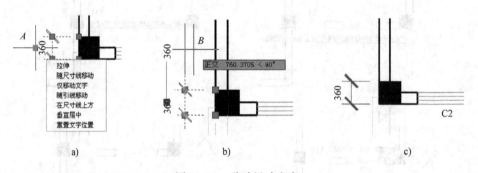

图 10-19 移动尺寸文字

a）用左键控制尺寸文字的夹点 b）移动尺寸文字到合适位置 c）完成尺寸文字的移动

4）使用上述方法，完成其他有关线性尺寸的标注，保存图 10-20 所示的结果备用。

5. 注意事项

"线性"命令中的其他关键选项介绍：

◆ "多行文字"：该选项利用"多行文本编辑器"改变尺寸标注文字的字体、高度等。

◆ "文字"：该选项用于直接在命令行中指定标注文字。

◆ "角度"：该选项用于改变尺寸标注文字的角度。

◆ "水平"：该选项用于创建水平尺寸标注。

◆ "垂直"：该选项用于创建垂直尺寸标注。

◆ "旋转"：该选项用于建立指定角度方向上的尺寸标注。

本任务所标注的都是类似于图 10-21a 所示的三角形中水平 BC 线段或者铅垂 AB 线段的长度，如果要标注 AC 斜线，效果将会怎样的？

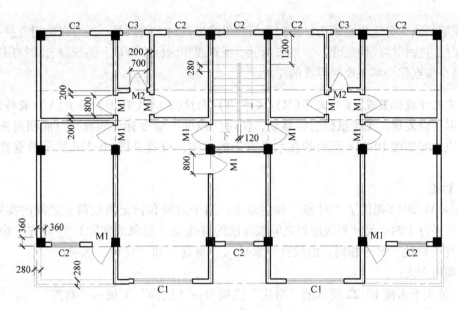

图 10-20 完成建筑平面图有关线性尺寸的标注

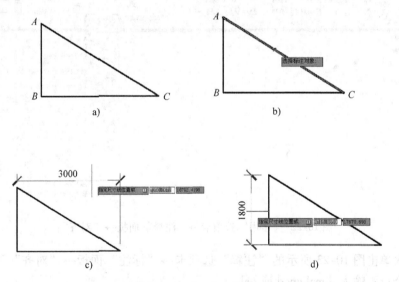

图 10-21 使用"线性"命令标注三角形斜边

a)三角形 ABC b)选择斜边 c)水平标注 d)垂直标注

将图 10-20 所示的图形文件另存为一个名为"练习用"的图形文件并删除全部图形对象保存后，按照图 10-21 所示的尺寸绘制一个三角形 ABC。

启动"线性"命令后，在命令栏会出现以下提示：

命令：_ dimlinear

指定第一个尺寸界线原点或 <选择对象>：(直接回车)。

选择标注对象：(如图 10-21b 所示，用鼠标选择三角形的斜边 AC 线段)。

说明： 除了分别指定第一、第二条尺寸界线原点的方法以外，还可以使用直接选择标注对象的方法标注线性尺寸。如果选择了一条直线作为标注对象，系统会自动使用这条直线的两个端点作为两条尺寸界线的原点。

指定尺寸线位置或[多行文字(M)/文字(T)/角度(A)/水平(H)/垂直(V)/旋转(R)]：

此时可以发现，无论鼠标怎样移动，使用"线性"命令标注斜线，只能测量并标记该斜线两点之间如图10-21c所示的在水平方向的标注，或者是图10-21d所示的垂直方向的标注。

6. 讨论

AutoCAD 2012 提供了"对齐"标注命令，用于测量和标记斜线两点之间的实际距离，尺寸线将平行于两个尺寸界线原点之间被标注的直线边（想象或实际）。"对齐"命令的标注方法与"线性"命令相同，但没有"水平"、"垂直"和"旋转"选项。

➤ 调用方法：

1）依次单击图10-22所示的"常用"选项卡→"注释"面板→"对齐" ✎。

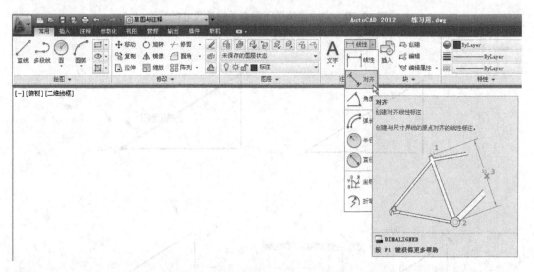

图10-22 "常用"选项卡→"注释"面板→"对齐"

2）依次单击图10-23所示的"注释"选项卡→"标注"面板→"对齐" ✎。

3）命令行：输入 dimaligned 或 dal。

启动对齐（Dimaligned）命令后，命令栏会出现以下提示：

命令：_ dimaligned

指定第一个尺寸界线原点或 <选择对象>：（直接回车）。

选择标注对象：（如图10-21b所示，用鼠标选择三角形的斜边 AC 线段）。

指定尺寸线位置或 [多行文字(M)/文字(T)/角度(A)]：（使用鼠标向右上方拖动尺寸标注，到图10-24a所示的合适位置单击左键，指定尺寸线的放置位置）。

标注文字 = 3499（完成图10-24b所示的三角形斜边长度的对齐标注）。

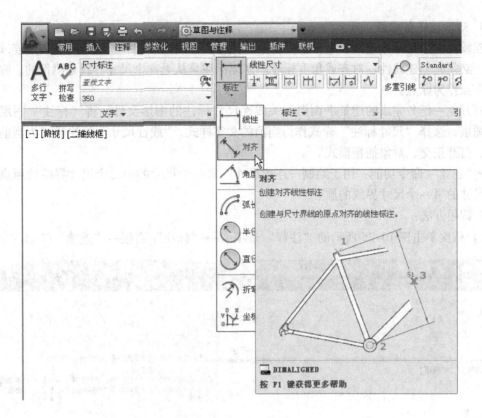

图 10-23 "注释"选项卡→"标注"面板→"对齐"

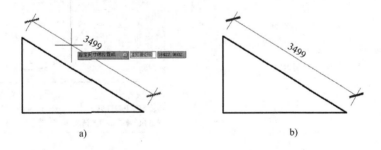

a)   b)

图 10-24 使用"对齐"命令标注三角形斜边

a) 指定尺寸线的放置位置   b) 对齐标注结果

任务3 标注建筑平面图的连续尺寸 (Dimcontinue)

【任务目标】在上一任务完成的图 10-20 所示的建筑平面图有关线性尺寸标注的基础上, 标注建筑平面图的连续尺寸。

1. 目的

学习标注建筑平面图的连续尺寸。

2. 能力及标准要求

熟练掌握"连续"标注命令的使用方法。

3. 知识及任务准备

连续标注是首尾相连的多个标注，各个标注的尺寸线处于同一直线上。在创建连续标注之前，必须先创建线性、对齐或角度标注。连续标注是从上一个尺寸界线处测量的，除非指定另一点作为原点。

打开上一任务完成的建筑平面图有关线性尺寸标注的图形文件，将"标注"图层置为当前图层，选择"尺寸标注"样式作为当前的文字样式，"线性尺寸"标注样式为当前标注样式，打开正交、对象捕捉模式。

➢"连续"命令功能：用于绘制一连串尺寸，每一个尺寸的第二个尺寸界线的原点是下一个尺寸的第一个尺寸界线的原点。

➢ 调用方法：

1）依次单击图10-25所示的"注释"选项卡→"标注"面板→"连续"。

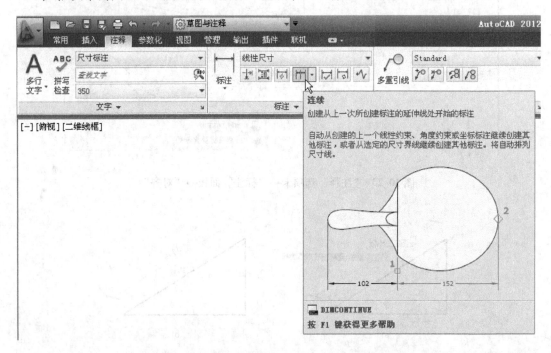

图10-25 "注释"选项卡→"标注"面板→"连续"

2）将光标悬停于图10-26所示的任一尺寸线端点夹点处，从夹点菜单快速访问"连续标注"命令。

3）命令行：输入 dimcontinue 或 dco。

4. 步骤

1）启动线性（Dimlinear）命令后，在命令栏会出现以下提示：

命令：_ dimlinear

指定第一个尺寸界线原点或<选择对象>：（捕捉并单击图10-27a所示的建筑平面图左上角外

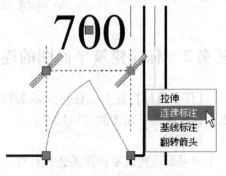

图10-26 从夹点菜单快速访问"连续标注"命令

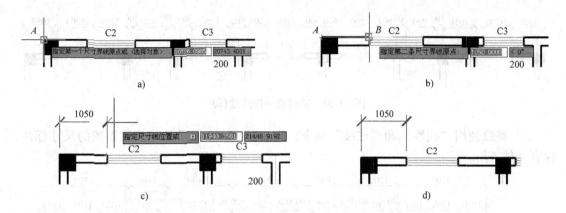

图 10-27 标注左上角外墙线性尺寸

a) 指定第一个尺寸界线原点 b) 指定第二条尺寸界线原点 c) 拖动尺寸线 d) 完成外墙标注

墙 A 点作为第一个尺寸界线的原点)。

指定第二条尺寸界线原点：(捕捉并单击图 10-27b 所示的建筑平面图左上角外墙 B 点作为第二条尺寸界线的原点)。

指定尺寸线位置或 [多行文字(M)/文字(T)/角度(A)/水平(H)/垂直(V)/旋转(R)]：900 (如图 10-27c 所示，使用鼠标向上方拖动尺寸标注，从键盘输入 900，指定尺寸线距离外墙线的位置)。

标注文字 = 1050 (完成图 10-27d 所示外墙 1050 尺寸的线性标注)。

2) 启动连续 (Dimcontinue) 命令后，在命令栏会出现以下提示：

命令：_ dimcontinue

指定第二条尺寸界线原点或 [放弃(U)/选择(S)] <选择>：(程序自动使用现有标注 1050 尺寸的第二条尺寸界线的原点作为连续标注第一条尺寸界线的原点。捕捉并单击选择图 10-28a 所示的建筑平面图左上角 C2 窗口的右端点 C 点)。

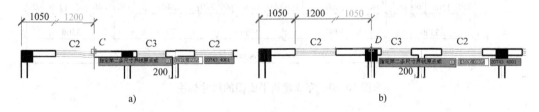

图 10-28 连续标注尺寸

a) 捕捉并单击选择 C2 窗口的右端点 b) 捕捉并单击选择轴线端点

标注文字 = 1200 (完成建筑平面图左上角 C2 窗 1200 尺寸的连续标注)。

指定第二条尺寸界线原点或 [放弃(U)/选择(S)] <选择>：(捕捉并单击选择图 10-28b 所示建筑平面图轴线端点 D 点)。

标注文字 = 1050 (完成 1050 尺寸的连续标注)。

继续使用对象捕捉指定其他尺寸界线原点，完成图 10-29 所示的第一排连续标注后，按两次回车键结束命令。

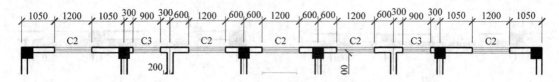

图 10-29　完成第一排连续标注

3）继续使用"线性"和"连续"命令，完成图 10-30 所示的建筑平面图的尺寸标注，保存文件备用。

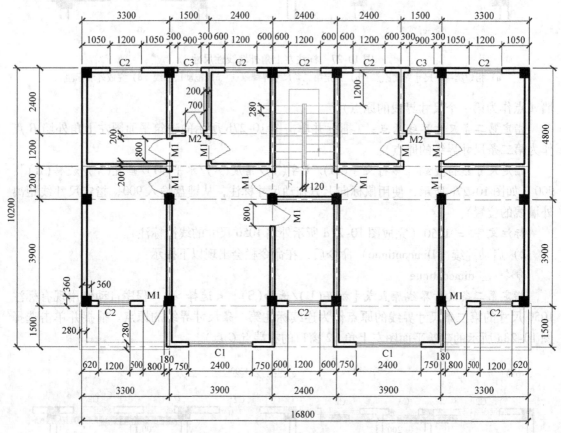

图 10-30　完成建筑平面图的尺寸标注

4）将该文件以"建筑图样 1"为文件名另存为一个图形文件备用。

5）将该文件以"A3 建筑图模板"为文件名，以".dwt"为扩展名保存替换之前创建的自定义 A3 建筑图模板图形样板文件，再删除所有图形、文字和尺寸标注，只保留图框、标题栏及其文字内容后保存文件备用。

5. 注意事项

在标注多排尺寸时，要注意各排尺寸之间的间距应均匀一致。如图 10-30 所示，建筑平面图的尺寸标注是经过了距离调整后的结果。具体调整方法如下：

1）基于距离使平行线性标注等间距的步骤。

依次单击图 10-31 所示的"注释"选项卡→"标注"面板→"调整间距"。

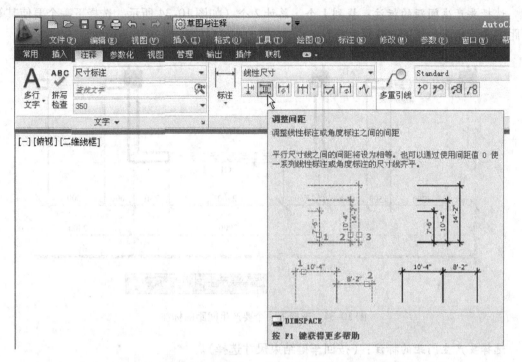

图 10-31 "注释"选项卡→"标注"面板→"调整间距"

启动调整间距（Dimspace）命令后，在命令栏会出现以下提示：

命令：_ DIMSPACE

选择基准标注：（选择要用作基准标注的图 10-32 所示的左下角 620 尺寸标注）。

选择要产生间距的标注：找到 1 个（如图 10-33 所示，选择要使其等间距的左下角下一排 3300 尺寸标注）。

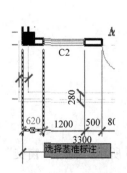

图 10-32 选择基准标注

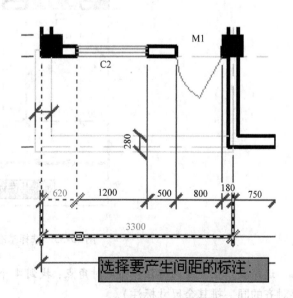

图 10-33 选择要产生间距的标注

选择要产生间距的标注：找到 1 个，总计 2 个（如图 10-34 所示，选择下一个要使其等间距的左下角下一排 16800 尺寸标注）。

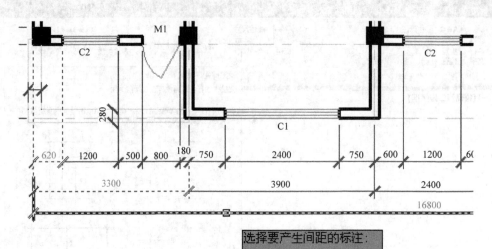

图 10-34　选择下一个要产生间距的标注

选择要产生间距的标注：（按回车键结束尺寸选择）。

输入值或 [自动 (A)] < 自动 >：900（输入间距值 900，按回车键结束命令）。

2）对齐平行线性标注的步骤。

继续启动"调整间距"命令后，在命令栏会出现以下提示：

命令：_ DIMSPACE

选择基准标注：（如图 10-35 所示，选择要用作基准标注的左下角 3300 尺寸标注）。

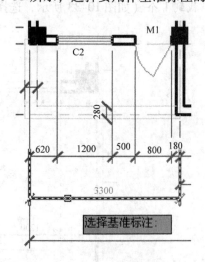

图 10-35　选择基准标注

选择要产生间距的标注：指定对角点：找到 4 个（如图 10-36 所示，利用"窗交"选择要对齐的同一排其余尺寸标注）。

选择要产生间距的标注：（按回车键结束尺寸选择）。

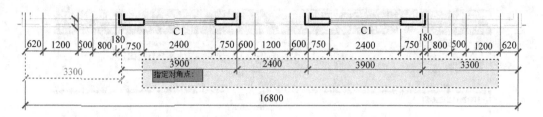

图 10-36　利用"窗交"选择要对齐的标注

输入值或［自动（A）］＜自动＞：0（输入间距值 0，按回车键结束命令）。

任务 4　使用基线（Dimbaseline）标注台阶尺寸

【任务目标】使用基线标注的方法标注图 10-37 所示的台阶。

1. 目的

学习基线标注的方法。

2. 能力及标准要求

熟练掌握"基线"标注命令的使用方法。

3. 知识及任务准备

基线标注是自同一基线处测量的多个标注。在
创建基线之前，必须创建线性、对齐或角度标注。
基线标注和连续标注都是从上一个尺寸界线处测量
的，除非指定另一点作为原点。可自当前任务的最
近创建的标注中以增量方式创建基线标注。

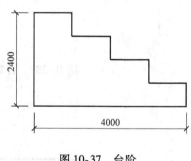

图 10-37　台阶

打开在项目十任务 2 中保存的名为"练习用"的图形文件，用"粗实线"图层按照
图 10-37 所示的尺寸绘制好台阶。将"标注"图层置为当前图层，选择"尺寸标注"样
式作为当前的文字样式，"线性尺寸"标注样式为当前标注样式，打开正交、对象捕捉
模式。

➢"基线"命令功能：以上一个已经标注的尺寸的第一尺寸界线为基准，连续标注多个
线性尺寸。每个新尺寸线会自动偏移一个距离以避免重叠。

➢ 调用方法：

1）依次单击图 10-38 所示的"注释"选项卡→"标注"面板→"基线" 。

2）将光标悬停于图 10-39 所示的任一尺寸线端点夹点处，从夹点菜单快速访问"基线
标注"命令。

3）命令行：输入 dimbaseline 或 dba。

4. 步骤

1）启动线性（Dimlinear）命令后，在命令栏会出现以下提示：

命令：_ dimlinear

指定第一个尺寸界线原点或 ＜选择对象＞：（直接回车）。

选择标注对象：（如图 10-40a 所示，用鼠标选择台阶最上面的 AB 线段）。

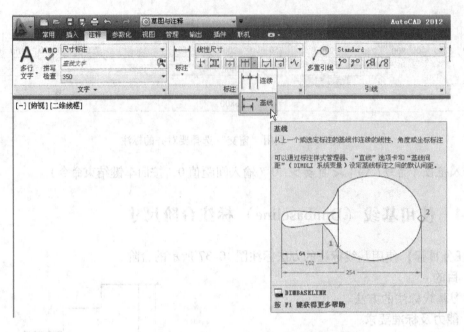

图 10-38 "注释"选项卡→"标注"面板→"基线"

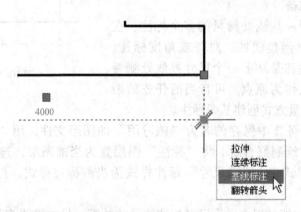

图 10-39 从夹点菜单快速访问"基线标注"命令

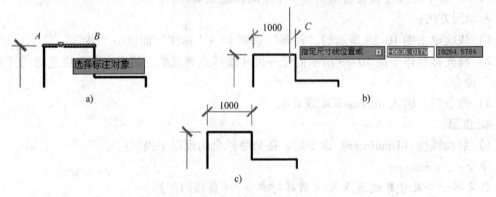

图 10-40 标注线性尺寸

a) 选择标注对象　b) 指定尺寸线的放置位置　c) 线性尺寸标注结果

指定尺寸线位置或 [多行文字(M)/文字(T)/角度(A)/水平(H)/垂直(V)/旋转(R)]: (使用鼠标向上方拖动尺寸标注, 到图 10-40b 所示的合适位置 C 点处单击左键, 指定尺寸线的位置)。

标注文字 = 1000 (完成图 10-40c 所示台阶最上面 1000 尺寸的线性标注)。

2) 启动基线 (Dimbaseline) 命令后, 在命令栏会出现以下提示:

命令: _ dimbaseline

指定第二条尺寸界线原点或 [放弃(U)/选择(S)] <选择>: (程序默认情况下, 上一个创建的线性标注 1000 尺寸的第一条尺寸界线的原点作为新基线标注的第一尺寸界线的原点, 或按回车键选择任一标注作为基准标注。本任务捕捉并单击选择图 10-41a 所示的下一个台阶的端点 D 点)。

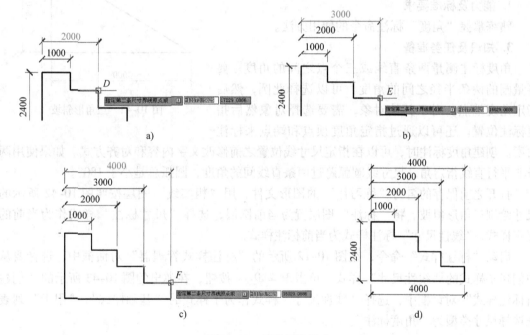

图 10-41 基线标注尺寸

a) 选择下一个台阶端点 D   b) 选择下一个台阶端点 E   c) 选择下一个台阶端点 F   d) 基线标注结果

标注文字 = 2000 (完成 2000 尺寸的基线标注)

> **说明**: 程序将在指定距离 (在图 10-6 所示的"新建标注样式"对话框的"线"选项卡的"基线间距"选项中所指定)处自动放置第二条尺寸线。

指定第二条尺寸界线原点或 [放弃(U)/选择(S)] <选择>: (捕捉并单击选择图 10-41b 所示下一个台阶的端点 E 点)。

标注文字 = 3000 (完成 3000 尺寸的基线标注)。

指定第二条尺寸界线原点或 [放弃(U)/选择(S)] <选择>: (捕捉并单击选择图 10-41c 所示下一个台阶的端点 F 点)。

标注文字 = 4000 (完成 4000 尺寸的基线标注)。

指定第二条尺寸界线原点或 [放弃(U)/选择(S)] <选择>: (按两次回车键结束命令,

基线标注结果如图 10-41d 所示)。

5. 注意事项

该命令的用法与连续标注类似,区别之处在于该命令是固定于第一条尺寸界线开始标注,而不是从前一个尺寸的第二条尺寸界线开始标注,并且各个标注的尺寸线会自动偏移。

任务5 使用角度(Dimangular)标注斜坡角度

【任务目标】使用角度标注的方法标注图 10-42 所示的三角形斜坡。

1. 目的

学习角度标注的方法。

2. 能力及标准要求

熟练掌握"角度"标注命令的使用方法。

3. 知识及任务准备

角度标注测量两条直线或三个点之间的角度。要测量圆的两条半径之间的角度,可以选择此圆,然后指定角度端点。对于其他对象,需要选择对象然后指定标注位置。还可以通过指定角度顶点和端点来标注

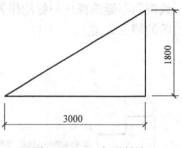

图 10-42 三角形斜坡

角度。创建角度标注时,可以在指定尺寸线位置之前修改文字内容和对齐方式。如果使用两条非平行直线指定角,尺寸线圆弧跨过两条直线间的角度,圆弧总是小于180°。

打开之前保存的名为"练习用"的图形文件,用"粗实线"图层按照图 10-42 所示的尺寸绘制三角形斜坡。将"标注"图层置为当前图层,选择"尺寸标注"样式作为当前的文字样式,"线性尺寸"标注样式为当前标注样式。

启动"标注样式"命令,在图 10-12 所示的"标注样式管理器"对话框中,选择要从中创建子样式的"线性尺寸"样式,单击 新建(N)... 按钮,在弹出的图 10-43 所示的"创建新标注样式"对话框中,选择"线性尺寸"样式作为子样式的"基础样式","用于"列表框选择尺寸类型为"角度标注"。

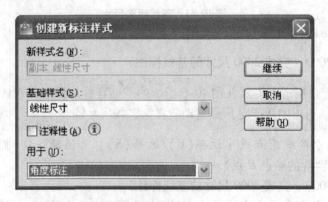

图 10-43 创建用来进行角度标注的子样式

创建一个基于"线性尺寸"样式,使用 实心闭合 箭头,文字位置采用垂直外部、水平对齐,用来进行角度标注的子样式(样式副本)。

➢"角度"命令功能：用于测量和标记角度值。

➢ 调用方法：

1）依次单击图 10-44 所示的"常用"选项卡→"注释"面板→"角度"△。

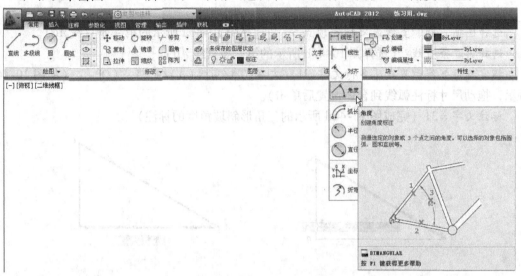

图 10-44 "常用"选项卡→"注释"面板→"角度"

2）依次单击图 10-45 所示的"注释"选项卡→"标注"面板→"角度"△。

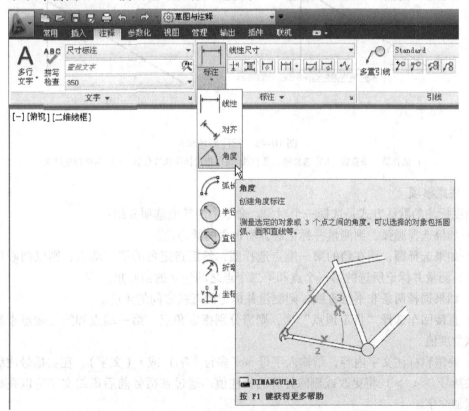

图 10-45 "注释"选项卡→"标注"面板→"角度"

3）命令行：输入 dimangular 或 dan。

4. 步骤

启动角度（Dimangular）命令后，在命令栏会出现以下提示：

命令：_ dimangular

选择圆弧、圆、直线或 < 指定顶点 >：（选择图 10-46a 所示的第一条直线 *AC*）。

选择第二条直线：（选择图 10-46b 所示的第二条直线 *AB*）。

指定标注弧线位置或 [多行文字(M)/文字(T)/角度(A)/象限点(Q)]：（如图 10-46c 所示，拖动尺寸标注弧线到合适位置后单击）。

标注文字 =31（完成图 10-46d 所示的三角形斜坡角度的标注）。

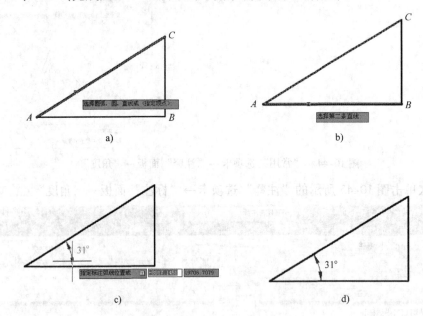

图 10-46　标注斜坡角度

a）选择第一条直线　b）选择第二条直线　c）指定标注弧线位置　d）角度标注结果

5. 注意事项

角度标注的默认方式是选择一个对象。命令中的其他选项介绍：

• 如果选择圆弧，则测量并标记圆弧所包含的圆心角。

• 如果选择圆，请在角的第一端点选择圆，然后指定角的第二端点，则以圆心作为角的顶点，测量并标记所选的第一个点和第二个点之间包含的圆心角。

• 如果选择两条非平行直线，则测量并标记两直线之间的角度。

• 直接回车选择"指定顶点"项，则需分别指定角点、第一端点和第二端点来测量并标记该角度值。

• 要编辑标注文字内容，请输入字母 m（多行文字）或 t（文字）。在尖括号内编辑或覆盖尖括号（< >）将更改或删除计算的标注值。通过在括号前后添加文字可以在标注值前后附加文字。

• 要编辑标注文字角度，请输入字母 a（角度）。

● 要将标注限制到象限点，请输入字母 q（象限点），并指定要测量的象限点。

任务6　使用半径（Dimradius）标注建筑平面图飘窗

【任务目标】使用半径命令标注图 10-47 所示的建筑平面图中的飘窗。

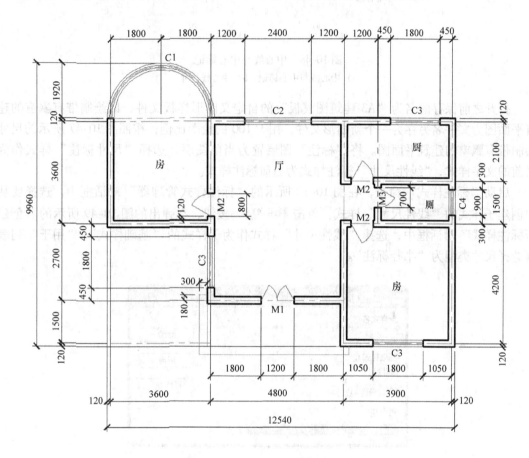

图 10-47　绘制带有飘窗的建筑平面图

1. 目的

学习半径标注的方法。

2. 能力及标准要求

熟练掌握"半径"标注命令的使用方法。

3. 知识及任务准备

半径标注使用可选的中心线或中心标记测量圆或圆弧的半径。根据标注样式设置，自动生成半径标注或直径标注的圆心标记和直线（仅当尺寸线置于圆或圆弧之外时才会创建它们）。可以在"新建标注样式"的"修改标注样式"对话框中，选择图 10-8 所示的"符号和箭头"选项卡上的"圆心标记"区控制中心线和圆心标记的尺寸和可见性。如图 10-48 所示，中心线的尺寸是指从圆或圆弧的中心标记端点向外延伸的中心线线段的长度，即中心标记与中心线起点之间的距离。中心标记的尺寸是从圆或圆弧的中心到中心标记端点之间的距离。

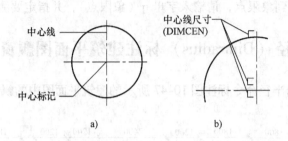

图 10-48 中心线与中心标记

a）中心线与中心标记 b）中心线尺寸

打开之前保存的名为"A3 建筑图模板"的自定义图形样板文件，以绘制带有飘窗的建筑平面图为文件名另存为一个新图形文件，用 1:100 的绘图比例，按照图 10-47 所示的尺寸绘制带有飘窗的建筑平面图。将"标注"图层置为当前图层，选择"尺寸标注"样式作为当前的文字样式，"线性尺寸"标注样式为当前标注样式。

启动"标注样式"命令，在图 10-12 所示的"标注样式管理器"对话框中，选择要从中创建子样式的"线性尺寸"样式，单击 新建(N)... 按钮，在弹出的图 10-49 所示的"创建新标注样式"对话框中，选择"线性尺寸"样式作为子样式的"基础样式"，"用于"列表框选择尺寸类型为"半径标注"。

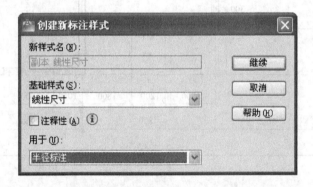

图 10-49 "创建新标注样式"对话框

创建一个基于"线性尺寸"样式，用来进行半径标注的子样式（样式副本），注意使用 ▣实心闭合箭头，并在图 10-10 所示的"新建标注样式"对话框的"调整"选项卡"调整选项"区，选择"文字和箭头"单选项，"文字位置"区，选择"尺寸线旁边"单选项。

➢"半径"命令功能：用于测量和标注圆或圆弧的半径尺寸。

➢ 调用方法：

1）依次单击图 10-50 所示的"常用"选项卡→"注释"面板→"半径" ⊘。

2）依次单击图 10-51 所示的"注释"选项卡→"标注"面板→"半径" ⊘。

3）命令行：输入 dimradius 或 dra。

4. 步骤

启动半径（Dimradius）命令后，在命令栏会出现以下提示：

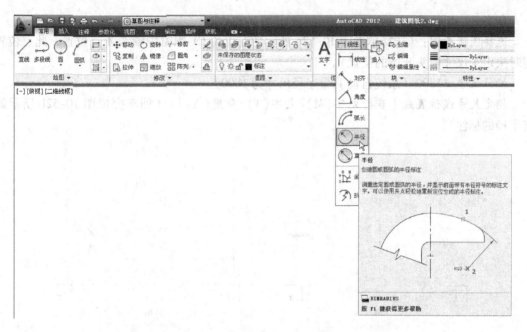

图 10-50　"常用"选项卡→"注释"面板→"半径"

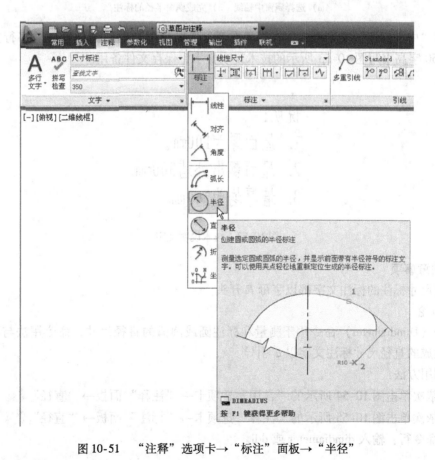

图 10-51　"注释"选项卡→"标注"面板→"半径"

命令：_ dimradius

选择圆弧或圆：（选择单击图 10-52a 所示的左上角 C1 飘窗中轴线 A 点位置，此点位置同时决定了尺寸箭头开始的位置）。

标注文字 =1800（系统自动测量半径尺寸为 1800）。

指定尺寸线位置或 [多行文字(M)/文字(T)/角度(A)]：（回车完成图 10-52b 所示飘窗半径的标注）。

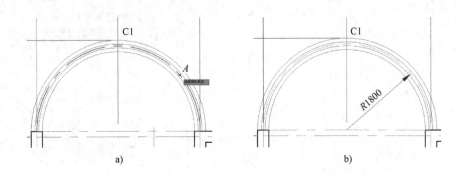

图 10-52　标注飘窗半径

a) 选择飘窗中轴线　b) 完成飘窗半径的标注

使用"中文标注"文字样式，在图纸右下角标题栏上方的适当位置用"多行文字"命令，用 350 字高书写图 10-53 所示的技术说明文字，保存文件备用。

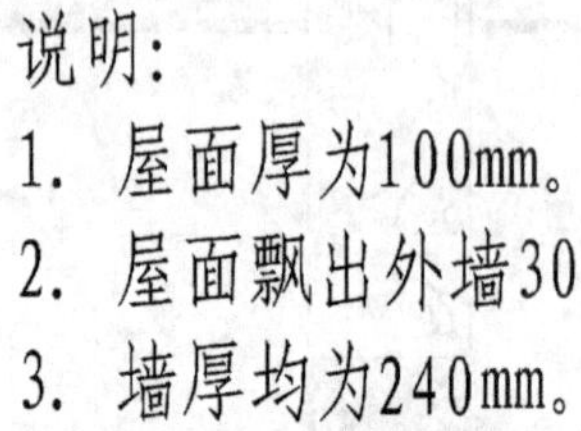

说明：

1. 屋面厚为100mm。

2. 屋面飘出外墙300mm。

3. 墙厚均为240mm。

图 10-53　技术说明文字

5. 注意事项

半径尺寸标注的标注文字都以字母 R 开头。

6. 讨论

直径（Dimdiameter）命令用于测量和标注圆或圆弧的直径尺寸，命令用法与半径标注相同，生成的直径尺寸标注文字以 φ 引导。

➤ 调用方法：

1）依次单击图 10-54 所示的"常用"选项卡→"注释"面板→"直径" 🚫。

2）依次单击图 10-55 所示的"注释"选项卡→"标注"面板→"直径" 🚫。

3）命令行：输入 dimdiameter 或 ddi。

图 10-54 "常用"选项卡→"注释"面板→"直径"

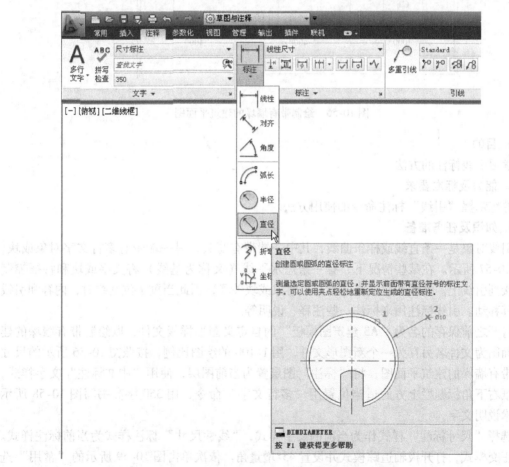

图 10-55 "注释"选项卡→"标注"面板→"直径"

任务 7　使用引线（Mleader）标注建筑平面图墙垛尺寸

【任务目标】使用引线命令标注图 10-56 所示的建筑平面图中墙垛的尺寸。

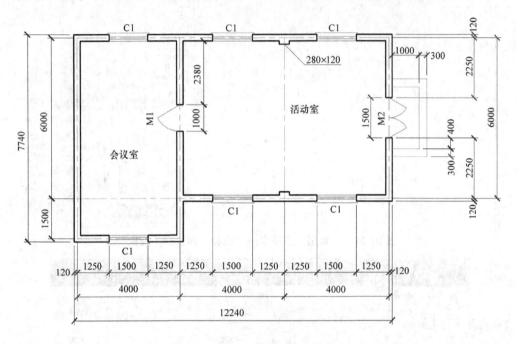

图 10-56　绘制带有墙垛的建筑平面图

1. 目的

学习引线标注的方法。

2. 能力及标准要求

熟练掌握"引线"标注命令的使用方法。

3. 知识及任务准备

引线对象是一条直线或样条曲线，其中一端带有箭头，另一端带有多行文字对象或块，如图 10-57 所示。在某些情况下，有一条短水平线（又称为基线）将文字或块和特征控制框连接到引线上。基线和引线与多行文字对象或块关联，因此当重定位基线时，内容和引线将随其移动。引线标注用来标注一些注释、说明等。

打开之前保存的名为"A3 建筑图模板"的自定义图形样板文件，以绘制带有墙垛的建筑平面图为文件名另存为一个新图形文件，用 1:100 的绘图比例，按照图 10-56 所示的尺寸绘制带有墙垛的建筑平面图，将"标注"图层置为当前图层，使用"中文标注"文字样式，在图纸右下角标题栏上方的适当位置用"多行文字"命令，用 350 字高书写图 10-58 所示的技术说明文字。

选择"尺寸标注"样式作为当前的文字样式，"线性尺寸"标注样式为当前标注样式。关闭正交模式，打开极轴追踪模式并设置 45°增量角。依次单击图 10-59 所示的"常用"选项卡→"注释"面板→"多重引线样式" 。

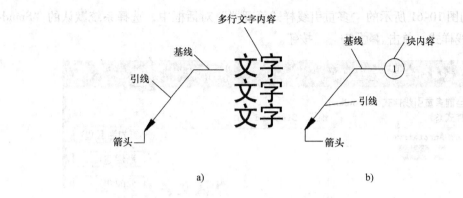

图 10-57　引线对象

a）带有文字内容的引线　b）带有块内容的引线

说明：

1. 窗台厚度和凸出部分均为60mm。

2. 屋面板厚为100mm，飘出外墙300mm。

3. 墙厚均为240mm。

图 10-58　技术说明文字

图 10-59　"常用"选项卡→"注释"面板→"多重引线样式"

或者依次单击图 10-60 所示的"注释"选项卡→"引线"面板→"多重引线样式" 。

图 10-60　"注释"选项卡→"引线"面板→"多重引线样式"

在弹出的图 10-61 所示的"多重引线样式管理器"对话框中，选择系统默认的"Standard"多重引线样式，单击 修改(M)... 按钮。

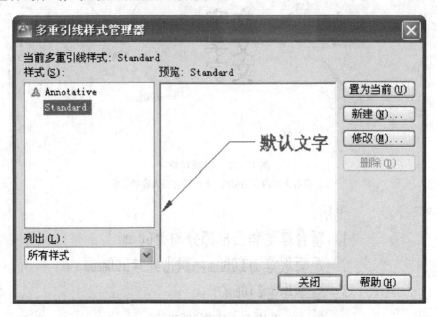

图 10-61　"多重引线样式管理器"对话框

在弹出的图 10-62 所示的"修改多重引线样式"对话框→"引线格式"选项卡的"常规"区中，本任务选择"颜色"列表框中基线的颜色为随标注图层（ByLayer）的蓝色，"箭头"区中"符号"选择为 无。

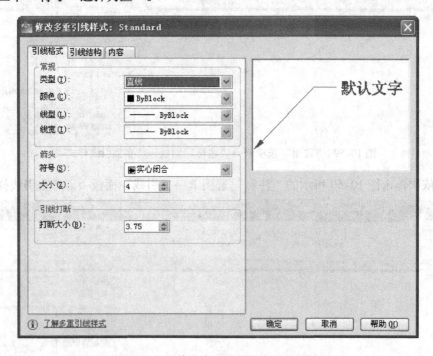

图 10-62　"修改多重引线样式"对话框

保持图 10-63 所示的"修改多重引线样式"对话框→"引线结构"选项卡默认设置不变。

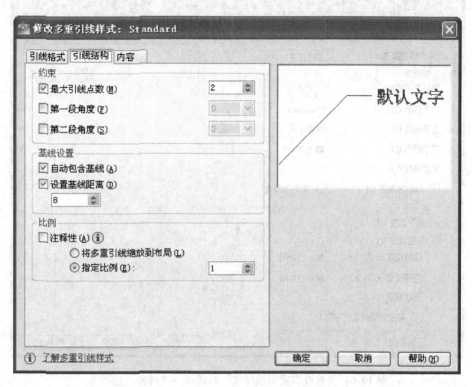

图 10-63 "修改多重引线样式"对话框→"引线结构"选项卡

在图 10-64 所示的"修改多重引线样式"对话框→"内容"选项卡的"文字选项"区，本任务选择"文字样式"列表框中属性文字的预定义样式为"尺寸标注"，"文字颜色"为随标注图层（ByLayer）的蓝色，"文字高度"设置为 250，"引线连接"区"垂直连接 - 左"列表框中选择"最后一行加下画线"，"基线间隙"设置为 100，其余设置保持不变，单击 确定 按钮。

返回到图 10-65 所示的"多重引线样式管理器"对话框，选择"Standard"多重引线样式，单击 置为当前 (U) 按钮后单击 关闭 按钮。

➢"引线"命令功能：通过引线将注释与对象连接。

➢ 调用方法：

1）依次单击图 10-66 所示的"常用"选项卡→"注释"面板→"引线" 。

2）依次单击图 10-67 所示的"注释"选项卡→"引线"面板→"多重引线" 。

3）命令行：输入 mleader 或 mld。

4. 步骤

启动引线（Mleader）命令后，在命令栏会出现以下提示：

命令：_ mleader

指定引线箭头的位置或 [引线基线优先(L)/内容优先(C)/选项(O)] <选项>：（捕捉并单击选择图 10-68a 所示的平面图上墙垛 A 点位置，指定引线箭头的起点位置）。

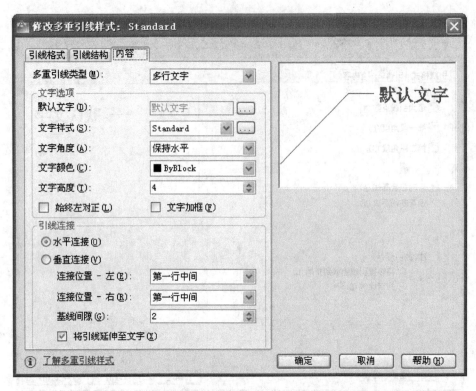

图 10-64　"修改多重引线样式"对话框→"内容"选项卡

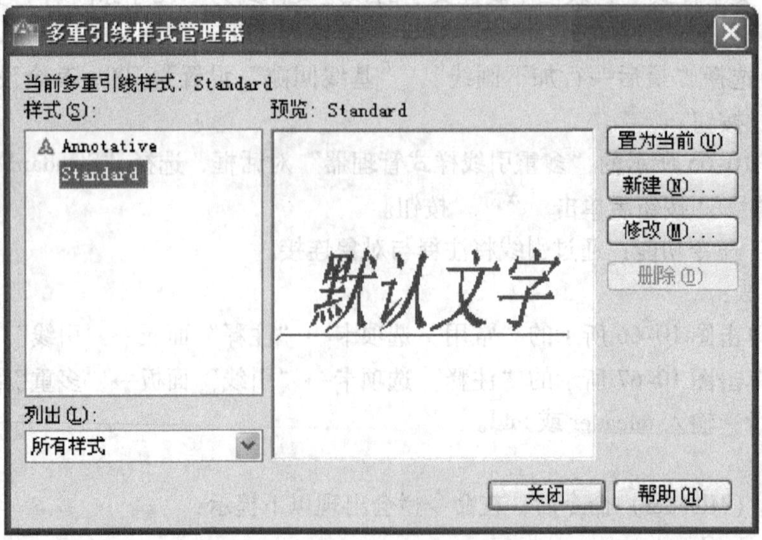

图 10-65　"多重引线样式管理器"对话框

图 10-66 "常用"选项卡→"注释"面板→"引线"

图 10-67 "注释"选项卡→"引线"面板→"多重引线"

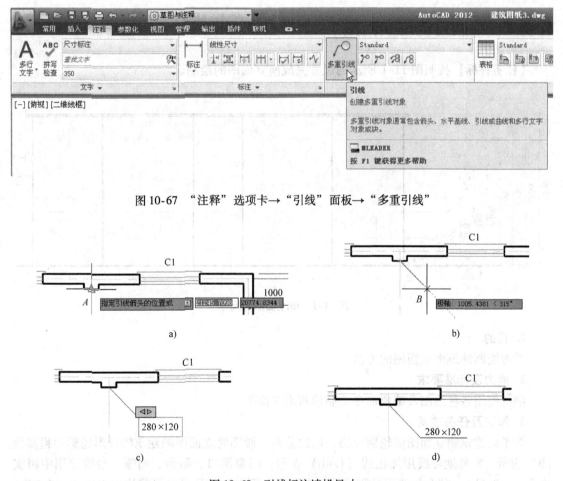

图 10-68 引线标注墙垛尺寸

a）指定引线箭头的位置　b）指定引线基线的位置　c）指定引线箭头的位置　d）指定引线基线的位置

指定引线基线的位置：（沿 315°极轴角度方向移动光标到如图 10-68b 所示合适位置 B 点处单击左键，指定引线基线的位置）。

在图 10-68c 所示的多行文字"在位文字编辑器"内输入多行文字内容"280×120"后，在绘图区单击左键完成墙垛引线尺寸标注，结果如图 10-68d 所示，保存文件备用。

项目十一 绘制建筑立面图

【知识点】
绘制建筑南立面图和西立面图。
【学习目标】
熟练掌握绘制建筑南立面图和西立面图的方法。

任务1 绘制建筑南立面图

【任务目标】按照图 11-1 所示的尺寸完成南立面图的绘制。

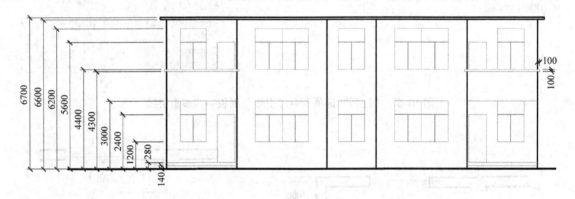

图 11-1 南立面图的尺寸

1. 目的
学习绘制建筑南立面图的方法。
2. 能力及标准要求
熟练使用各种绘图及编辑命令绘制建筑南立面图。
3. 知识及任务准备
为了使建筑物立面图的轮廓突出、层次分明，画图时立面图的建筑物外形轮廓用粗实线（b）表示；室外地坪线用加粗线（1.4b）表示；门窗洞口、阳台、雨篷、台阶等用中粗实线表示（0.5b）；其余如墙面分隔线、门窗格子、雨水管以及引出线等均用细实线（0.25b）表示。由于比例小，按投影很难将所有细部都表达清楚，如门、窗等都是用图例来绘制的，且只画出主要轮廓线及分格线。

打开图 10-30 所示绘制完成的建筑平面图图形文件，如图 11-2 所示，新建一个名为"中粗线"的图层，将颜色改成青色，线型是默认的 Continous 连续直线，线宽为默认；新建一个名为"辅助线"的图层并将其置为当前图层，将颜色改成红色，线型是默认的 Continous 连续直线，线宽为默认。打开正交模式。

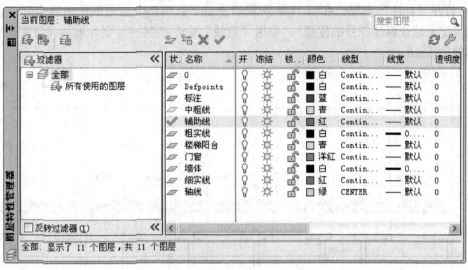

图 11-2 新建绘制立面图需要的图层

4. 步骤

1）使用"移动"命令，将已画好的建筑平面图移到图纸的左下部分，注意预留图名及定位轴线标注符号的位置。

2）关闭"0"、"标注"、"楼梯阳台"及"门窗"等图层，以便绘制投影辅助线。

3）根据"长对正"的投影作图原理，使用"构造线"命令绘制通过建筑平面图各投影关键点的纵向定位辅助线，如图 11-3 所示。

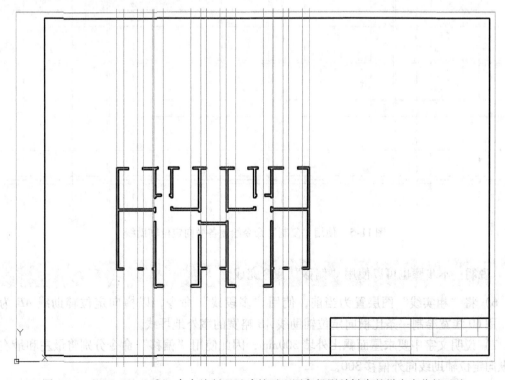

图 11-3 使用"构造线"命令绘制通过建筑平面图各投影关键点的纵向定位辅助线

4）打开"标注"图层，在图 11-4 所示的建筑平面图正上方图面的适当位置（注意预留图名及定位轴线标注符号的位置），使用"直线"命令绘制一条室外地坪线所在位置的横向定位辅助线 *AB*。

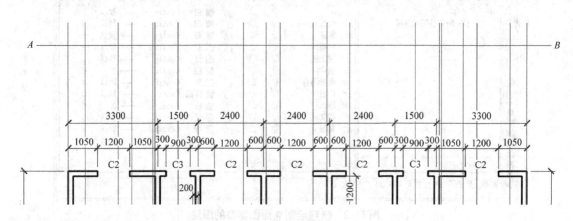

图 11-4　使用"直线"命令绘制地坪线所在的横向定位辅助线

5）使用"复制"命令，以横向定位辅助线 *AB* 为基线，按照图 11-1 所示的尺寸距离向上方复制各横向定位辅助线，距离分别为 140、280、1200、2400、3000、4300、4400、5600、6200、6600、6700，结果形成一个图 11-5 所示的辅助线网格。

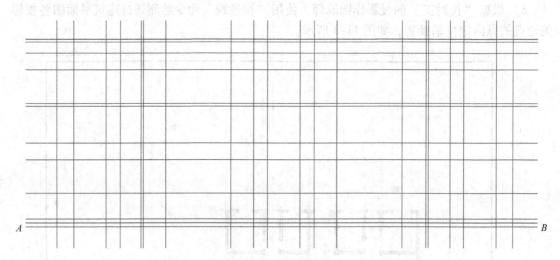

图 11-5　使用"复制"命令绘制各横向定位辅助线

> **说明：**本步骤也可以使用"偏移"命令完成。

6）将"粗实线"图层置为当前，使用"多段线"命令，以横向定位辅助线 *AB* 为参照，用 60 线宽绘制一条比横向定位辅助线 *AB* 略宽的室外地坪线。

7）说明文字中要求屋面飘出外墙 300mm，因此使用"偏移"命令分别将最左和最右两条纵向定位辅助线向外偏移 300。

8）使用"直线"命令绘制建筑南立面图中建筑物的外形轮廓线，结果如图 11-6 所示。

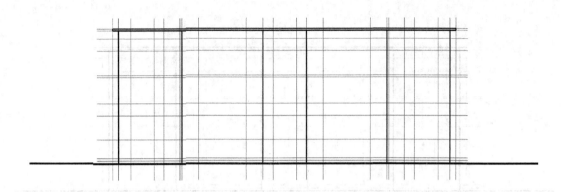

图 11-6 使用"直线"命令绘制建筑南立面图中建筑物的外形轮廓线

9）将"中粗线"图层置为当前，借助图 11-5 所示的辅助线网格，依据台阶和门窗洞口的定位尺寸，使用"直线"命令绘制完成建筑南立面图首层左右两侧台阶，以及图 11-7 所示的建筑南立面图左侧首层门窗洞口。

10）打开"门窗"图层并将其置为当前，使用"直线"命令绘制完成图 11-8 所示的建筑南立面图左侧首层窗分格线。

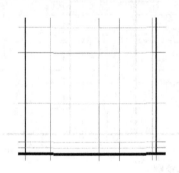

图 11-7 绘制门窗洞口

图 11-8 绘制窗分格线

11）打开"0"图层并将其置为当前，将图 11-7 所示的建筑南立面图左侧首层门洞口和图 11-8 所示的首层窗户制作成图块。

> **提示**：由于建筑立面图的窗户都要符合国家有关标准，所以用户平时多绘制或收集一些一定模式的立面图窗户图例，并将其保存成图块，在需要的时候直接插入进去就可以了。

12）借助图 11-5 所示的辅助线网格，依据门窗洞口的定位尺寸，使用"插入"命令完成图 11-9 所示的建筑南立面图门窗图块的插入工作。

13）将"中粗线"图层置为当前，借助图 11-5 所示的辅助线网格，依据阳台的定位及定形尺寸，使用"直线"命令绘制完成建筑南立面图二层阳台的形体轮廓，如图 11-10 所示。

14）关闭"辅助线"图层，使用"分解"命令将图 11-10 所示的建筑南立面图二层门图块炸开，使用"修剪"命令剪掉多余线段，完成建筑南立面图图形的绘制，如图 11-11 所示。

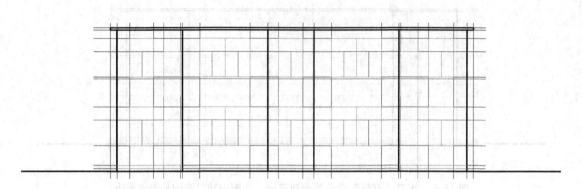

图 11-9   插入建筑南立面图门窗图块

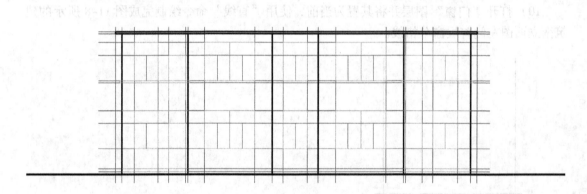

图 11-10   绘制二层阳台的形体轮廓

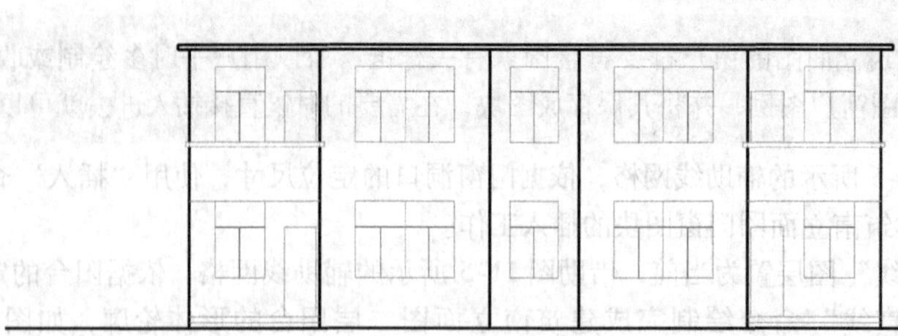

图 11-11   完成建筑南立面图图形的绘制

15）先删除"辅助线"图层上所有纵横向定位辅助线，再删除"辅助线"图层，打开所有图层，保存图 11-12 所示的"建筑图样 1"图形文件备用。

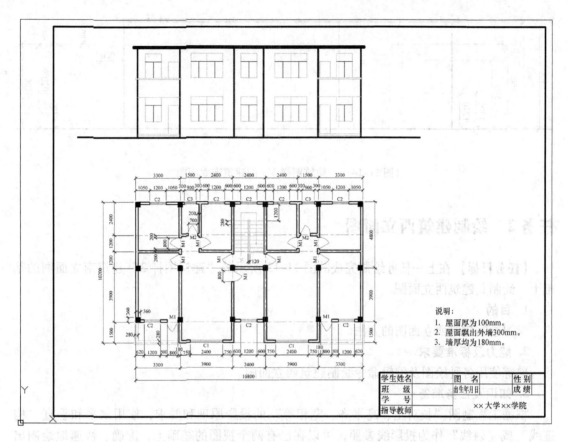

图 11-12　完成建筑南立面图图形绘制的"建筑图样 1"图形文件

5. 注意事项

　　仔细观察完成建筑南立面图图形绘制的"建筑图样 1"的图形可以发现，该图形是左右对称的，因此可以先画出一半的图形，再使用"镜像"命令生成另一半的图形，这样可以减少一半的绘图量，大大加快绘图的速度。对于高层建筑物，如果建筑立面的窗户尺寸相同，且分布均匀，可使用"矩形阵列"命令快速生成建筑立面的窗户图形。

6. 讨论

　　思考是否还有其他方法，并动手实践，按照图 11-13 及图 11-14 所示的尺寸，绘制完成"建筑图样 2"及"建筑图样 3"的建筑南立面图，并保存两个图形文件备用。

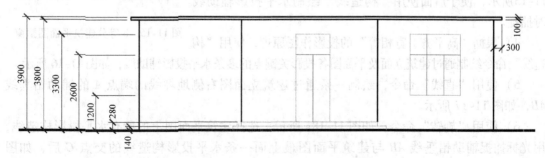

图 11-13　"建筑图样 2"的建筑南立面图

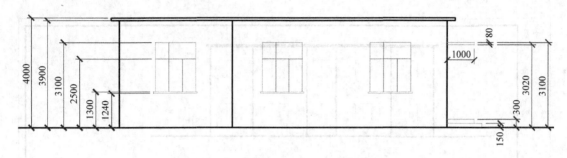

图 11-14 "建筑图样 3"的建筑南立面图

任务 2 绘制建筑西立面图

【任务目标】在上一任务绘制完成的图 11-13 所示的"建筑图样 2"建筑南立面图的基础上，绘制其建筑西立面图。

1. 目的

学习绘制建筑西立面图的方法。

2. 能力及标准要求

熟练使用各种绘图及编辑命令绘制建筑西立面图。

3. 知识及任务准备

根据工程制图"长对正、高平齐、宽相等"的投影原理和要求，使用水平和垂直"构造线"或"射线"作为投影线参照，可以在已有两个视图的基础上，准确、快速地绘制出第三视图。

打开上一任务绘制完成建筑南立面图的"建筑图样 2"图形文件，如图 11-13 所示，将"辅助线"图层置为当前。增加设置"对象捕捉"、"节点"模式。

4. 步骤

1）关闭"标注"及"轴线"图层，以便绘制投影辅助线。

2）使用"点样式"命令，在图 5-51 所示的"点样式"对话框中单击选择 ⊠ 作为点的显示样式。

3）使用"定数等分"命令，将平面图上飘窗最外侧的半圆进行 8 等分并在各等分点上用 × 形作出标记，如图 11-15 所示，便于后面使用"构造线"绘制水平投影辅助线时捕捉。

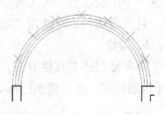

图 11-15 8 等分建筑平面图飘窗

4）根据"高平齐、宽相等"的投影作图原理，使用"构造线"命令绘制通过建筑立面及平面图各投影关键点的多条水平投影辅助线，如图 11-16 所示。

5）使用"直线"命令，绘制一条通过建筑立面图右侧地坪线的端点 A 的辅助铅垂线 AB，如图 11-17 所示。

6）使用"旋转"命令，如图 11-18a 所示，选择建筑平面图上的所有水平投影构造线，用光标捕捉辅助铅垂线 AB 与建筑平面图最上面一条水平投影构造线的交点 C 后，如图 11-18b 所示，再沿着该水平构造线向右移动到适当位置 D 点处单击，确定旋转基点。

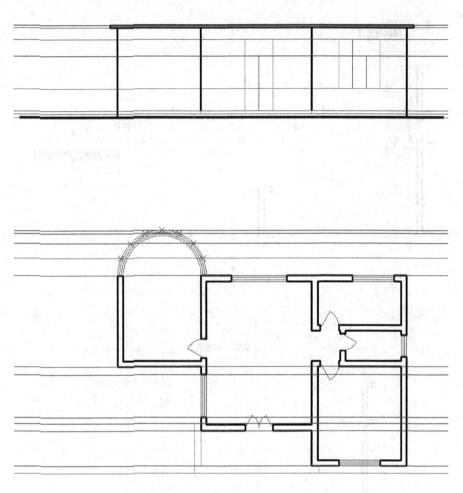

图 11-16 使用"构造线"命令绘制水平投影线

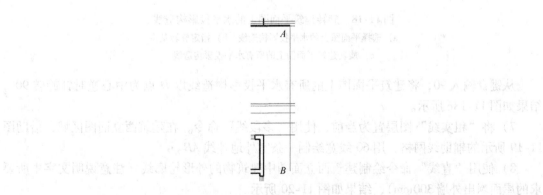

图 11-17 使用"直线"命令
绘制铅垂辅助线

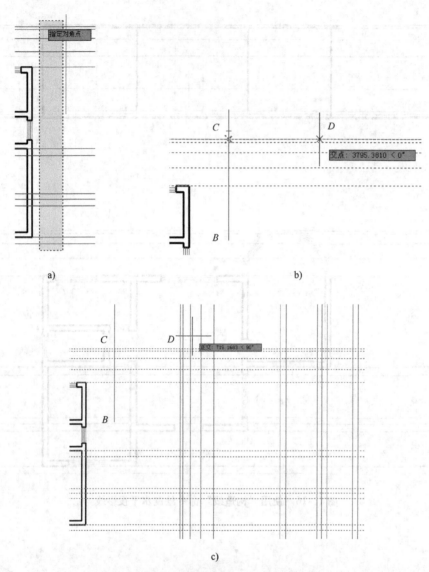

图 11-18 旋转建筑平面图上的水平投影构造线
a）选择平面图上的水平投影构造线 b）指定旋转基点
c）旋转建筑平面图上的所有水平投影构造线

从键盘输入 90，将建筑平面图上的所有水平投影构造线以 *D* 点为中心逆时针旋转 90°，结果如图 11-18c 所示。

7）将"粗实线"图层置为当前，使用"多段线"命令，在建筑西立面图区域，借助图 11-19 所示的辅助线网格，用 60 线宽绘制一条室外地坪线 *AB*。

8）使用"直线"命令绘制建筑西立面图中建筑物的外形轮廓线（注意说明文字中所要求的屋面飘出外墙 300mm），结果如图 11-20 所示。

9）将"中粗线"图层置为当前，借助图 11-19 所示的辅助线网格，依据台阶和窗洞口的定位和定形尺寸，使用"直线"命令绘制完成建筑西立面图台阶及窗洞口，如图 11-21 所示。

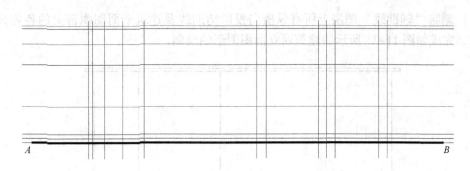

图 11-19 使用"多段线"命令绘制地坪线

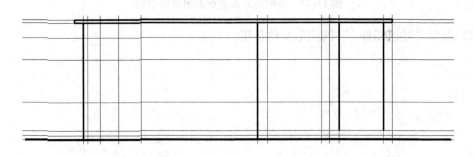

图 11-20 使用"直线"命令绘制建筑西立面图建筑物的外形轮廓线

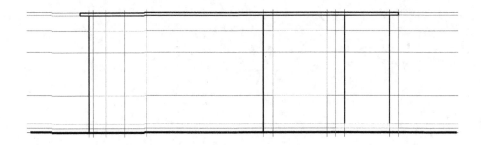

图 11-21 绘制台阶及窗洞口

10）将"门窗"图层置为当前，使用"直线"命令绘制完成建筑西立面图窗分格线，如图 11-22 所示。

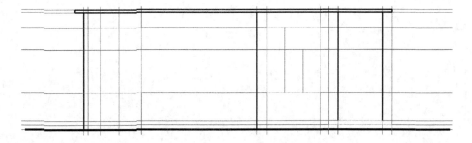

图 11-22 绘制窗分格线

11）删除"辅助线"图层上所有纵横向投影辅助线及建筑平面图飘窗上的各等分点 × 形标记，完成如图 11-23 所示的建筑西立面图图形的绘制。

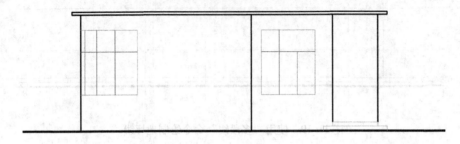

图 11-23   完成建筑西立面图图形的绘制

12）保存"建筑图样 2"的图形文件备用。

项目十二　图块的属性

【知识点】
图块的属性知识点包括定义属性命令，插入带有属性定义的图块。

【学习目标】
熟练掌握定义属性命令以及插入带有属性定义图块的方法。

任务1　使用属性块定义（Attdef）制作标高符号块

【任务目标】 使用属性块定义命令制作标高符号块。

1. 目的
学习"定义属性"命令的使用方法。

2. 能力及标准要求
熟练掌握"定义属性"命令的使用方法。

3. 知识及任务准备
建筑立面图高度尺寸用标高的形式标注，要显示出各主要构件的位置和标高尺寸，主要包括建筑物室内外地坪、出入口地面、窗台、门窗洞顶部、檐口、阳台顶部、女儿墙压顶及水箱顶部等处的标高。各标高注写在立面图的左侧或右侧且应排列整齐。与平面图的标注不同，立面图的标高标注无法利用 AutoCAD 2012 所自带的标注功能来实现，因此用户需要自己绘制出标高符号，将其保存为图块，然后插入图中即可。

属性（Attribute）是附加在块对象上的各种文本数据，它可包含用户所需要的各种文字说明、参数等信息。在插入附有属性信息的图块时，系统会自动显示预先设置的文本字符串，或者提示输入字符串，从而为块对象附加各种注释信息。

打开图 11-12 所示的"建筑图样 1"图形文件，将"0"图层置为当前图层，选择"尺寸标注"样式作为当前的文字样式。使用"直线"命令在绘图区域的空白位置，按图 12-1 所示的尺寸绘制出标高符号。

➤"定义属性"命令功能：用于创建一个属性定义，以确定块属性的显示方式、属性标志、属性提示和属性的缺省值，并确定该项属性文本的位置、字型、高度和旋转角度。

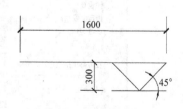

图 12-1　标高符号

➤ 调用方法：

1）依次单击图 12-2 所示的"常用"选项卡→"块"滑出式面板下拉菜单→"定义属性" ✎。

2）依次单击图 12-3 所示的"插入"选项卡→"块定义"面板→"定义属性" ✎。

3）命令行：输入 attdef 或 att。

图 12-2 "常用"选项卡→"块"滑出式面板下拉菜单→"定义属性"

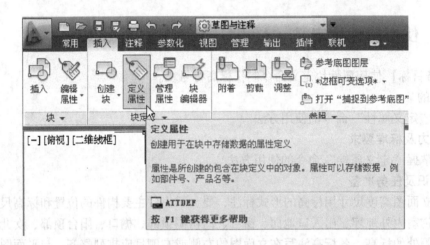

图 12-3 "插入"选项卡→"块定义"面板→"定义属性"

4. 步骤

启动定义属性（Attdef）命令后，会弹出图 12-4 所示的"属性定义"对话框。

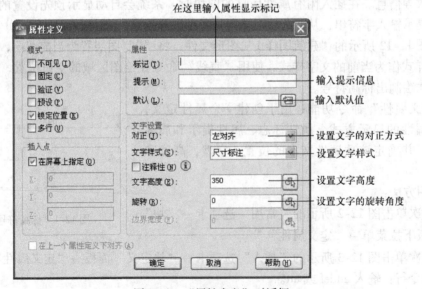

图 12-4 "属性定义"对话框

1）在"属性"区"标记"文本框中输入"BG"，指定属性显示标记即属性的名字；"提示"文本框中输入"请输入标高尺寸"文字，用于指定插入带有属性的图块时的提示信息；"默认"文本框中输入"%%P0.000"默认值，用于指定属性的缺省值为±0.000。

2）"插入点"区用于指定属性的输入位置，采用默认值为"在屏幕上指定"。

3）"文字设置"区用于设置属性文字的对正方式、文字样式、文字高度和旋转角度等。本任务采用"左对齐"、"尺寸标注"样式、文字高度为250、旋转角度为0。

4）单击 确定 按钮关闭对话框。

5）在图12-5a所示的适当位置单击左键，指定标高符号属性信息的起点位置，制作完成图12-5b所示的标高符号的属性定义。

6）使用"镜像"命令，制作完成图12-5c所示的另一样式的标高符号属性定义。

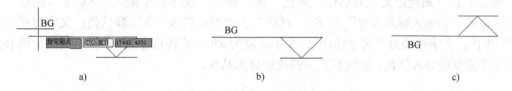

a)　　　　　　　　　　　b)　　　　　　　　　　　c)

图12-5　标高符号的属性定义

a）指定属性信息的起点位置　b）完成标高符号的属性定义　c）制作另一样式的标高符号属性定义

说明：创建属性定义后，可以在创建块定义时将其选为对象。

7）使用"写块"（Wblock）命令，如图12-6a所示，选取标高符号及其上属性定义标记信息BG为对象，如图12-6b所示，捕捉并单击三角形顶点*A*处为块的插入基点，以"标高符号1"为文件名保存到计算机图库文件夹内。

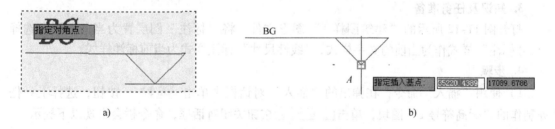

a)　　　　　　　　　　　　　　　b)

图12-6　制作标高符号属性块定义

a）选取对象　b）指定块的插入基点

8）继续使用"写块"（Wblock）命令，以"标高符号2"为文件名，将图12-5c所示的另一样式的标高符号属性定义制作成块，并保存到计算机中备用。

5. 注意事项

如果已将属性定义合并到块中，则插入块时将会用指定的文本字符串提示输入属性。该块的每个后续参照可以用作该属性指定的不同的值。

6. 讨论

动手制作图12-7所示的三个方向的定位轴线符号属性定义，并分别以"定位轴线符号1"、"定位轴线符号2"和"定位轴线符号3"为文件名制作成块，保存到计算机中备用。

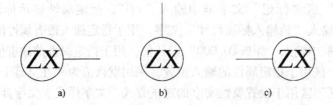

图 12-7　定位轴线符号的属性定义

a）定位轴线符号 1　b）定位轴线符号 2　c）定位轴线符号 3

具体尺寸及参数设置提示：定位轴线编号的数字、字母的高度应比尺寸数字大一号。如图 12-7 所示，定位轴线符号的圆圈直径为 600，从圆的象限点绘出的短线长度为 500。如图 12-4 所示，在"属性定义"对话框"属性"区"标记"文本框中输入"ZX"；"提示"文本框中输入"请输入标高尺寸"文字；"默认"文本框中输入"A"默认值；文字对正方式为"中间"，文字样式为"尺寸标注"，文字高度为 350，旋转角度为 0。指定圆圈的圆心为属性文字信息的插入位置，短线顶点为图块的插入基点。

任务 2　插入带有属性定义的标高及定位轴线符号图块

【任务目标】将带有属性定义的标高及定位轴线符号图块插入到图中。

1. 目的

学习插入带有属性定义图块的方法。

2. 能力及标准要求

熟练掌握插入带有属性定义图块的方法。

3. 知识及任务准备

打开图 11-12 所示的"建筑图样 1"图形文件，将"标注"图层置为当前图层，选择"尺寸标注"样式作为当前的文字样式，"线性尺寸"标注样式为当前标注样式。

4. 步骤

1）使用"插入"命令，在弹出的"插入"对话框中单击 浏览(B)… 按钮，选择上一任务制作的"标高符号 1"图块，单击 确定 按钮关闭对话框，命令栏会出现以下提示：

命令：_ insert

忽略块 _ ArchTick 的重复定义。

忽略块 _ None 的重复定义。

指定插入点或 [基点(B)/比例(S)/旋转(R)]：（如图 12-8a 所示，将光标捕捉到建筑南立面图左侧首层台阶端点 A 后，向左拖动图块的插入基点到合适的位置 B 点处单击左键）。

输入属性值

请输入标高尺寸 < ±0.000 >：-0.020（输入标高尺寸 -0.020，结果如图 12-8b 所示）。

2）继续使用"插入"命令，如图 12-8c 所示，先将光标捕捉到建筑南立面图左侧首层窗台端点 C 后，向左拖动图块形成追踪路径后，再如图 12-8d 所示，将光标捕捉到刚刚插入的 -0.020 标高符号的插入基点位置 B 点后向上拖出追踪路径，在两条追踪路径的交点 D 处单击左键，指定第二个标高符号的插入位置，这样可确保各标高注写排列整齐。输入标高尺寸 0.900，结果如图 12-8e 所示。

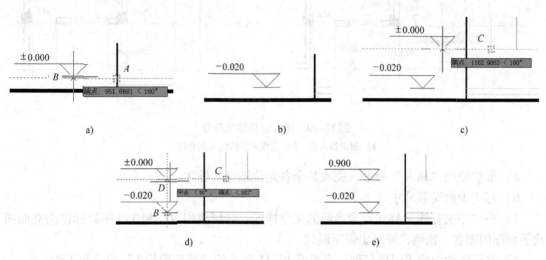

图 12-8　插入标高符号

a) 指定插入点　b) 完成标高的标注　c) 水平追踪路径　d) 垂直追踪路径　e) 标高标注排列整齐

3）按上述方法，继续使用"插入"命令，从下到上依次完成其余各标高的标注，结果如图 12-9 所示。

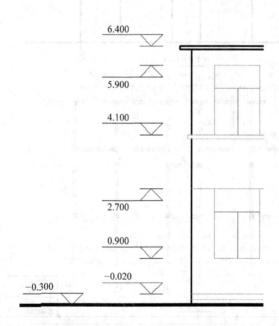

图 12-9　完成南立面图的标高标注

4）继续使用"插入"命令，选择上一任务制作的"定位轴线符号 1"图块，如图 12-10a 所示，用光标拖动图块的插入基点到合适位置处单击左键，直接按回车键，使用默认值完成图 12-10b 所示的轴线 A 的标注。

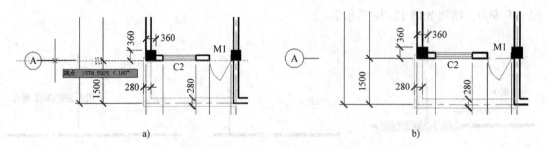

图 12-10　插入定位轴线符号

a）指定插入点　　b）完成定位轴线 A 的标注

5）继续使用"插入"命令，完成其余各定位轴线的标注。

6）标注少数局部尺寸。

7）将"中文标注"样式置为当前的文字样式，分别使用 500 和 350 字高标注南立面图及平面图的图名、比例，并画出粗下画线。

8）在标题栏中输入图样名称，完成图 12-11 所示的"建筑图样 1"的绘制工作。

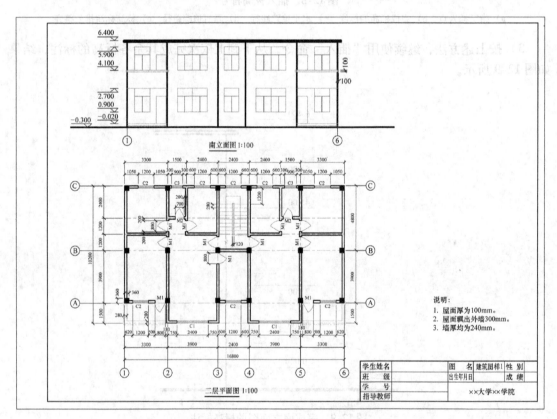

图 12-11　完成建筑图样 1 的绘制工作

5. 注意事项

双击带有属性定义的图块对象，会打开图 12-12 所示的"增强属性编辑器"对话框，可以很方便地对属性定义的有关参数和属性值进行更改。

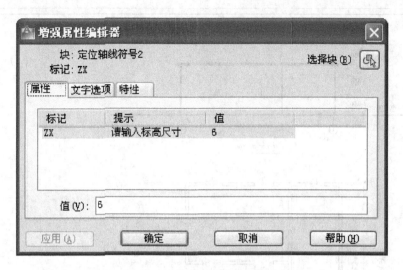

图 12-12　"增强属性编辑器"对话框

6. 讨论

思考并动手实践，是否还有其他方法完成图 12-13 所示的"建筑图样 2"的绘制工作？

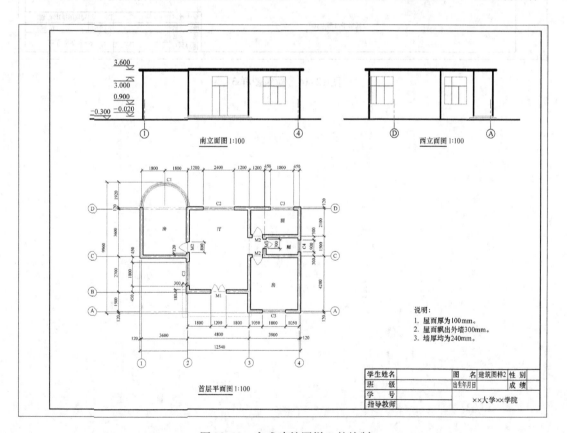

图 12-13　完成建筑图样 2 的绘制

完成并保存图 12-14 所示的"建筑图样 3"图形文件备用。

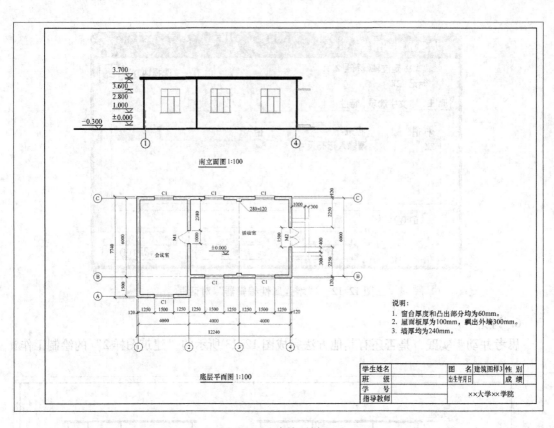

图 12-14　建筑图样 3

项目十三　绘制建筑构件剖面图

【知识点】

绘制建筑构件剖面图的知识点包括图案填充命令。

【学习目标】

熟练掌握使用图案填充命令绘制建筑构件剖面图的方法。

【任务目标】使用"图案填充"命令绘制雨篷的建筑构件剖面图。

1. 目的

学习使用"图案填充"命令绘制建筑构件剖面图的方法。

2. 能力及标准要求

熟练掌握使用"图案填充"命令绘制建筑构件剖面图的方法。

3. 知识及任务准备

建筑构件剖面图中各种构配件的材料图例符号可以使用"图案填充"命令完成。打开图 12-14 所示的"建筑图样 3"图形文件，在图纸右上方适当位置按图 13-1 所示的尺寸绘制雨篷的断面外轮廓图形。将"细实线"图层置为当前图层。

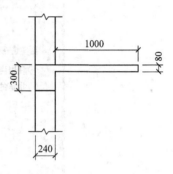

图 13-1　雨篷的建筑剖面图

4. 步骤

启动"图案填充"命令后，除了可以借助图 9-12 所示的功能区图案填充特性面板进行图案填充外，还可以在命令栏出现如下提示时，输入字母 T：

拾取内部点或［选择对象（S）/设置（T）］：T

1）弹出图 13-2 所示的"图案填充和渐变色"对话框，单击"图案填充"选项卡中"类型和图案"区"类型"栏右侧下拉箭头 ，可以看到有三种填充图案类型：

- "预定义"：从提供的 70 多种符合 ANSI、ISO 及其他行业标准的填充图案中进行选择。还可以使用由其他公司提供的填充图案库的填充图案。填充图案在 acad. pat 和 acadiso. pat 文件中定义。本任务使用此默认选项。

- "用户定义"：以指定间距和角度，定义使用当前线型的填充图案。

- "自定义"：在 . pat 文件中定义自定义填充图案定义。

2）单击"图案"栏右侧下拉箭头 ，可以看到填充图案的文件名列表；单击右侧的 按钮，会弹出图 13-3 所示的"填充图案选项板"对话框。在"ANSI"选项卡内点选"ANSI31"图案 后，单击 确定 按钮返回到图 13-2 所示的"图案填充和渐变色"对话框，并在"样例"一栏中显示该图案样例。

3）在"角度和比例"区"比例"一栏中设置比例为 15（如果比例不合适，可再调整）。

4）单击"边界"区"添加：拾取点"按钮 后对话框关闭，将光标移到图 13-4a 所示的封闭区域中任意一点 A 处，这时 AutoCAD 2012 将分析图形，根据已存在的对象组成的封

单击打开填充图案选项板   单击此按钮拾取图案填充内部点

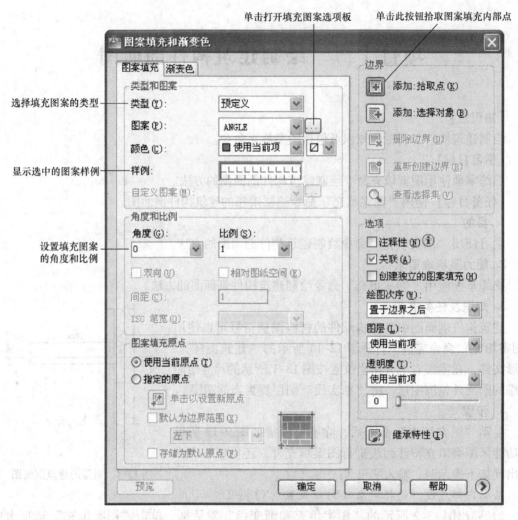

图 13-2 "图案填充和渐变色"对话框

闭区域确定包围该点的填充边界,并显示填充图案的预览效果。如果满意就单击左键并回车完成图案填充。

5)继续使用"图案填充"命令,在"角度和比例"区"角度"一栏中设置图案填充的角度为 90°,拾取图 13-4b 所示的封闭区域中任意一点 B 处,进行图案填充。

6)继续使用"图案填充"命令,在"其他预定义"选项卡内点选"AR – CONC"图案(用来表示混凝土材料),设定比例为 1(如果比例不合适,可再调整),拾取图 13-4c 所示的封闭区域中任意一点 C 处,进行图案填充,绘制完成雨篷的建筑构件剖面图,如图 13-4d 所示。

7)保存文件备用。

5. 注意事项

如果对图案填充的效果不满意,可在填充图案上双击左键,打开图 13-5 所示的"图案填充"快捷特性选项板,对某些参数进行重新设置,直到满意为止。

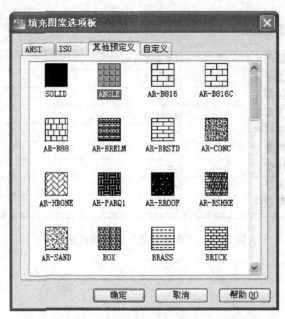

图 13-3 "填充图案选项板"对话框

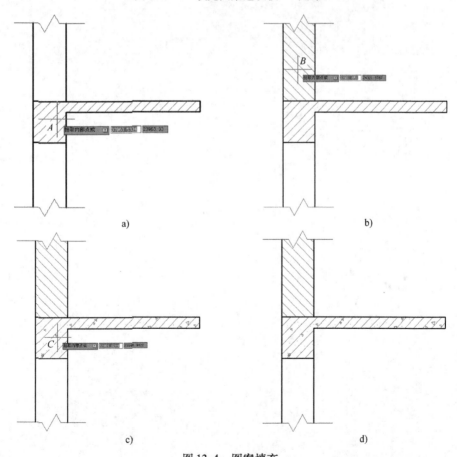

图 13-4 图案填充

a) 拾取内部点 A b) 拾取内部点 B c) 拾取内部点 C d) 填充结果

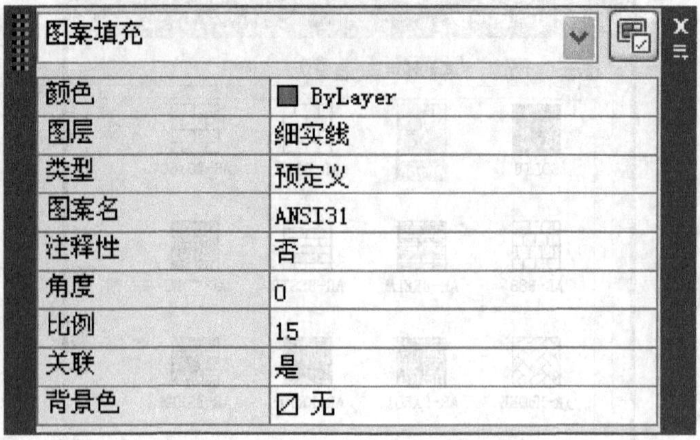

图案填充	
颜色	■ ByLayer
图层	细实线
类型	预定义
图案名	ANSI31
注释性	否
角度	0
比例	15
关联	是
背景色	☑ 无

图 13-5　"图案填充"快捷特性选项板

项目十四　绘制建筑剖面详图

【知识点】

绘制建筑剖面详图的知识点包括缩放命令，尺寸标注值的修改方法，标注样式替代。

【学习目标】

熟练掌握使用缩放命令绘制建筑剖面详图及修改尺寸标注值的方法。熟练掌握使用标注样式替代标注尺寸的方法。

任务1　使用缩放（Scale）绘制建筑剖面详图

【任务目标】 将上一任务绘制完成的图 13-4d 所示雨篷的建筑构件剖面图绘制成 1∶40 的建筑剖面详图。

1. 目的

学习"缩放"命令的使用方法。

2. 能力及标准要求

熟练掌握"缩放"命令的使用方法。

3. 知识及任务准备

建筑剖面详图实际上是建筑剖面图的有关部位的局部放大图。在 1∶100 的绘图环境中要将一个图形变成 1∶40 的比例，只要将其放大 100÷40＝2.5 倍即可。打开上一任务绘制完成的图 13-4d 所示雨篷的建筑构件剖面图的"建筑图样 3"图形文件。

➤ "缩放"命令功能：将对象按统一比例放大或缩小。

➤ 调用方法：

1）依次单击如图 14-1 所示"常用"选项卡→"修改"面板→"缩放" ▢ 。

2）快捷菜单：在绘图区域的空白位置单击右键，选择图 14-2a 所示的快捷菜单"缩放"项。

3）快捷菜单：选定对象后单击右键，选择图 14-2b 所示的快捷菜单"缩放"项。

4）命令行：输入 scale 或 sc。

4. 步骤

启动缩放（Scale）命令后，在命令栏会出现以下提示：

命令：_ scale

选择对象：指定对角点：找到 20 个（选择图 14-3a 所示雨篷的建筑构件剖面图）。

选择对象：（回车结束对象选择）。

指定基点：（在图 14-3b 所示雨篷的建筑构件剖面图的中心区域位置 A 点处单击）。

说明：一般将基点选择在图形元素的几何中心处，这样缩放后图形对象仍在中心点附近。

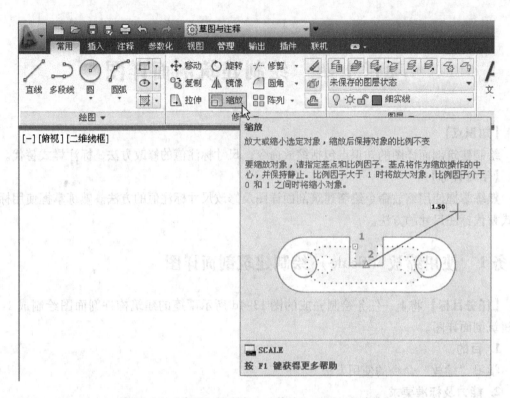

图 14-1　"常用"选项卡→"修改"面板→"缩放"

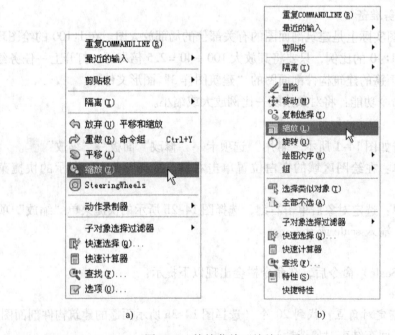

图 14-2　快捷菜单"缩放"项

指定比例因子或［复制（C）/参照（R）］：2.5（输入比例因子 2.5 后回车，完成缩放操作）。

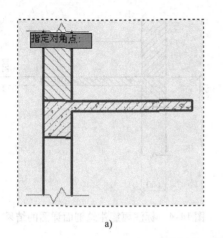
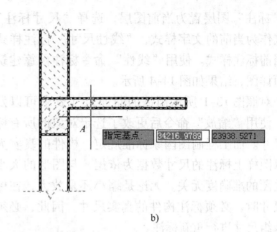

图 14-3 缩放雨篷的建筑构件剖面图

a) 选择对象 b) 指定基点位置

> **说明：**比例因子大于 1 时将放大对象，比例因子介于 0 和 1 之间时将缩小对象。

保存文件备用。

5. 注意事项

还可以使用"参照"选项缩放整个图形，即将现有距离作为新尺寸的基础，并指定新的所需尺寸。输入字母 R 选择"参照"选项后，在命令栏会出现以下提示：

指定参照长度 <1.0000>：指定第二点：（选择第一个和第二个参照点，以这两个参照点之间的距离作为参照长度，或输入参照长度的值）。

指定新的长度或［点（P）］<1.0000>：（指定所需的距离，并以新的长度与参照长度之比作为比例因子）。

6. 讨论

如果知道缩放前后图形的尺寸，选择"参照"选项可以免去计算缩放比例因子的过程。只要分别输入图形的原长 L_1（参照长度）和缩放后对应的新长度数值 L_2，系统即以比例因子 L_2/L_1 把所选对象自动进行缩放。请思考并亲自动手实践一下，如何使用【参照】方法完成本任务？

任务 2 修改尺寸标注值

【**任务目标**】在上一任务绘制完成的比例为 1∶40 的雨篷建筑剖面详图的基础上，标注其尺寸。

1. 目的

学习标注样式替代的使用方法。

2. 能力及标准要求

熟练掌握标注样式替代的使用方法。

3. 知识及任务准备

打开上一任务绘制完成的比例为 1∶40 的雨篷建筑剖面详图的"建筑图样 3"图形文件。

将"标注"图层置为当前图层，选择"尺寸标注"样式作为当前的文字样式，"线性尺寸"标注样式为当前标注样式。使用"线性"命令标注雨篷建筑剖面详图，结果如图14-4所示。

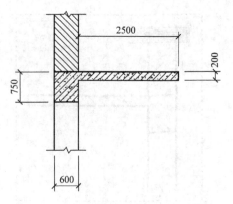

图14-4　标注雨篷建筑剖面详图的结果

对照图13-1所示雨篷的断面尺寸要求可以发现，使用"缩放"命令后更改了选定对象的所有标注尺寸。而工程制图国家标准规定：构件的真实大小以图样上标注的尺寸数据为依据，与图形的大小及绘图的准确度无关。无论是缩小还是放大，在标注尺寸时，必须标注构件的真实尺寸。因此，必须对该组尺寸进行重新标注。

4. 步骤

（1）方法一

创建标注后，可以更改现有标注文字的位置和方向，或者将其替换为新文字。最简单的替换新文字的方法就是在需要修改的尺寸文字上双击左键，在图14-5a所示的多行文字"在位文字编辑器"内输入正确的新值后，在绘图区域单击左键完成修改，结果如图14-5b所示。

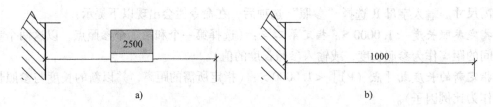

图14-5　使用多行文字"在位文字编辑器"修改尺寸文字

a）在位文字编辑器　b）修改成正确尺寸

此方法是对尺寸数值的重新改写，如果需要改写的尺寸很多，则显得效率很低。

（2）方法二

如果遇到数量较多的尺寸数值需要更改时，笔者推荐使用"替代"的方法标注尺寸。启动"标注样式"命令，在图14-6所示的"标注样式管理器"的"样式"下，选择要为其创建替代的"线性尺寸"标注样式，单击 替代(O)... 按钮。

在打开的"替代当前样式"对话框中，单击选择图14-7所示的"主单位"选项卡，将"测量单位比例"区的"比例因子"默认值1更改为所需要的缩放比例数值，本任务修改为 $40 \div 100 = 0.4$。

单击 确定 按钮返回到图14-8所示的"标注样式管理器"，在标注样式名称列表中"线性尺寸"标注样式下，列出了标注"样式替代"。单击 关闭 按钮，关闭对话框。

再使用"线性"命令标注雨篷的建筑剖面详图，并标注图名及比例，结果如图14-9所示。

至此，全部完成图14-10所示的"建筑图样3"的绘图工作。

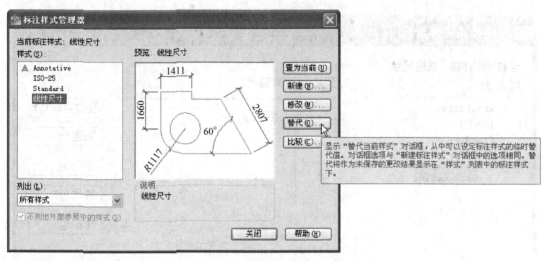

图 14-6 "标注样式管理器"对话框→"替代"

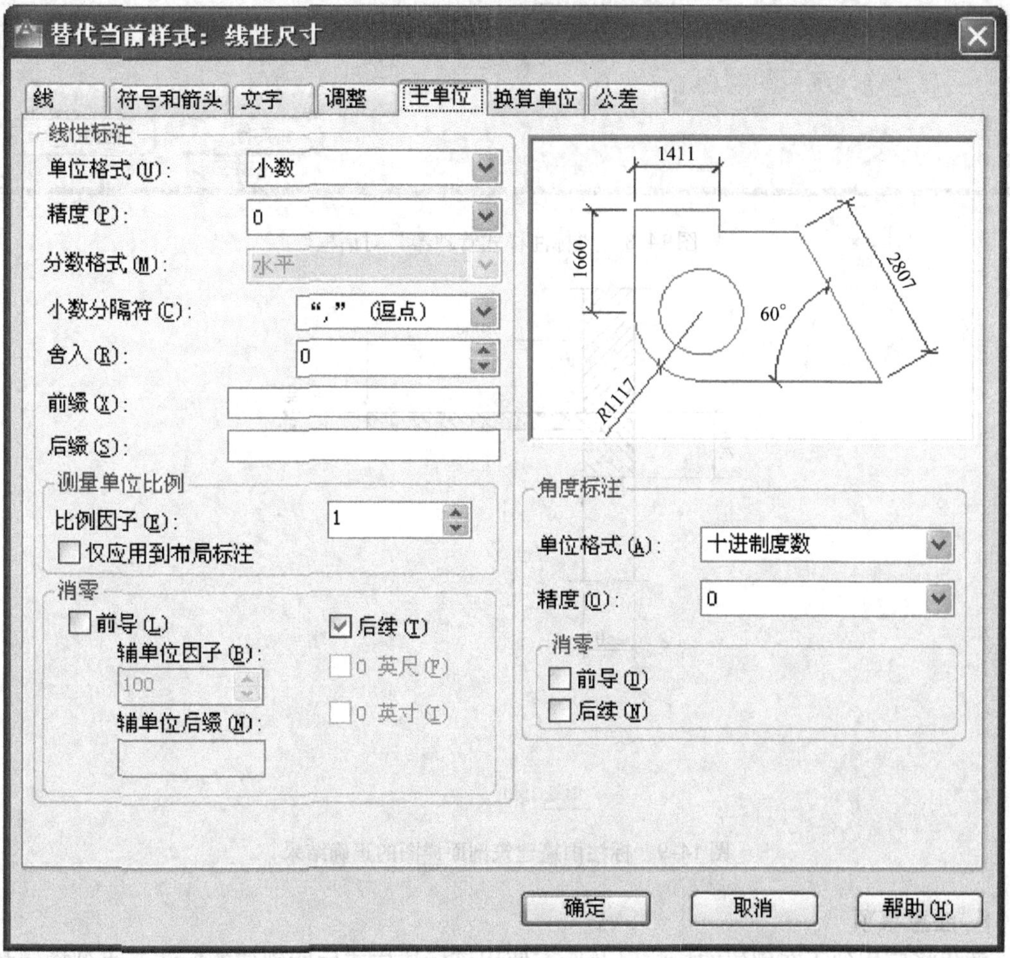

图 14-7 "替代当前样式"对话框→"主单位"选项卡

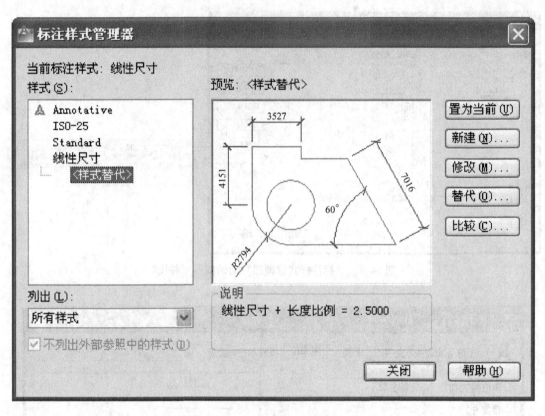

图 14-8 "标注样式管理器"对话框

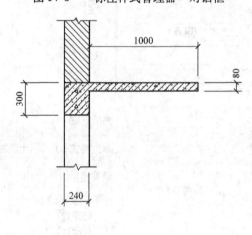

雨篷 1:40

图 14-9 标注雨篷建筑剖面详图的正确结果

5. 注意事项

替代将应用到正在创建的标注以及所有使用该标注样式后所创建的标注,直到撤销替代或将其他标注样式置为当前为止。

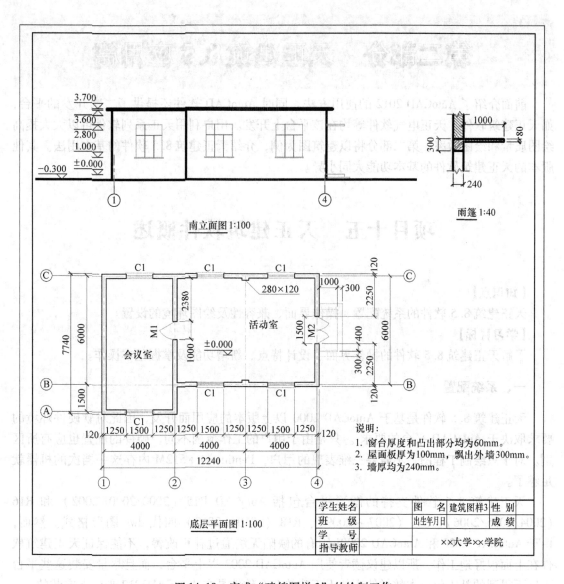

图 14-10　完成"建筑图样 3"的绘制工作

第二部分 天正建筑8.5应用篇

前面介绍了 AutoCAD 2012 的使用方法。同时 AutoCAD 软件还提供了二次开发的平台，如天正建筑软件、天正电气软件等均在该平台上开发。用户利用天正系列软件可以大大提高绘图质量和绘图效率。第二部分将以建筑图为例，介绍天正建筑 8.5 软件的基本用法。其他版本的天正建筑软件的基本功能大同小异。

项目十五 天正建筑软件概述

【知识点】
天正建筑 8.5 软件的系统配置、操作界面、兼容性及绘图环境的设置。
【学习目标】
了解天正建筑 8.5 软件的操作界面、设计特点、新增功能及掌握基本操作。

一、系统配置

天正建筑 8.5 软件是基于 AutoCAD 2000 以上版本的应用而开发，因此对软硬件环境的要求取决于 AutoCAD 平台的要求。只是由于用户的工作范围不同，硬件的配置也应有所区别。对于只绘制工程图，不需要三维表现的用户，Pentium 4 + 512M 内存这一档次的机器就足够了。

天正建筑 8.5 软件支持的图形平台包括 AutoCAD R15 （2000/2000i/2002）和 R16 （2004/2005/2006）、R17 （2007 ~ 2009）、R18 （2010 ~ 2012）四代 dwg 图形格式。然而，由于 AutoCAD 2000 和 AutoCAD 2000i 固有的缺陷无法通过补丁改善，不能保证天正建筑软件在上面很好地工作，所以建议读者使用 AutoCAD 2002 以上平台，而且尽量安装这些平台可以下得到的补丁包。本教材使用的天正建筑 8.5 软件是在 AutoCAD2012 平台下安装的。

天正建筑 8.5 软件目前支持的操作系统包括 Windows XP、Windows Vista 和 Windows – 7 （包括32 位和64 位版本）。天正建筑 8.5 软件支持 AutoCAD 2000 AutoCAD 2011 的 32 位版本和64 位版本。在安装这些平台后，运行启动命令后会出现这些版本的启动选项，但请用户注意，天正建筑 8.5 不支持 AutoCAD 2008 ~ AutoCAD 2009 的 64 位版本，如果仅安装这些平台，启动命令无法识别，会提示用户安装 AutoCAD。

安装完毕后，在桌面会自动建立"天正建筑 8"快捷图标，双击图标即可运行安装好的天正建筑 8.5，桌面图标如图 15-1 所示。

二、天正建筑 8.5 软件界面

天正建筑以工具集为突破口，结合 AutoCAD 图形平台的基本功能。天正建筑的操作界面如图 15-2 所示。

图 15-1　天正建筑
图标

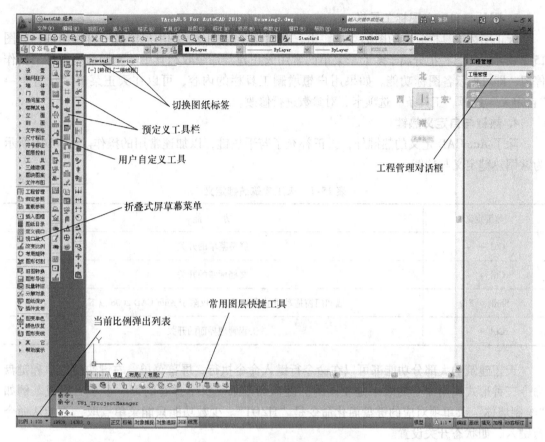

图 15-2　天正建筑操作界面

1. 折叠式屏幕菜单

本软件的主要功能都列在"折叠式"三级结构的屏幕菜单上，上一级菜单可以单击展开下一级菜单，同级菜单互相关联，展开另外一个同级菜单时，原来展开的菜单自动合拢。二至三级菜单项是天正建筑的可执行命令或开关项，全部菜单项都提供 256 色图标，图标设计具有专业含义，以便于用户增强记忆，更快地确定菜单项的位置。当光标移到菜单项上时，AutoCAD 的状态行会出现该菜单项功能的简短提示。

折叠式菜单效率最高，但由于屏幕的高度有限，在展开较长的菜单后，有些菜单项无法完全在屏幕可见，为此可用鼠标滚轮上下滚动菜单快速选取当前不可见的项目。

2. 在位编辑框与动态输入

在位编辑框是对所有尺寸标注和符号说明中的文字进行在位编辑，而且提供了与其他天正文字编辑同等水平的特殊字符输入控制，可以输入上下标、钢筋符号、加圈符号，还可以调用专业词库中的文字。

在位编辑框在本软件中广泛用于构件绘制中的尺寸动态输入、文字表格内容的修改、标注符号的编辑等，成为新版本的特色功能之一，动态输入中的显示特性可在状态行中右击 DYN 按钮设置。动态编辑的实例如图 15-3 所示。

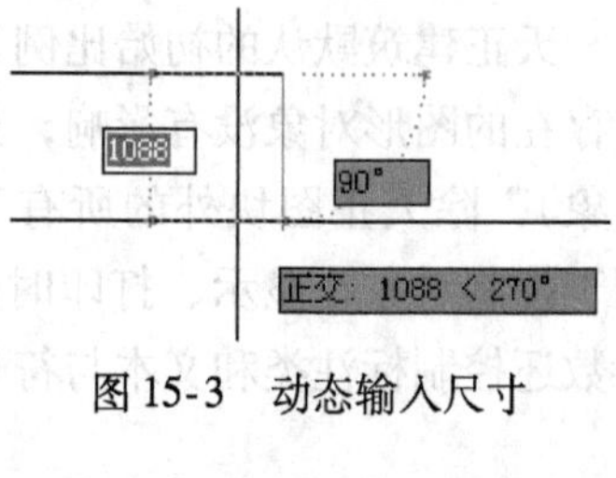

图 15-3　动态输入尺寸

3. 默认与自定义图标工具栏

天正图标工具栏兼容的图标菜单，由三条默认工具栏及一条用户定义工具栏组成，如图 15-2 所示。工具栏把分属于多个子菜单的常用天正建筑命令收纳其中。光标移到图标上稍作停留，即可提示各图标功能。如果用户想增删工具栏的内容，可以在天正菜单"设置"→"自定义"选择"工具条"选项卡，对参数进行修改。

4. 热键与自定义热键

除了 AutoCAD 定义的热键外，天正补充了若干热键，以加速常用的操作。表 15-1 所示为常用热键定义与功能。

表 15-1　天正建筑热键定义

热键定义	功　　能
Ctrl + +	屏幕菜单的开关
Ctrl + −	文档标签的开关
Shift + F12	墙和门窗拖动时的模数开关（仅限于 Auto CAD 2006 以下）
Ctrl + ~	工程管理界面的开关

天正建筑的大部分功能都可以在命令行键入命令执行，屏幕菜单、右键快捷菜单和键盘命令三种形式调用命令的效果是相同的。键盘命令采用汉字拼音的第一个字母组成。例如"绘制墙体"菜单项对应的键盘简化命令是"HZQT"。少数功能只能菜单点取，不能从命令行键入，如状态开关设置。

5. 文档标签的控制

在 AutoCAD 2012 支持打开多个 DWG 文件，为方便在几个 DWG 文件之间切换，天正建筑提供了文档标签功能，为打开的每个图形在界面上方提供了显示文件名的标签，单击标签即可将标签代表的图形切换为当前图形，右击文档标签可显示多文档专用的关闭和保存所有文档、图形导出等命令，如图 15-4 所示。

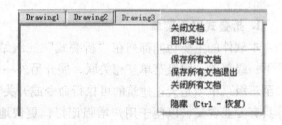

图 15-4　文档标签与控制

6. 状态栏

在 AutoCAD 状态栏的基础上增加了比例设置的下拉列表控件及多个功能切换开关，解决了编组、墙基线、填充、加粗和动态标注的快速切换，又避免了与 AutoCAD 2012 版本的热键冲突问题。

天正建筑默认的初始比例为 1:100，如图 15-5 所示。这个比例对已经存在的图形对象没有影响，只影响新创建的天正对象（即天正自定义对象）。除天正图块外的所有天正对象都具有一个"出图比例"参数，用于控制对象在显示、打印时的线宽及填充效果。另外，"出图比例"

图 15-5　天正建筑
比例

参数还控制标注类和文本与符号类对象中的文字字高与符号尺寸，选择的比例越大，文字、符号就越小。

三、天正建筑 8.5 软件的兼容

1. 天正建筑对象

天正建筑定义了数十种专门针对建筑设计的图形对象。其中部分对象代表建筑构件，如墙体、柱子和门窗，这些对象在程序实现的时候，就在其中预设了许多智能特征，如门窗碰到墙，墙就自动开洞并装入门窗。另有部分对象代表图样标注，包括文字、符号和尺寸标注，预设了图样的比例和制图标准。

2. 图形对象兼容

经过扩展后的天正建筑对象功能大大提高，可以使建筑构件的编辑功能使用 AutoCAD 通用的编辑机制，包括基本编辑命令、夹点编辑、对象编辑、对象特性编辑、特性匹配（格式刷）进行操控。用户还可以双击天正对象，直接进入对象编辑，或者进入对象特性编辑。目前所有修改文字符号的地方都实现了在位编辑，更加方便用户的修改要求。

由于建筑对象的导入，产生了图样交流的问题，普通 AutoCAD 不能观察与操作图中的天正对象。为了保持紧凑的 DWG 文件的容量，天正默认关闭了代理对象的显示，使得标准的 AutoCAD 无法显示天正对象。

为了方便图样交流，可以采用以下的解决方案。

运行天正菜单的"文件布图"→"图形导出"命令，选择 TArch3 格式，此时 dwg 按平台不同自动存为 R14 或 2000 格式。

除了将图形导出为 T3 格式外，还可以安装由天正公司发行的天正插件。它负责处理在 AutoCAD 下对天正公司发行的系列软件引入的所有自定义对象。用户安装插件后，计算机的 AutoCAD 可以在读取天正文件的同时，按需自动加载插件中的程序解释显示天正对象。

在机器没有安装天正插件时，会显示代理信息对话框，提示显示代理图形，但默认天正建筑是不提供代理图形的，导致无法正常显示天正对象。如果希望在没有天正插件时能显示代理图形，请进入设置菜单，打开"天正选项"→"高级选项"→"系统"→"是否启用代理对象"，选择"是"，如图 15-6 所示，确认即可。以后保存的文件都可以在没有天正软件或插件的 AutoCAD 中阅读。

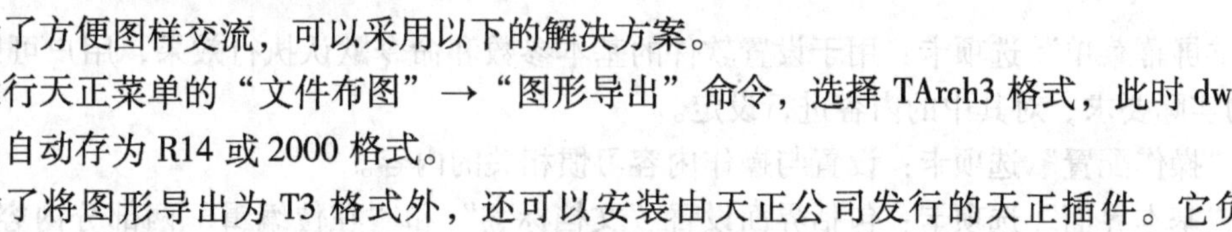

系统		系统全局参数
精度		
线型		
模型空间默认出图比例	100	模型空间默认出图比例
三维对象分解方式	面模型	
是否启用代理对象	是	启动后保存DWG文件，文件会变大，但在未安装
最大自动更新规模	2000	越大速度越慢，但墙角处理效果越好。内部参数

图 15-6　设置"代理对象"

四、设置天正选项

天正建筑为用户提供了初始设置功能，通过"设置"→"天正选项"菜单命令，启动"天正选项"对话框，包括"基本设定"、"加粗填充"和"高级选项"3 个页面。

➤"基本设定"选项卡：用于设置软件的基本参数和命令默认执行效果，用户可以根据工程的实际要求，对其中的内容进行设定。

➤"加粗填充"选项卡：专用于墙体与柱子的填充，提供各种填充图案和加粗线宽，并有"标准"和"详图"两个级别，由用户通过"当前比例"给出界定。当前比例大于设置的比例界限，就会从一种填充与加粗选择进入另一填充与加粗选择，有效地满足了施工图中不同图样类型填充与加粗详细程度不同的要求。

➤"高级选项"选项卡：用于控制天正建筑全局变量的用户自定义参数的设置界面，除了尺寸样式需专门设置外，这里定义的参数保存在初始参数文件中，不仅用于当前图形，对新建的文件也起作用，高级选项和选项是结合使用的。

五、设置自定义选项

用户通过"设置"→"自定义"菜单命令进行设置。该选项用于设置"屏幕菜单"、"操作配置"、"基本界面"、"工具条"和"快捷键"共 5 项交互操作模式，以适用用户习惯。

➤"屏幕菜单"选项卡：用于设置软件的基本参数和命令默认执行效果，用户可以根据工程的实际要求，对其中的内容进行设定。

➤"操作配置"选项卡：设置与操作内容习惯相关的内容。

➤"基本界面"选项卡：包括界面设置"文档标签"和"在位编辑"两部分内容。"文档标签"是指用户在打开多个 DWG 时，在绘图窗口上方对应每个 DWG 提供一个图形名称选项卡，供用户在已打开的多个 DWG 文件之间快速切换，不勾选则表示不显示图形名称切换功能。"在位编辑"是指在编辑文字和符号尺寸标注中的文字对象时，在文字原位显示的文本编辑框使用的字体颜色、文字高度、编辑框背景颜色都由这里控制。

➤"工具条"选项卡：进行工具条命令的添加与删除。

➤"快捷键"选项卡：设置的单键快捷键定义某个数字或字母键，即可调用对应于该键的天正建筑或 AutoCAD 的命令功能。

六、天正软件设计流程图

用户使用天正建筑进行建筑图绘制时，主要步骤如图 15-7 所示。

本篇以图 15-8 ~ 图 15-16 所示的一套建筑图（包括平面图、立面图与剖面图）的绘制方法为例，介绍天正建筑 8.5 软件的基本用法。重点在于建筑绘图中常用的命令，一些绘图中较少用到的命令，本部分不进行介绍，有兴趣的读者可以参考其他书籍或天正建筑帮助文件。

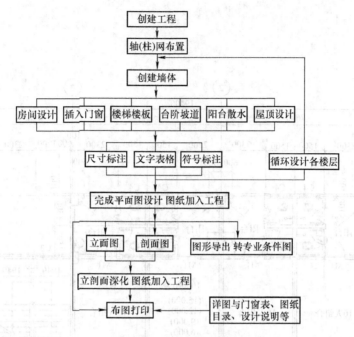

图 15-7　建筑设计流程图

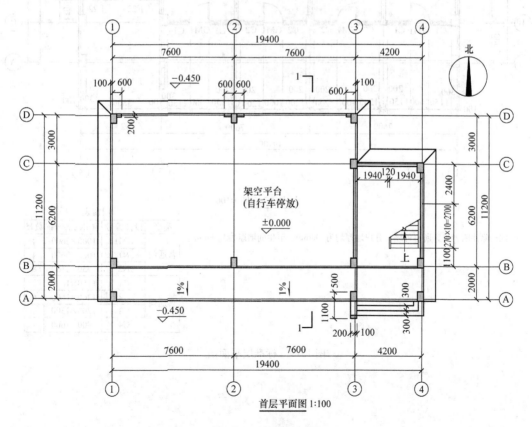

首层平面图 1:100

图 15-8　首层平面图

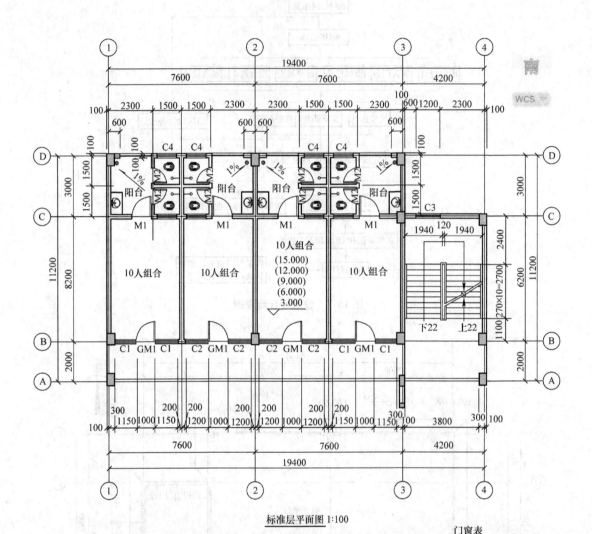

标准层平面图 1:100

注：除注明者外，所有外墙、分户地厚均为200mm。卫生间墙厚为120mm。

门窗表

类型	设计编号	洞口尺寸mm×mm	数量
普通门	GM1	1000×2600	4
	N1	1000×2600	4
	N2	750×2100	8
普通窗	C1	1150×1600	2
	C2	1200×1600	6
	C3	1200×1300	1
	C4	900×1600	4

图 15-9　标准层平面图

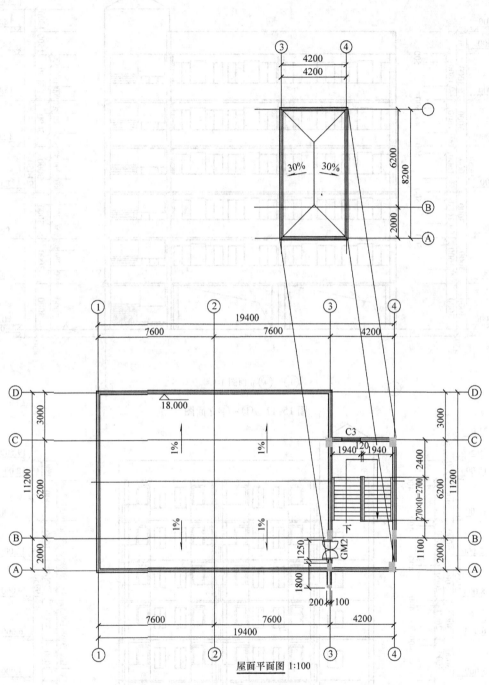

屋面平面图 1:100

图 15-10 屋面平面图

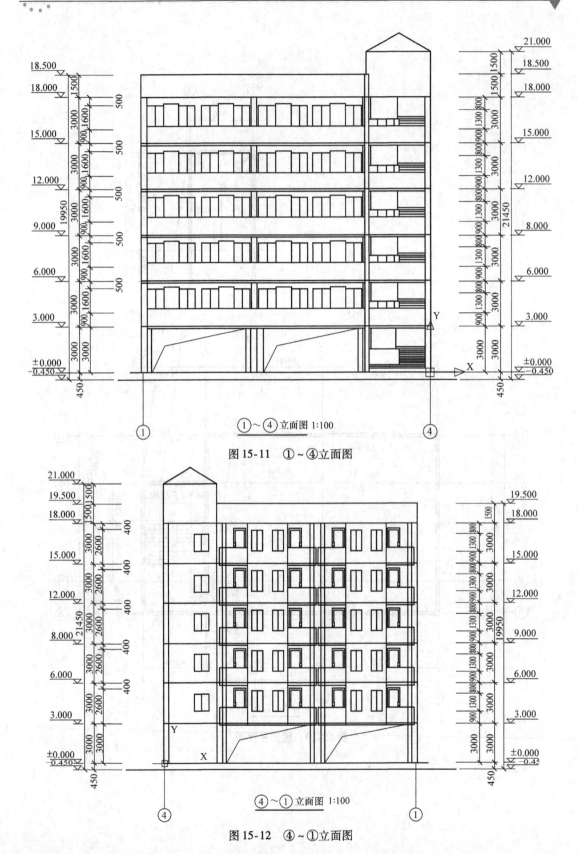

①～④立面图 1:100

图 15-11　①～④立面图

④～①立面图 1:100

图 15-12　④～①立面图

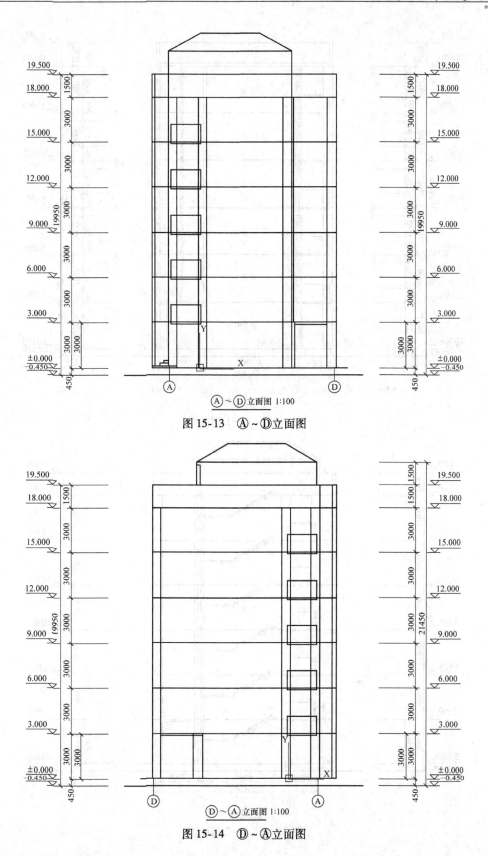

图 15-13 Ⓐ~Ⓓ立面图

图 15-14 Ⓓ~Ⓐ立面图

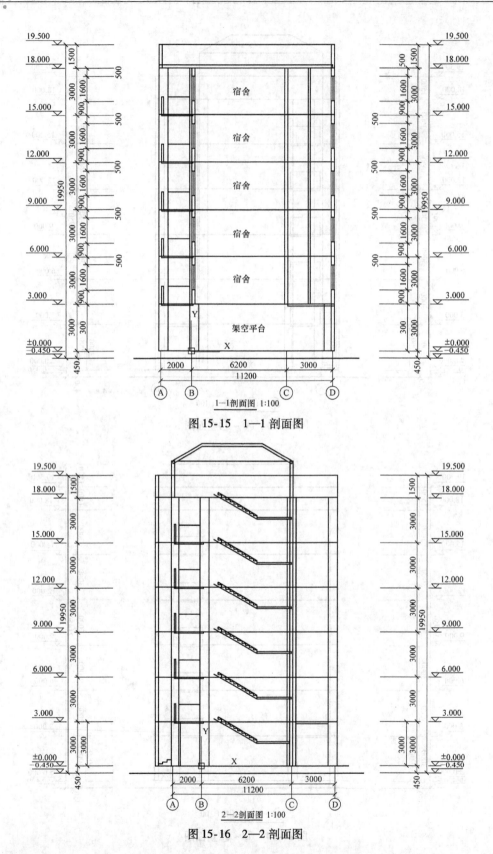

图 15-15　1—1 剖面图

图 15-16　2—2 剖面图

项目十六 绘制轴网

【知识点】

绘制轴网的知识点包括绘制轴网、轴线标注、轴线编辑和轴号编辑。

【学习目标】

掌握绘制轴网、轴号标注及轴线编辑的方法。

任务1 建立轴网

【任务目标】 建立图 16-1 所示的轴网。

1. 目的

学习使用"绘制轴网"命令。

2. 能力及标准要求

熟练掌握使用"绘制轴网"命令。

3. 知识及任务准备

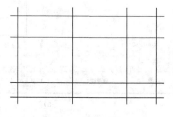

图 16-1 建立轴网

轴网是由两组到多组轴线与轴号、尺寸标注组成的平面网格，是建筑物单体平面布置和墙柱构件定位的依据。轴线网是房屋的基础，是墙、柱、墩和屋架等承重构件的轴线，在平面图上绘制这些构件的轴线，进行编号，平面图上的横向轴线和纵向轴线构成轴线网。新建 Acad 样板文件。

➤ "绘制轴网"命令功能：直线轴网功能用于生成正交轴网、斜交轴网或单向轴网。

➤ 调用方法：

1）依次单击天正菜单"轴网柱子"→"绘制轴网"。

2）命令行：hzzw。

3）工具栏：单击工具栏命令图标按钮 ⌗。

命令激活后，弹出"绘制轴网"对话框，如图 16-2a 所示。默认是"直线轴网"选项页。直线轴网是指建筑轴网中横向和纵向轴线都是直线，其中不包括弧线。轴网数据可以通过键盘输入或鼠标选择，在对话框左边可预览轴网结果。

对话框中各选项说明如下：

● 上开：在轴网上方进行轴网标注的房间开间尺寸。

● 下开：在轴网下方进行轴网标注的房间开间尺寸。

● 左进：在轴网左侧进行轴网标注的房间进深尺寸。

● 右进：在轴网右侧进行轴网标注的房间进深尺寸。

● 轴间距：开间或进深的尺寸数据，点击右方数值栏或下拉列表获得，也可以键入。

● 个数：栏中数据的重复次数，点击右方数值栏或下拉列表获得，也可以键入。

● 键入：键入一组尺寸数据，用空格或英文逗点隔开，回车数据输入到电子表格中。

● 夹角：输入开间与进深轴线之间的夹角数据，默认为夹角 90°的正交轴网。

- 清空：把某一组开间或某一组进深数据栏清空，保留其他组的数据。
- 恢复上次：把上次绘制的直线轴网的参数恢复到对话框中。

4. 步骤

1）根据项目十五的"首层平面图"或"标准层平面图"，在"绘制轴网"对话框输入轴网数据，直线轴网数据是：下开间依次为：7600，7600，4200；右开间依次为 2000，6200，3000，如图 16-2b 所示。

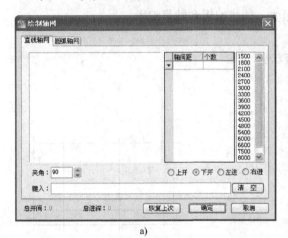 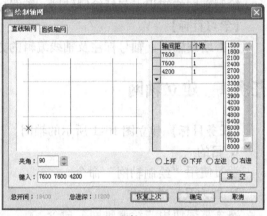

a)   b)

图 16-2　建立轴网

a）"绘制轴网"对话框　b）建立轴网数据

2）输入完所有数据后，单击　确定　按钮。命令栏提示：

命令：T81_ TAxisGrid

点取位置或［转 90 度（A）/左右翻（S）/上下翻（D）/对齐（F）/改转角（R）/改基点（T）］<退出>：（单击绘图区，确定轴网左下角基点的位置，完成本任务）。

5. 注意事项

如果切换到"圆弧轴网"选项页，可以通过夹角、进深、半径等数据确定弧形轴网，操作方法与绘制直线轴网相似。

6. 讨论

思考，"上开"和"下开"选项或"左进"和"右进"选项同时使用，会有什么效果？

任务2　轴网标注

【任务目标】标注图 16-3 所示的轴网轴号。

1. 目的

学习使用"轴网标注"命令。

2. 能力及标准要求

熟练掌握使用"轴网标注"命令。

3. 知识及任务准备

轴网的标注包括轴号标注和尺寸标注，轴号可按规范要求用数字、大写字母、小写字

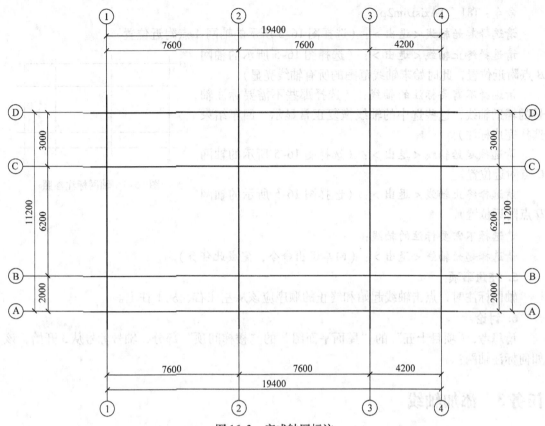

图 16-3 完成轴网标注

母、双字母、双字母间隔连字符等方式标注，可适应各种复杂分区轴网的编号规则，字母 I、O、Z 不用于轴号，在排序时会自动跳过这些字母。天正建筑的"轴网标注"命令可以快速、规范地完成轴网的标注。

➤"轴网标注"命令功能：对始末轴线间的一组平行轴线（直线轴网与圆弧轴网的进深）或径向轴线（圆弧轴线的圆心角）进行轴号和尺寸标注，自动删除重叠的轴线。

➤调用方法：

1）依次单击天正菜单"轴网柱子"→"轴网标注"。

2）命令行：zwbz。

3）工具栏：单击工具栏命令图标按钮 📏 。

4. 步骤

命令激活后，弹出图 16-4 所示的"轴网标注"对话框。默认的"起始轴号"在选择起始轴线和终止轴线后自动给出，水平方向为 1，垂直方向为 A，用户可在编辑框中自行给出其他轴号。

图 16-4 "轴网标注"对话框

1）在对话框勾选"双侧标注"，"起始轴号"项不需要填写。

2）设定选项后，命令栏会出现以下提示：

命令：T81_ TAxisDim2p

请选择起始轴线＜退出＞：（选择图 16-5 所示的轴网 A 点附近位置）。

请选择终止轴线＜退出＞：（选择图 16-5 所示的轴网 B 点附近位置，此时始末轴线范围的所有轴线亮显）。

请选择不需要标注的轴线：（选择那些不需要标注轴号的辅助轴线，这些选中的轴线恢复正常显示，回车结束选择完成标注）。

请选择起始轴线＜退出＞：（选择图 16-5 所示的轴网 C 点附近位置）。

请选择终止轴线＜退出＞：（选择图 16-5 所示的轴网 D 点附近位置）。

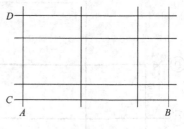

图 16-5　轴网标注参照

请选择不需要标注的轴线：

请选择起始轴线＜退出＞：（回车退出命令，完成此任务）。

5. 注意事项

轴网标注时，点击轴线起始和终止的顺序应该从左往右、从下往上。

6. 讨论

请思考，"项目十五"的"屋面平面图"的"楼梯间顶"部分，轴号标号从 3 开始，该如何标注轴网？

任务3　添加轴线

【任务目标】使用"添加轴线"命令，在轴线 2 与 3 之间添加一条轴线，使其与轴线 2 的距离为 3000，如图 16-6 所示。

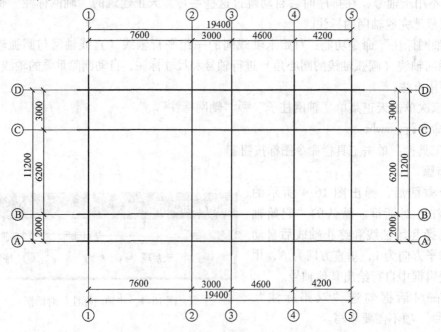

图 16-6　添加轴线

1. 目的

学习使用"添加轴线"命令。

2. 能力及标准要求

熟练掌握使用"添加轴线"命令。

3. 知识及任务准备

该命令应在"轴网标注"命令完成后执行。

➢ "添加轴线"命令功能：参考某一根已经存在的轴线，在其任意一侧添加一根新轴线，同时根据用户的选择赋予新的轴号，把新的轴线和轴号一起融入存在的参考轴号系统中。

➢ 调用方法：

1）依次单击天正菜单"轴网柱子"→"添加轴线"。

2）命令行：tjzx。

4. 步骤

激活命令后，命令栏会出现以下提示：

命令：T81_ TInsAxis

选择参考轴线 <退出>：（单击选择轴线2）。

新增轴线是否为附加轴线？［是（Y）/否（N）］<N>：N

偏移方向<退出>：（单击轴线2右侧）。

距参考轴线的距离<退出>：（3000，回车，完成任务）。

5. 注意事项

添加轴线后，轴号会重新排列。

6. 讨论

思考，如果选择轴线3为参考轴线，会如何添加该轴线？

任务4　删除轴号

【任务目标】使用"删除轴号"命令，删除图16-6所示的轴号3，并重新排列轴号，效果如图16-7所示。

1. 目的

学习使用"删除轴号"命令。

2. 能力及标准要求

熟练掌握使用"删除轴号"命令。

3. 知识及任务准备

➢ "删除轴号"命令功能：本命令用于在平面图中删除个别不需要的轴号，被删除轴号两侧的尺寸应并为一个尺寸，并可根据需要决定是否调整轴号。可框选多个轴号一次删除。

➢ 调用方法：

1）依次单击天正菜单"轴网柱子"→"删除轴号"。

2）命令行：sczh。

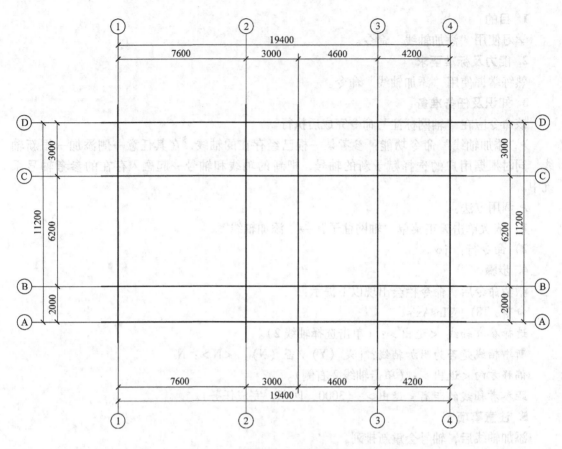

图 16-7   删除轴号 3 并重新排列轴号

4. 步骤

命令栏会出现以下提示：

命令：T81_ TDelLabel

请框选轴号对象＜退出＞：（框选轴号 3。双侧标轴时，只选择一侧的轴号即可）。

请框选轴号对象＜退出＞：（可以继续框选其他轴号，选择结束回车键表示确定）。

是否重排轴号？［是（Y）／否（N）］＜Y＞：Y（重新排列轴号，完成任务。）

5. 注意事项

删除轴号 3 后，轴号间距的标注不会被删除。

6. 讨论

试学习使用"添补轴号"命令添补被删除的轴号 3，并重新排列轴号。

任务5   轴改线型

【任务目标】使用"轴改线型"命令，将图 16-5 所示的轴线线型改成点画线的线型，如图 16-8 所示。

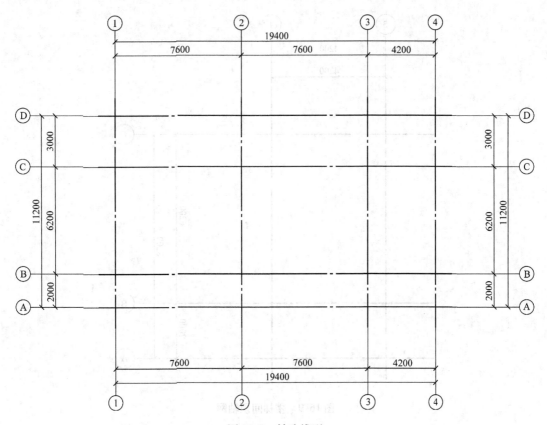

图 16-8 轴改线型

1. 目的

学习使用"轴改线型"命令。

2. 能力及标准要求

熟练掌握使用"轴改线型"命令。

3. 知识及任务准备

根据建筑制图规范的要求,绘制完成的轴线用点画线表示。

➤"轴改线型"命令功能:轴线绘制过程中的细实线改为点画线显示。

➤调用方法:

1)依次单击天正菜单"轴网柱子"→"轴改线型"。

2)命令行:zgxx。

4. 步骤

打开图 16-5,激活"轴改线型"命令,即可将轴线线型改成点画线,完成任务。

5. 注意事项

"轴改线型"命令使得轴线线型在点画线和连续线之间切换。但因为点画线不便于对象捕捉和编辑,所以在绘图过程中经常使用连续线,只有在输出的时候才换成点画线。

6. 讨论

试综合前面各任务所学,根据"屋面平面图"建立楼梯间顶的轴网,如图 16-9 所示。

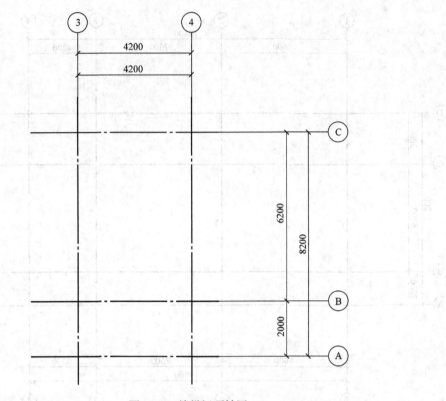

图 16-9　楼梯间顶轴网

项目十七　创建墙体

【知识点】

创建墙体的知识点包括墙体的创建与编辑。

【学习目标】

学习掌握墙体的创建与编辑。

任务1　认识墙体

【任务目标】了解天正建筑墙体的概念。

1. 目的

了解天正建筑墙体的概念。

2. 能力及标准要求

通过了解天正建筑墙体的概念，为后面的任务做铺垫。

3. 知识及任务准备

墙体是模拟实际墙体的专业特性构建而成的，可实现墙角的自动修剪、墙体之间按材料特性连接、与柱子和门窗互相关联等智能特性。一个墙对象是柱间或墙角间具有相同特性的一段直墙或弧墙单元。墙对象不仅包含位置、高度、厚度这样的几何信息，还包括墙类型、材料、内外墙这样的内在属性。单击工具栏命令图标按钮 ▅，弹出图 17-1a、图 17-1b 所示的对话框。

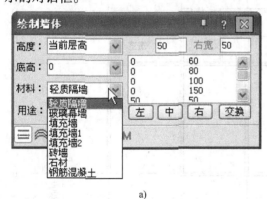

a)　　　　　　　　　　　　　　　　　　b)

图 17-1　"绘制墙体"对话框

a）材料类别　b）用途分类

如图 17-1a 所示，天正建筑软件定义的墙体按材料分为钢筋混凝土墙、石墙、砖墙、填充墙、玻璃幕墙和轻质隔墙等几类。墙体的材料类型用于控制墙体的二维平面图效果。相同材料的墙体在二维平面图上，墙角连通一体，系统约定按优先级高的墙体打断优先级低的墙体的预设规律处理墙角清理。优先级由高到低的材料依次为：钢筋混凝土墙 > 石墙 > 砖墙 >

填充墙>玻璃幕墙>轻质隔墙。

如图 17-1b 所示，天正建筑软件定义的墙体按用途分为以下几类。

➤ 一般墙：包括建筑物的内外墙，参与按材料的加粗和填充。

➤ 卫生隔断：卫生间洁具隔断用的墙体或隔板，不参与加粗填充与房间面积计算。

➤ 虚墙：用于空间的逻辑分隔，以便于计算房间面积。

➤ 矮墙：表示在水平剖切线以下的可见墙，如女儿墙，不会参与加粗和填充。矮墙的优先级低于其他所有类型的墙。

如果用户想对所绘制的墙体进行编辑，可以使用包括"偏移"（Offset）、"修剪"（Trim）、"延伸"（Extend）等 AutoCAD 命令进行修改，对墙体执行以上操作时均不必显示墙基线。此外，可直接使用"删除"（Erase）、"移动"（Move）和"复制"（Copy）命令进行多个墙段的编辑操作。软件中也有专用编辑命令对墙体进行专业的编辑，简单的参数编辑只需要双击墙体即可进入对象编辑对话框，拖动墙体的不同夹点可改变其长度与位置。删除某段墙体后，墙体两端原来的接头会自动闭合，不用专门去修整。

任务2 创建墙体

【**任务目标**】如图 17-2 所示，根据"标准层平面图"创建墙体。除注明外，分户墙厚为 200mm，卫生间墙厚为 120mm。

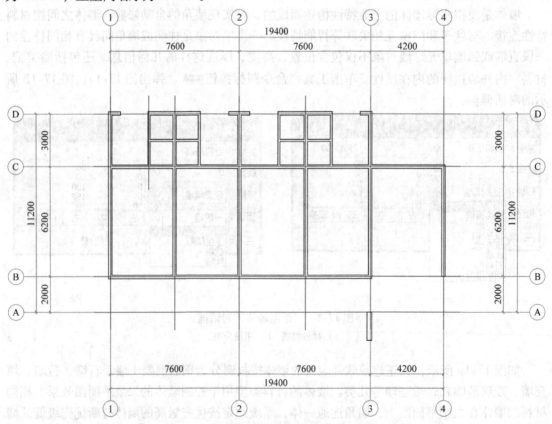

图 17-2 墙体绘制

1. 目的

学习使用"绘制墙体"命令。

2. 能力及标准要求

熟练掌握使用"绘制墙体"命令。

3. 知识及任务准备

墙体是建筑物中重要的组成部分。在绘制墙体前，先建立轴网，标注轴号。

"绘制墙体"命令功能：设定墙体参数，绘制墙体。

➢ 调用方法：

1）依次单击天正菜单"墙体"→"绘制墙体"。

2）命令行：hzqt。

3）工具栏：单击工具栏命令图标按钮 ▬。

命令激活后，弹出"绘制墙体"对话框，如图 17-1a、图 17-1b 所示。对话框中各选项说明如下：

- "高度"：墙体的高度，可以通过输入高度数据或通过下拉菜单获得。
- "底高"：墙体底部的高度，可以通过输入高度数据或通过下拉菜单获得。
- "材料"：墙体的材质，通过单击下拉菜单选择。
- "用途"：墙体的类型，通过单击下拉菜单选择。
- "左宽"、"右宽"：墙体的左、右宽度，指沿墙体定位点顺序。
- 左 中 右 交换 ：墙体基线的四种控制方式。 左 右 是在确定墙体的总宽后，将基线设置在右边线或左边线上， 中 是当前墙体总宽居中设置， 交换 是把当前左右墙厚交换方向。
- ▬："绘制直墙"按钮，使用该按钮绘制直线墙体。
- ▩："绘制弧墙"按钮，使用该按钮绘制弧线墙体。
- ▢："矩形绘墙"按钮，使用该按钮绘制矩形墙体。
- ✛："自动捕捉"按钮，使用该按钮在绘制墙体时自动捕捉轴网交点。

4. 步骤

1）在"绘制墙体"对话框中设置相应的参数，如图 17-3 所示。

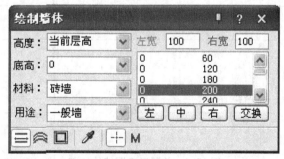

图 17-3 设置墙体参数

2）参数设定后，命令栏提示：

起点或 [参考点（R）] <退出>：（指定墙线起点）。

直墙下一点或［弧墙（A）/矩形画墙（R）/闭合（C）/回退（U）］＜另一段＞：（指定墙线的下一点）。

直墙下一点或［弧墙（A）/矩形画墙（R）/闭合（C）/回退（U）］＜另一段＞：（……）。

直墙下一点或［弧墙（A）/矩形画墙（R）/闭合（C）/回退（U）］＜另一段＞：（回车或空格键表示退出，完成绘图任务）。

5. 注意事项

➤ 建筑物中的门窗孔洞，绘制墙体时不用预留位置。插入门窗时，墙体会自动断开。

➤ 为了准确地定位墙体端点的位置，天正软件内部提供了对已有墙基线、轴线和柱子的自动捕捉功能。必要时，用户也可以按下 F3 键打开 AutoCAD 的捕捉功能。

6. 讨论

➤ 激活"绘制墙体"命令，将"左宽"参数设定为 0，"右宽"参数设定为 100，分别沿 X 轴、Y 轴正方向绘制墙体和沿 X 轴、Y 轴负方向绘制墙体。试观察所绘制的墙体的区别。

➤ 根据"首层平面图"的尺寸绘制墙体，如图 17-4 所示。

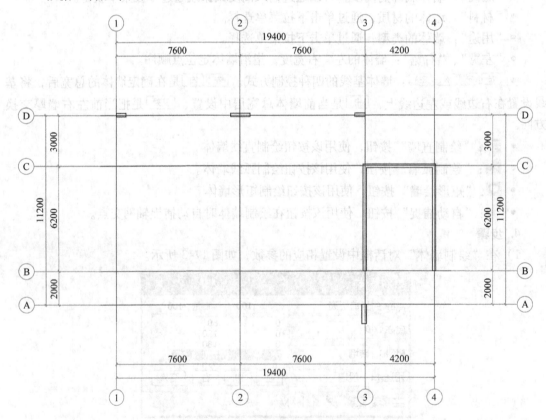

图 17-4　首层平面图墙体绘制

➤ 如图 17-5 所示，根据"屋面平面图"的尺寸绘制墙体。注意，屋面女儿墙的高度为 1500mm，即轴号 1～轴号 3 与轴号 A～轴号 D 之间的墙体高度为 1500mm，其余区域的墙体厚度为 3000mm。

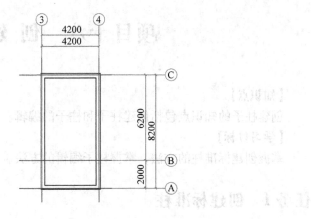

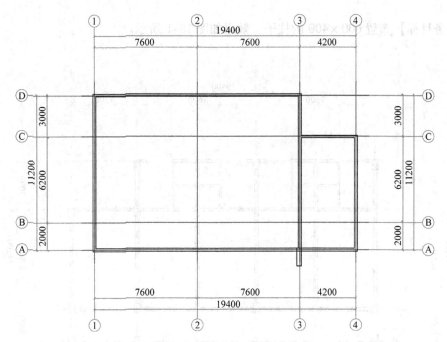

图 17-5　屋面平面图墙体绘制

项目十八 创 建 柱 子

【知识点】

创建柱子的知识点包括创建柱子和柱子的编辑。

【学习目标】

掌握创建标准柱的方法，掌握柱子编辑的方法。

任务1 创建标准柱

【任务目标】布置600×400的柱子，效果如图18-1所示。

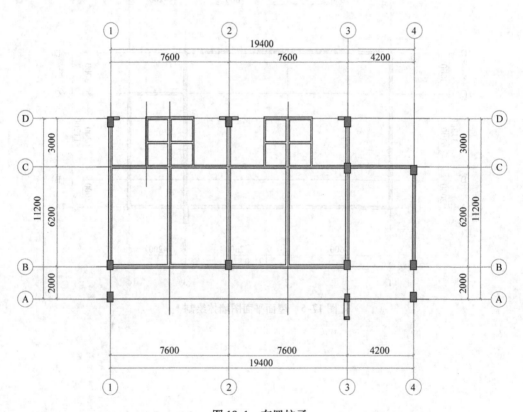

图18-1 布置柱子

1. 目的

学习使用"标准柱"命令，布置柱子。

2. 能力及标准要求

熟练掌握使用"标准柱"命令布置柱子。

3. 知识及任务准备

柱子在建筑设计中主要起结构支撑作用，有些柱子也用于纯粹的装饰。柱与墙相交时，按墙柱之间的材料等级关系决定柱自动打断墙或是墙穿过柱。如果柱与墙体同材料，墙体被打断的同时与柱连成一体。柱子按形状划分为标准柱和异形柱。标准柱的常用截面形式包括矩形、圆形和多边形等，异形柱的截面是任意形状的。本教材的例图均为标准柱。

➢ "标准柱"命令功能：在轴线的交点或任何位置插入矩形柱、圆柱或正多边形柱。

➢ 调用方法：

1）依次单击天正菜单"轴网柱子"→"标准柱"。

2）命令行：bzz。

3）工具栏：单击工具栏命令图标按钮 ▦。

命令激活后，弹出"标准柱"对话框，如图18-2所示。对话框各主要选项说明如下：

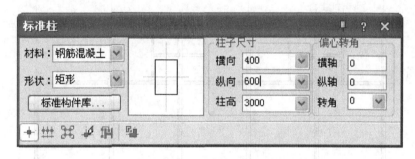

图18-2　"标准柱"对话框

● 柱子尺寸：设定柱子的尺寸。柱高默认取当前层高，也可从列表中选取常用高度。

● 偏心转角：其中，旋转角度在矩形轴网中以 X 轴为基准线，在弧形、圆形轴网中以环向弧线为基准线，以逆时针为正、顺时针为负自动设置。

● 材料：由下拉列表选择材料，柱子与墙之间的连接形式以二者的材料决定，目前包括砖、石材、钢筋混凝土或金属，默认为钢筋混凝土。

● 形状：设定柱截面类型，列表框中有矩形、圆形、正三角形……异形柱等柱截面，选择任一种类型成为选定类型。当选择异形柱时调出柱子构件库。

● 点选插入柱子 ✚：优先捕捉轴线交点插柱，如未捕捉到轴线交点，则在点取位置按当前 UCS 方向插柱。

● 沿一根轴线布置柱子 ▦：在选定的轴线与其他轴线的交点处插柱。

● 矩形区域的轴线交点布置柱子 ▩：在指定的矩形区域内，于所有的轴线交点处插柱。

● 替换图中已插入柱子 ✎：以当前参数的柱子替换图上的已有柱，可以单个替换或以窗选来成批替换。

● 选择 Pline 创建异形柱 ▦：以图上已绘制的闭合 Pline 线就地创建异形柱。

● 在图中拾取柱子形状或已有柱子：以图上已绘制的闭合 Pline 线或已有柱子作为当前标准柱读入界面，接着插入该柱。

4. 步骤

1）根据图 18-1 所示，在对话框中输入相应尺寸数据，如图 18-2 所示。

2）单击"点选插入柱子"按钮，命令行显示：

命令：T81_ TInsColu

点取位置或［转 90 度（A）/左右翻（S）/上下翻（D）/对齐（F）/改转角（R）/改基点（T）/参考点（G）］＜退出＞：（单击相应的位置放置柱子）。

点取位置或［转 90 度（A）/左右翻（S）/上下翻（D）/对齐（F）/改转角（R）/改基点（T）/参考点（G）］＜退出＞：（……）。

点取位置或［转 90°（A）/左右翻（S）/上下翻（D）/对齐（F）/改转角（R）/改基点（T）/参考点（G）］＜退出＞：（回车或空格键表示退出，结果如图 18-3 所示）。

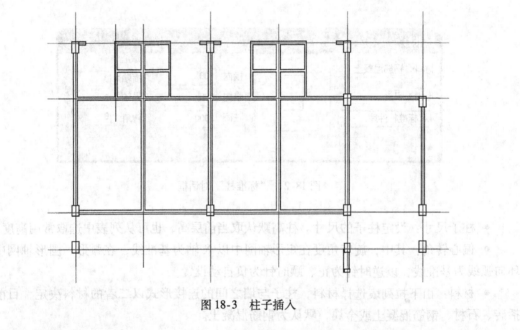

图 18-3　柱子插入

5. 注意事项

用这个方法插入的柱子可能是空心的。要将柱子变成实心，即出现图 18-1 所示的的效果，依次单击天正菜单"设置"→"天正选项"，激活"天正选项"对话框，在"加粗填充"选项页中勾选"对墙柱进行图案填充"，如图 18-4 所示。单击"确定"后重生成模型，即可完成本任务。

6. 讨论

插入柱子后出现图 18-5 所示的效果，思考是什么原因造成的？

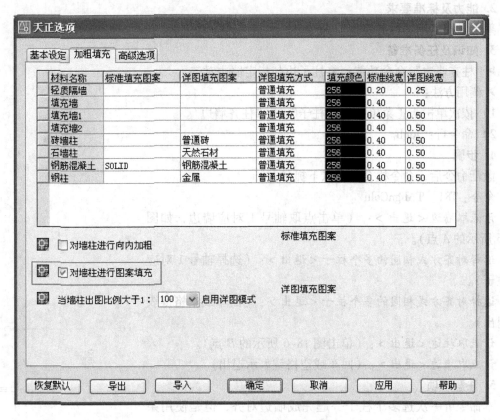

图 18-4 "天正选项"对话框

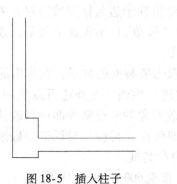

图 18-5 插入柱子

任务2 柱齐墙边

【**任务目标**】根据"标准层平面图",使用"柱齐墙边"命令,调整图 18-1 中柱子(如轴号 1 与轴号 4 对应的柱子)的位置。

1. 目的

学习使用"柱齐墙边"命令。

2. 能力及标准要求

熟练掌握使用"柱齐墙边"命令。

3. 知识及任务准备

➤ "柱齐墙边"命令功能：将柱子边与指定墙边对齐。

➤ 调用方法：

1）依次单击天正菜单"轴网柱子"→"柱齐墙边"。

2）命令行：zqqb。

4. 步骤

激活命令后，命令栏会出现以下提示：

命令：T81_ TAlignColu

请点取墙边＜退出＞：（单击点取轴号 1 对应墙边，如图 18-6 所示的 A 点）。

选择对齐方式相同的多个柱子＜退出＞：（选择轴号 1 对应的柱子）。

选择对齐方式相同的多个柱子＜退出＞：（回车或空格键表示退出）。

请点取柱边＜退出＞：（单击图 18-6 所示的 B 点）。

请点取墙边＜退出＞：（回车或空格键表示退出）。

5. 注意事项

本命令可一次选多个柱子一起完成墙边对齐，但是使用条件是各柱都在同一墙段，且对齐方向的柱子尺寸相同。

6. 讨论

➤ 除了"柱齐墙边"命令将柱子边与指定墙边对齐外，还可以使用 AutoCAD 命令（如"移动"）实现这个效果，读者可以根据所掌握的命令进行尝试。

➤ 对柱子进行编辑可以双击要替换的柱子，在弹出的"标准柱"对话框中对柱子参数进行编辑。此外还可以使用 Auto-CAD 的对象编辑表，通过修改对象的专业特性即可修改柱子的参数。选中要编辑的柱子，即可在"特性"对话框中修改柱子的参数。上述方法，请读者自行尝试。

➤ 根据"首层平面图"，布置 600×400 的柱子。

➤ 根据"屋面平面图"，布置 600×400 的柱子。

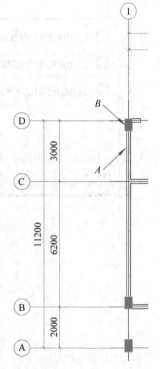

图 18-6　柱齐墙边的选择

项目十九　创建门窗

【知识点】

创建门窗的知识点包括门窗的创建与编辑。门窗的命令比较多，本项目主要介绍门窗中常用的创建及编辑方法，一些较少使用的命令，这里不做介绍。

【学习目标】

学习掌握门窗常用的创建与编辑方法。

任务1　门窗的创建

【任务目标】了解天正建筑门窗插入的方法。

1. 目的

了解天正建筑"门（窗）"对话框各选项的名称及其作用。

2. 能力及标准要求

了解天正建筑"门（窗）"对话框各选项的用法，为后面的任务做铺垫。

3. 知识及任务准备

门窗是建筑物中重要的组成部分，它是一种带有编号的 AutoCAD 自定义对象。门窗附属于墙体并需要在墙上开启洞口。它和墙体之间建立了智能联动关系。门窗和其他自定义对象一样，都可以使用 AutoCAD 相关命令及夹点编辑功能，并可以通过电子表格检查和统计出门窗编号。插入门窗前先绘制墙体。

➤"门（窗）"命令功能：提供了多种定位方式，以便用户快速在墙内确定门窗的位置。

➤调用方法：

1）依次单击天正菜单"门窗"→"门窗"。

2）命令行：mc。

3）工具栏：单击工具栏命令图标按钮 ◻。

命令激活后，弹出"门"对话框，如图 19-1 所示。如果想切换到"窗"对话框，请单击对话框中 ⊞ 按钮，即可切换。

图 19-1　"门"对话框

对话框中各选项说明如下：

- 视图①：门（窗）的二维图样式。可以通过单击激活"天正图库管理系统"进行选择。
- 视图②：门（窗）的三维图样式。可以通过单击激活"天正图库管理系统"进行选择。
- ▦：“自由插入”按钮，可在墙段的任意位置插入，速度快但不易准确定位，通常用在方案设计阶段。
- ▦：“顺序插入”按钮，以一段墙的起点为基点，按照设定的距离插入门窗。
- ▦：“轴线等分插入”按钮，依据点取位置两侧轴线进行等分插入。
- ▦：“墙段等分插入”按钮，在一个墙段上按墙体较短的一侧边线，插入若干个门窗，按墙段等分使各门窗之间墙垛的长度相等。
- ▦：“垛宽定距插入”按钮，按指定垛宽距离插入门窗。
- ▦：“轴线定距插入”按钮，系统自动搜索距离点取位置最近的轴线与墙体的交点，将该点作为参考位置，按预定距离插入门窗。
- ▦：“按角度插入”按钮，专用于在弧墙插入门窗，按给定角度在弧墙上插入门窗。
- ▦：“满墙插入”按钮，门窗在门窗宽度方向上完全充满一段墙，使用这种方式时，门窗宽度参数由系统自动确定。
- ▦：“插入上层门窗”按钮，在同一个墙体已有的门窗上方再加一个宽度相同、高度不同的窗，这种情况常常出现在高大的厂房外墙中。
- ▦：“在已有洞口插入多个门窗”按钮，在同一个墙体已有的门窗洞口内再插入其他样式的门窗，常用于防火门、密闭门和户门、车库门中。
- ▦：“门窗替换”按钮，在同一个墙体已有的门窗洞口内再插入其他样式的门窗，常用于防火门、密闭门和户门、车库门中。
- ▦：“插门”按钮，将对话框切换到"门"对话框。
- ▦：“插窗”按钮，将对话框切换到"窗"对话框。
- ▦：“插门连窗”按钮，将对话框切换到"门连窗"对话框。
- ▦：“插入子母”按钮，将对话框切换到"子母门"对话框。
- ▦：“插弧窗”按钮，将对话框切换到"弧窗"对话框。
- ▦：“插凸窗”按钮，将对话框切换到"凸窗"对话框。
- ▦：“插矩形洞”按钮，将对话框切换到"矩形洞"对话框。
- ▦：“标准构件库”按钮，用于激活"天正构件库"对话框。

4. 步骤

1) 单击 19-1 视图①，在"天正图库管理系统"中选择门（窗）的二维图样式。
2) 单击 19-1 视图②，在"天正图库管理系统"中选择门（窗）的三维图样式。
3) 选择合适的插入方式，设定参数。
4) 根据命令行提示插入门（窗）。

5. 注意事项

➢ 当插入门窗后，墙体会自动开启洞口，所以墙体绘制时并不需要预留门窗的洞口。

➢ 相同编号的门窗各项参数必须一致，否则无法插入门窗。命令行也会给出提示："同样编号的门窗参数不一致！不能插到该墙上！"

➢ 门窗创建失败的原因还有可能是门窗高度与门槛高或窗台高的和高于要插入的墙体高度。

➢ 本项目中门窗布置方法并不是唯一的，读者可以根据实际情况和个人习惯，选择不同的方法布置门窗。

任务2 轴线等分插入

【任务目标】根据"标准层平面图"绘制 C4 窗。C4 窗宽为 900mm，高为 1600mm，居中放置，如图 19-2 所示。

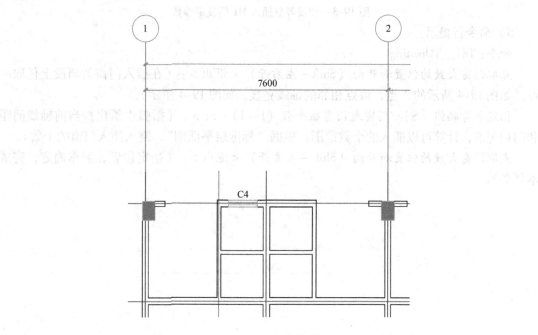

图 19-2 C4 窗绘制

1. 目的
学习使用"轴线等分插入"命令插入门（窗）。

2. 能力及标准要求
通过插入 C4 窗，掌握"轴线等分插入"命令的用法。

3. 知识及任务准备
本命令是指将一个或多个门窗等分插入到两根轴线间的墙段等分线中间，如果墙段内没有轴线，则按墙段基线等分插入。

4. 步骤
1）激活"窗"对话框，单击"轴线等分插入"按钮 。
2）单击窗的二维图样式，在"天正图库管理系统"中选择窗的样式："WINLIB2D" →

"四线表示",点击 按钮或双击图样式表确定。

3)单击窗的三维图样式,在"天正图库管理系统"中选择窗的样式:"窗"→"无亮子"→"塑钢窗",点击 **OK** 按钮或双击图样式表确定。

4)在"窗"对话框中输入相应的参数,如图 19-3 所示。

图 19-3　轴线等分插入 M1 门设定参数

5)命令行提示:

命令:T81_ TOpening

点取门窗大致的位置和开向(Shift - 左右开)<退出>:(在插入门窗的墙段上任取一点,如图 19-4 所示的 A 点,该点相邻的轴线亮显,如图 19-4 所示)。

指定参考轴线[S]/门窗或门窗组个数(1~1)<1>:(括弧中给出按当前轴线间距和门窗宽度,计算可以插入的个数范围。根据"标准层平面图",键入插入门窗的个数)。

点取门窗大致的位置和开向(Shift - 左右开)<退出>:(指定位置,回车确定,完成本任务)。

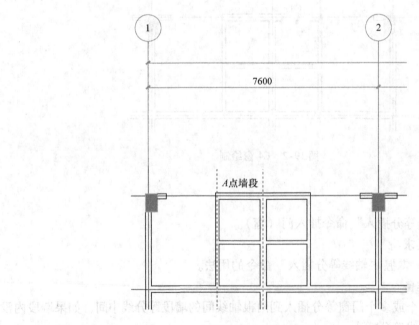

图 19-4　墙段选择

5. 注意事项

如果亮显的轴线不是需要选择的轴线,可以键入字母 S,来跳过亮显的轴线,选取其他轴线作为等分的依据，但要求仍在同一个墙段内。

任务3 墙段等分插入

【任务目标】根据"标准层平面图"，在图 19-2 的基础上居中插入其他 C4 窗，如图 19-5所示。

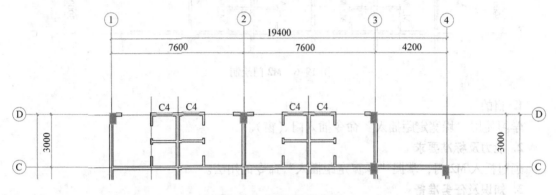

图 19-5 完成 C4 窗绘制

1. 目的

学习使用"墙段等分插入"命令插入门（窗）。

2. 能力及标准要求

通过插入 C4 窗，掌握"墙段等分插入"命令的用法。

3. 知识及任务准备

本命令与轴线等分插入相似，是在一个墙段上按墙体较短的一侧边线，插入若干个门窗，按墙段等分使各门窗之间墙垛的长度相等。

4. 步骤

1）打开图 19-2，激活"窗"对话框，单击"墙段等分插入"按钮 ▦。

2）在"编号"下拉栏中选择 C4 编号。

3）命令行提示：

命令：T81_ TOpening

点取门窗大致的位置和开向（Shift - 左右开）＜退出＞：（点击墙段）。

门窗＼门窗组个数（1～1）＜1＞：（键入插入门窗的个数，括号中给出按当前墙段与门窗宽度，计算可用个数的范围。根据"标准层平面图"键入插入门窗的个数）。

点取门窗大致的位置和开向（Shift - 左右开）＜退出＞：（按照上述方法继续插入窗，完成本任务）。

任务4 垛宽定距插入

【任务目标】根据"标准层平面图"绘制 M2 门。M2 门宽为 750mm，高为 2100mm，门垛尺寸为 60mm，如图 19-6 所示。

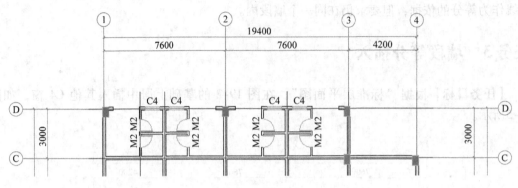

图 19-6 M2 门绘制

1. 目的
学习使用"垛宽定距插入"命令插入门（窗）。

2. 能力及标准要求
通过插入 M2 门，掌握"垛宽定距插入"命令的用法。

3. 知识及任务准备
本命令适用于指定垛宽距离插入门窗，特别适合插入室内门。

4. 步骤
1）激活"门"对话框，单击"垛宽定距插入"按钮 。

2）单击门的二维图样式，在"天正图库管理系统"中选择门的样式："平开门"→"单扇平开门（全开表示门厚）"，点击 按钮或双击图样式表确定。

3）单击门的三维图样式，在"天正图库管理系统"中选择门的样式："百叶门"→"百叶实木门"，点击 按钮或双击图样式表确定。

4）在"门"对话框中输入相应的参数，如图 19-7 所示，将编号改为 M2。

图 19-7 垛宽定距插入 M2 门设定参数

5）命令行提示：

命令：T81_ TOpening

点取门窗大致的位置和开向（Shift - 左右开）<退出>：（点取需要插入门窗的墙体，按 Shift 键改变门的开向）。

点取门窗大致的位置和开向（Shift - 左右开）<退出>：（插入余下的 M2 门，完成本任务）。

5. 注意事项

本命令选取的距离是以距点取位置最近的墙边线顶点作为参考点。

任务 5 轴线定距插入

【**任务目标**】根据"标准层平面图",在图 19-6 的基础上绘制 M1 门。M1 门宽为 1000mm,高为 2600mm,门垛尺寸为 60mm,如图 19-8 所示。

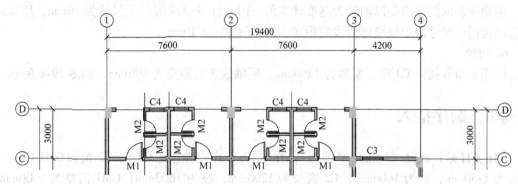

图 19-8 M1 门绘制

1. 目的

学习使用"轴线定距插入"命令插入门(窗)。

2. 能力及标准要求

通过插入 M1 门,掌握"轴线定距插入"命令的用法。

3. 知识及任务准备

本命令与垛宽定距插入相似,系统自动搜索距离点取位置最近的轴线与墙体的交点,将该点作为参考位置,按预定距离插入门窗。

4. 步骤

1)打开图 19-6,激活"门"对话框,单击"轴线定距插入"按钮 。

2)单击门的二维图样式,在"天正图库管理系统"中选择门的样式:"平开门"→"单扇平开门(全开表示门厚)",点击 **OK** 按钮或双击图样式表确定。

3)单击门的三维图样式,在"天正图库管理系统"中选择门的样式:"铝塑门"→"半玻璃门",点击 **OK** 按钮或双击图样式表确定。

4)在"门"对话框中输入相应的参数,如图 19-9 所示。

图 19-9 轴线定距插入 M1 门设定参数

5）命令行提示：

命令：T81_ TOpening

点取门窗大致的位置和开向（Shift - 左右开）＜退出＞：（点取需要插入门窗的墙体，按 Shift 键改变门的开向）。

点取门窗大致的位置和开向（Shift - 左右开）＜退出＞：（在需要插入 M1 门的墙段上插入，完成本任务）。

5. 注意事项

本命令选取的距离是以轴线为基准计算的。因为任务要求的门垛尺寸为 60mm，所以距离应该为门垛尺寸加上轴线到墙段的距离，即 60 + 60 = 120mm。

6. 讨论

试用本命令插入 C3 窗，窗宽为 1200mm，距轴线 3 的距离为 600mm，如图 19-8 所示。

任务6 顺序插入

【任务目标】根据"标准层平面图"，在图 19-8 的基础上插入 C1、C2 窗和 GM1 门。C1 窗长为 1150mm，高为 1600mm；C2 窗长为 1200mm，高为 1600mm；GM1 门宽为 1000mm，高为 2600mm。C1、C2 窗距离墙基线为 200mm，如图 19-10 所示。

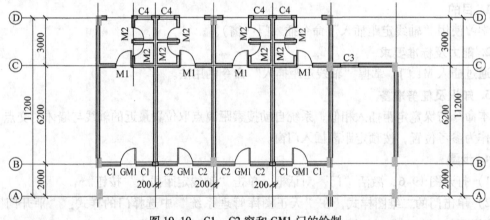

图 19-10 C1、C2 窗和 GM1 门的绘制

1. 目的

学习使用"顺序插入"命令插入门（窗）。

2. 能力及标准要求

通过插入 M1 门，掌握"顺序插入"命令的用法。

3. 知识及任务准备

本命令是指以距离点取位置较近的墙边端点或基线端点为起点，按给定距离插入选定的门窗。此后顺着前进方向连续插入，插入过程中可以改变门窗类型和参数。在弧墙顺序插入时，门窗按照墙基线弧长进行定位。

4. 步骤

1）打开图 19-8，激活"窗"对话框，单击"顺序插入"按钮 ▦ 。

2）单击窗的二维图样式，在"天正图库管理系统"中选择窗的样式："WINLIB2D"→"四线表示"，点击 OK 按钮或双击图样式表确定。

3）单击窗的三维图样式，在"天正图库管理系统"中选择窗的样式："窗"→"无亮子"→"塑钢窗"，点击 OK 按钮或双击图样式表确定。

4）在"窗"对话框中输入相应的参数，如图19-11所示。

图 19-11　顺序插入 C2 窗设定参数

5）命令行提示：

命令：T81_ TOpening

点取墙体＜退出＞：（点取需要插入门窗的墙体，如图19-12所示 A 点）。

输入从基点到门窗侧边的距离或［取间距60（L）］＜退出＞：200。

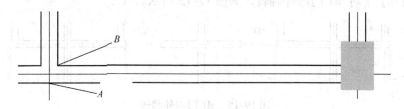

图 19-12　墙段选择

6）不结束命令，单击对话框的 按钮，切换到"门"对话框。在对话框中设定 GM1 的相应参数，如图19-13所示。同时，命令行提示：

输入从基点到门窗侧边的距离或［左右翻转（S）／内外翻转（D）／取间距60（L）］＜退出＞：0。

图 19-13　顺序插入 GM1 门设定参数

7）不结束命令，切换到"窗"对话框。在编号下拉栏中选择 C2 窗。命令行提示：

输入从基点到门窗侧边的距离或［左右翻转
（S）／内外翻转（D）／取间距 60（L）］
<退出>：0。

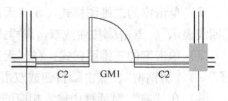
图 19-14　顺序插入 C2 窗和 GM1 门

输入从基点到门窗侧边的距离或［左右翻转
（S）／内外翻转（D）／取间距 200（L）］<退出>：
（回车退出命令，完成后结果如图 19-14 所示。

8）用同样的方法插入剩余的门窗，完成本任务。

5. 注意事项

如图 19-12 所示，点击选取墙段时，请注意选取墙段的外侧，即 A 点位置，而不是墙段内侧，即 B 点位置。

6. 讨论

如图 19-12 所示，点击墙段时，选择墙段 B 点位置，观察所插入的门窗位置有什么不同。

任务7　"内外翻转"编辑门

【任务目标】请将 M1 门内外翻转，如图 19-15 所示。

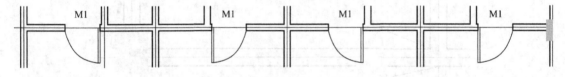

图 19-15　M1 门内外翻转

1. 目的
学习使用"内外翻转"命令编辑门窗。

2. 能力及标准要求
通过插入 M1 门，掌握"顺序插入"命令的用法。

3. 知识及任务准备
➤"内外翻转"命令功能：选择需要内外翻转的门窗，统一以墙中为轴线进行翻转，适用于一次处理多个门窗的情况，方向总是与原来相反。

➤调用方法：

1）依次单击天正菜单"门窗"→"内外翻转"。

2）命令行：nwfz。

4. 步骤
激活命令后，命令行提示：

命令：T81_ TMirWinIO

选择待翻转的门窗：（选择要求翻转的门窗）。

选择待翻转的门窗：（……）。

选择待翻转的门窗：（回车结束选择后对门窗进行翻转，完成本任务）。

5. 讨论

"左右翻转"命令是指选择需要左右翻转的门窗，统一以门窗中垂线为轴线进行翻转，适用于一次处理多个门窗的情况，方向总是与原来相反。它的操作与"内外翻转"命令相似，请读者自行学习，效果如图 19-16 所示。

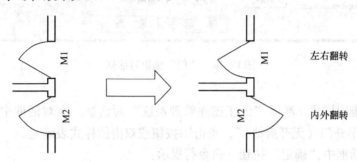

图 19-16 内外翻转与左右翻转的效果

任务 8 对象编辑与特性编辑

【任务目标】将图 19-10 的 M2 门的二维样式全部替换为"单扇平开门（无开启线）"，如图 19-17 所示。

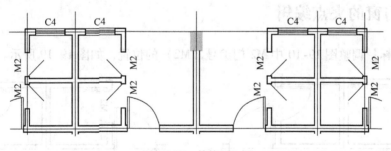

图 19-17 替换 M2 门

1. 目的

学习使用"对象编辑"或"特性编辑"命令编辑门窗。

2. 能力及标准要求

能够使用"对象编辑"和"特性编辑"命令，编辑门窗的属性。

3. 知识及任务准备

门窗"对象编辑"与"门"或"窗"对话框中的参数相似，只是门窗"对象编辑"减少了最下面一排插入和替换按钮，多了一项"单侧改宽"复选框，如图 19-18 所示。

➤ 调用方法：

1）双击创建的门窗对象。

2）把鼠标移至门窗对象上，右键打开快捷菜单，选"对象编辑"。

4. 步骤

1）打开图 19-10，双击任一个 M2 门，出现图 19-18 所示的对话框。

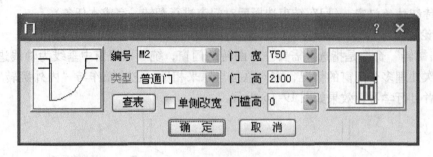

图 19-18 "门"编辑对话框

2）单击二维图样式，激活"天正图库管理系统"对话框。在对话框中选择门的样式："门"→"单扇平开门（无开启线）"，点击██按钮或双击图样式表确定。

3）单击对话框中"确定"按钮，命令行提示：

命令：T81_ TObjEdit

是否其他 7 个相同编号的门窗也同时参与修改？［是（Y）/否（N）］＜Y＞：Y（表示其他 M2 均修改为该参数，否则键入 N，完成本任务）。

5. 注意事项

如果希望新门窗宽度在是对称变化的，不要勾选"单侧改宽"复选框。

任务 9 门窗的夹点编辑

【任务目标】调整图 19-10 中 M2 门编号（M2）的位置，如图 19-19 所示。

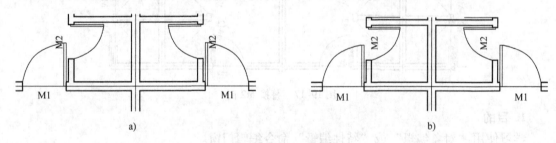

图 19-19 调整 M2 位置

a）调整前 b）调整后

1. 目的

学习使用夹点编辑命令编辑门窗。

2. 能力及标准要求

能够使用夹点编辑命令编辑门窗。

3. 知识及任务准备

普通门、普通窗都有若干个预设的夹点，拖动夹点时，门窗对象会按预设的行为做出动作，熟练操纵夹点进行编辑是用户应该掌握的高效编辑手段，为此，系统提供了各种门窗编辑命令。门窗对象提供的编辑夹点功能，如图 19-20 所示。

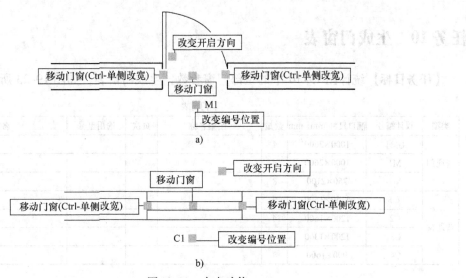

图 19-20 夹点功能

a) 普通门的夹点功能 b) 普通窗的夹点功能

4. 步骤

点击 M2，如图 19-21 所示，激活编号夹点，拖动到合适的位置，完成本任务。

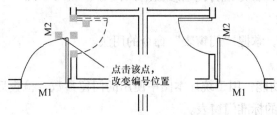

图 19-21 激活 M2 夹点

5. 注意事项

➢ 夹点编辑的缺点是一次只能对一个对象操作，而不能一次更新多个对象。

➢ 部分夹点用 Ctrl 键来切换功能。

6. 讨论

根据"屋面平面图"布置 C3 窗和 GM2 门。C3 窗宽为 1200mm，距轴线 3 的距离为 600mm。GM2 宽为 1500mm，高为 2100mm，样式为"弹簧门"→"双扇弹簧门 2（有门框）"，如图 19-22 所示。

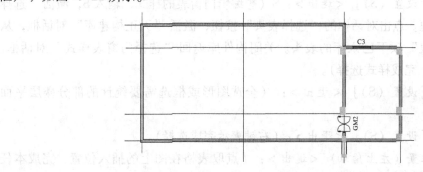

图 19-22 屋面平面图门窗布置

任务10　生成门窗表

【任务目标】统计图 19-10 中的全部门窗参数，生成门窗表，如图 19-23 所示。

门窗表

类型	设计编号	洞口尺寸/mm×mm	数量	图集名称	页次	选用型号	备注
普通门	GM1	1000×2600	4				
	M1	1000×2600	4				
	M2	750×2100	8				
普通窗	C1	1150×1600	4				
	C2	1200×1600	4				
	C3	1200×1300	1				
	C4	900×1600	4				

图 19-23　门窗表

1. 目的

学习使用"门窗表"命令统计门窗参数。

2. 能力及标准要求

通过统计门窗参数，掌握"门窗表"命令的用法。

3. 知识及任务准备

➤"门窗表"命令功能：用于统计本图中使用的门窗参数，检查后生成传统样式的门窗表或符合国家标准样式的标准门窗表。

➤调用方法：

1）依次单击天正菜单"门窗"→"门窗表"。

2）命令行：mcb。

4. 步骤

打开图 19-19，激活命令，命令行提示：

命令行提示：

命令：T81_ TStatOp

请选择门窗或［设置（S）］＜退出＞：S（想编辑门窗表的样式，输入 S，激活"选择门窗表样式"对话框。点击对话框的"选择表头"按钮，激活"天正构建库"对话框，从构件库选取"门窗表"项下已入库的表头。关闭构件库返回"选择门窗表样式"对话框，单击"确定"按钮，完成样式选择）。

请选择门窗或［设置（S）］＜退出＞：（全选图形或框选需要统计的部分楼层平面图）。

请选择门窗或［设置（S）］＜退出＞：（右键表示完成选择）。

请点取门窗表位置（左上角点）＜退出＞：（点取表格在图上的插入位置，完成本任务）。

5. 注意事项

➢ 如果用户想对生成的门窗表进行修改，双击表格就可以对表格的各项参数进行编辑；如果双击文字（包括表格中没有输入文字的位置），可以对文字进行在位编辑；也可以拖动某行到其他位置。图 19-24 为笔者对门窗表进行编辑后的结果。

➢ 如果门窗中有数据冲突的，程序则自动将冲突的门窗按尺寸大小归到相应的门窗类型中，同时在命令行提示哪个门窗编号参数不一致。

6. 讨论

建立门窗表并进行编辑，效果如图 19-24 所示。

门窗表

类型	设计编号	洞口尺寸/mm×mm	数量
普通门	GM1	1000×2600	4
	M1	1000×2600	4
	M2	750×2100	8
普通窗	C1	1150×1600	4
	C2	1200×1600	4
	C3	1200×1300	1
	C4	900×1600	4

图 19-24　编辑门窗表

项目二十 室内外设施

【知识点】

室内外设施主要包括楼梯、电梯、自动扶梯、阳台、台阶、坡道和散水等部分。本项目主要介绍双跑楼梯、阳台、台阶、坡道和散水等创建及编辑方法。其中，楼梯包括直线梯段、圆弧梯段、双跑楼梯及多跑楼梯等，这里介绍双跑楼梯。此外一些较少使用的命令，这里不做介绍。

【学习目标】

学习并掌握双跑楼梯、阳台、台阶、坡道和散水等的创建与编辑方法。

任务1 创建双跑楼梯

【任务目标】

根据"标准层平面图"插入楼梯，如图20-1所示。

1. 目的

掌握"双跑楼梯"命令。

2. 能力及标准要求

通过插入楼梯，掌握"双跑楼梯"命令的用法。

3. 知识及任务准备

双跑楼梯是最常见的楼梯形式，由两跑直线梯段、一个休息平台、一个或两个扶手和一组或两组栏杆构成的自定义对象。

➢ "双跑楼梯"命令功能：在对话框中设定参数，直接绘制双跑楼梯，具有二维视图和三维视图。

➢ 调用方法：

1）依次单击天正菜单"楼梯其他"→"双跑楼梯"。

2）命令行：splt。

3）工具栏：单击工具栏命令图标按钮 ▥ 。

激活命令后，出现图20-2所示的对话框。

对话框中主要选项说明如下：

• 梯间宽＜：双跑楼梯的总宽。单击按钮可从平面图中直接量取楼梯间净宽作为双跑楼梯总宽。

• 梯段宽＜：默认宽度或由总宽计算，余下二等分作梯段宽初值，单击按钮可从平面图中直接量取。

• 井宽：设置井宽参数，井宽＝梯间宽－（2×梯段宽），最小井宽可以等于0，这三个数值互相关联。

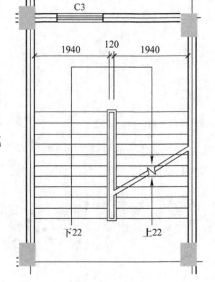

图 20-1 双跑楼梯

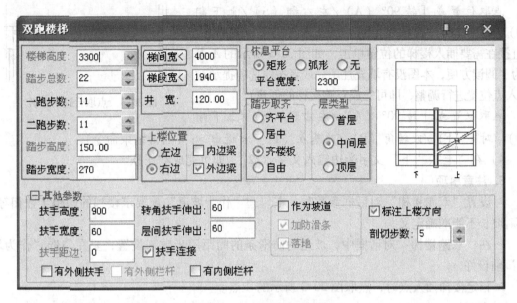

图 20-2　"双跑楼梯"对话框

- 楼梯高度：双跑楼梯的总高，默认自动取当前层高的值，对相邻楼层高度不等时应按实际情况调整。
- 踏步总数：默认踏步总数为 20，是双跑楼梯的关键参数。
- 一跑步数：以踏步总数推算一跑与二跑步数，总数为奇数时，先增二跑步数。
- 二跑步数：二跑步数默认与一跑步数相同，二者都允许用户修改。
- 踏步高度：用户可先输入大约的初始值，由楼梯高度与踏步数推算出最接近初值的设计值，推算出的踏步高有均分的舍入误差。
- 踏步宽度：踏步沿梯段方向的宽度，是用户优先决定的楼梯参数，但在勾选"作为坡道"后，仅用于推算出的防滑条宽度。
- 休息平台：有矩形、弧形、无三种选项，在非矩形休息平台时，可以选无平台，以便自己用平板功能设计休息平台。
- 平台宽度：按建筑设计规范，休息平台的宽度应大于梯段宽度，在选弧形休息平台时应修改宽度值，最小值不能为零。
- 踏步取齐：除了两跑步数不等时可直接在"齐平台"、"居中"、"齐楼板"中选择两梯段相对位置外，也可以通过拖动夹点任意调整两梯段之间的位置，此时踏步取齐为"自由"。
- 层类型：在平面图中按楼层分为三种类型绘制，①首层只给出一跑的下剖断；②中间层的一跑是双剖断；③顶层的一跑无剖断。

4. 步骤

1）激活"双跑楼梯"命令。

2）参考图 20-2，设置相应参数。

3）激活命令后，命令行提示：

命令：T81_ TRStair

点取位置或［转90°（A）/左右翻（S）/上下翻（D）/对齐（F）/改转角（R）/改基点（T）］＜退出＞：（直接在需要插入楼梯的位置单击，如图20-3所示的A点（为了阅读方便，本图没有填充柱子。或者按照选项提示对插入点位置进行调整，即可完成双跑楼梯的创建）。

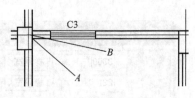

图20-3　点取合适的位置

点取位置或［转90°（A）/左右翻（S）/上下翻（D）/对齐（F）/改转角（R）/改基点（T）］＜退出＞：（右键结束命令）。

4）在"上"、"下"文字旁边输入文字"22"，即可完成本任务。

5. 注意事项

➤ 设置"双跑楼梯"对话框参数时，在勾选"作为坡道"前要求楼梯的两跑步数相等，否则坡长不能准确定义。

➤ 在"双跑楼梯"对话框中，坡道的防滑条的间距用步数来设置，要在勾选"作为坡道"前设好。

➤ 指定楼梯插入点时，点取图20-3所示的A点。

6. 讨论

➤ 思考，如果指定楼梯插入点时，点取了图20-3所示的B点，会出现什么效果？

➤ "首层平面图"和"屋面平面图"的楼梯参数与"标准层平面图"的楼梯参数是一致的。思考，如何设置"双跑楼梯"对话框参数插入首层楼梯和顶层楼梯？

➤ 其他"直线梯段"、"圆弧梯段"、"多跑楼梯"等命令的操作方法与"双跑楼梯"命令的操作方法相似，这里不提及。

➤ 试用AutoCAD的编辑命令修改楼梯，请观察AutoCAD的编辑命令能否对楼梯进行编辑操作。

➤ 根据"首层平面图"布置首层楼梯。

➤ 根据"屋面平面图"的布置顶层楼梯。

任务2　绘制阳台

【任务目标】

根据"标准层平面图"，绘制阳台，如图20-4所示。其中，栏板宽度为120mm，栏板高度为1150mm，阳台板厚为120mm。

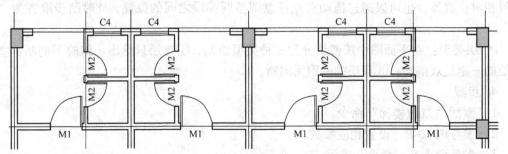

图20-4　绘制阳台

1. 目的

学习使用"阳台"命令。

2. 能力及标准要求

通过插入阳台，掌握"阳台"命令的用法。

3. 知识及任务准备

阳台是指供使用者进行活动和晾晒衣物的建筑空间，有时也称为外廊。

➤ "阳台"命令功能：以几种预定样式绘制阳台，或选择预先绘制好的路径转成阳台，以任意绘制方式创建阳台。

➤ 调用方法：

1）依次单击天正菜单"楼梯其他"→"阳台"。

2）命令行：yt。

激活"阳台"命令，弹出"绘制阳台"对话框，如图20-5所示。各选项说明如下：

图20-5 "绘制阳台"对话框

• ▢："凹阳台"按钮，用于创建凹进楼层外墙（柱）体的阳台。本项目使用【凹阳台】命令完成。

• ▢："矩形阳台"按钮，用于创建矩形阳台。

• ▢："阴角阳台"按钮，用于创建阴角阳台。

• ▢："偏移生成"按钮，用偏移的方法创建阳台。

• ↙："任意绘制"按钮，在对话框设置阳台参数，任意绘制阳台。

• ▢："选择已有路径绘制"按钮，设置阳台参数，选择已有路径（直线、圆或多段线）绘制阳台。

4. 步骤

1）激活"阳台"命令，在"绘制阳台"对话框中选择"凹阳台"按钮▢。

2）"绘制阳台"对话框中设置相应的参数，如图20-5所示。

3）命令行提示：

命令：T81_ TBALCONY

阳台起点＜退出＞：（给出墙体角点，如图20-6所示的 *A* 点，沿着阳台长度方向拖动）。

阳台终点或［翻转到另一侧（F）］＜取消＞：F（如果看到此时阳台在室内一侧显示，键入热键F翻转阳台。）

阳台终点或［翻转到另一侧（F）］＜取消＞：
（给出墙体的另一角点，如图20-6所示的 *B* 点）。

阳台起点＜退出＞：（继续绘制其他阳台，
完成本任务）。

5. 注意事项

一层的阳台可以自动遮挡散水，阳台对象可
以被柱子、墙体等局部遮挡。

6. 讨论

使用"阳台"命令，绘制走廊，如图20-7
所示。其中，栏板宽度为120mm，栏板高度为
1150mm，板厚为100mm。

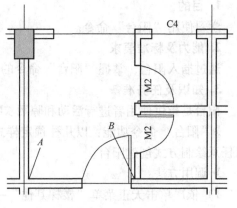

图 20-6　阳台选取定位

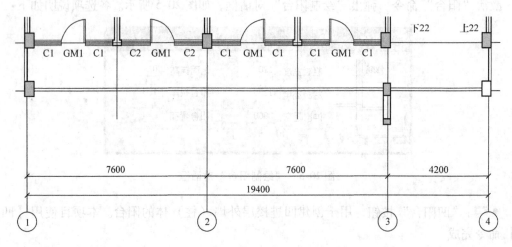

图 20-7　绘制走廊

任务3　绘制台阶

【任务目标】

根据"首层平面图"绘制台阶，台阶宽度为300mm，踏步数目为3，如图20-8所示。

1. 目的

学习使用"台阶"命令。

2. 能力及标准要求

通过插入台阶，掌握"台阶"命令的用法。

3. 知识及任务准备

当建筑物室内地坪存在高差时，如果这个高差过大，就需要在建筑入口处设置台阶作为
建筑物室内外的过渡。按照《民用建筑设计通则》（GB 50352—2005）规定，公共建筑室内
外台阶踏步宽度不宜小于0.30m，踏步高度不宜大于0.15m，并不宜小于0.10m，踏步应防
滑。室内台阶踏步数不应少于2级，当高差不足2级时，应按坡道设置。

➢"台阶"命令功能：直接绘制矩形单面台阶、矩形三面台阶、阴角台阶、沿墙偏移等预定样式的台阶，或把预先绘制好的 PLINE 转成台阶、直接绘制平台创建台阶，如果平台不能由本命令创建，应下降一个踏步高绘制下一级台阶作为平台；直台阶两侧需要单独补充 Line 线画出二维边界；台阶可以自动遮挡之前绘制的散水。

➢调用方法：

1）依次单击天正菜单"楼梯其他"→"台阶"。

2）命令行：tj。

激活"台阶"命令，弹出"台阶"对话框，如图 20-9 所示。工具栏从左到右分别为绘制方式、楼梯类型、基面定义三个区域，可组成满足工程需要的各种台阶类型。

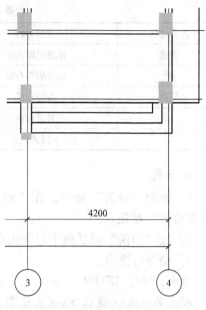

图 20-8 绘制台阶

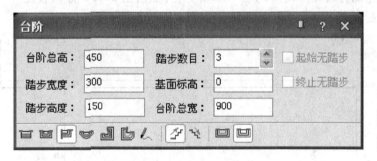

图 20-9 "台阶"对话框

台阶各选项说明见表 20-1。

- ▤ "矩形单面台阶"按钮，用于创建矩形单面台阶。

- ▣ "矩形三面台阶"按钮，用于创建矩形三面台阶。

- ▥ "矩形阴角台阶"按钮，用于创建矩形阴角台阶。

- ▨ "弧形台阶"按钮，用于创建弧形台阶。

- ▤ "沿墙偏移"按钮，使用沿墙偏移的方法创建台阶。

- ▧ "选择已有路径绘制"按钮，根据已有的路径创建台阶。

- ✎ "任意绘制"按钮，任意绘制创建台阶。

- ✐ "普通台阶"按钮，用于门口高于地坪的情况。

- ✑ "下沉式台阶"按钮，用于门口低于地坪的情况。

- ▣ "平台面"按钮，基面定义为平面台。

- ▣ "外轮廓面"按钮，基面定义是外轮廓面，多用于下沉式台阶。

表 20-1 台阶各选项说明

图标按钮	按钮名称	图标按钮	按钮名称
	矩形三面台阶		选择已有路径绘制
	矩形阴角台阶		任意绘制
	弧形台阶		平台面
	普通台阶		外轮廓面
	下沉式台阶		

4. 步骤

1）激活"台阶"命令，在"台阶"对话框中选择"矩形阴角台阶"按钮 ，选择"外轮廓面"按钮。

2）在"台阶"对话框中设置相应的参数，如图 20-9 所示。

3）命令行提示：

命令：T81_ TSTEP

指定第一点 <退出>：（点击图 20-10 的 A 点）。

第二点或 [翻转到另一侧（F）] <取消>：（点击图 20-10 的 B 点）。

指定第一点 <退出>：（再次回车或右键退出，完成本任务）。

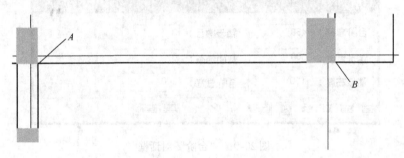

图 20-10 台阶选取定位

5. 讨论

绘制作为台阶轮廓的多段线，选中"选择已有路径绘制" ，试绘制图 20-8 所示的台阶。

项目二十一　房间和屋顶

【知识点】

当墙体、门窗和各种室内外设施完成后，就要计算房间面积，进行房间布置和创建屋顶。天正建筑的"房屋屋顶"菜单包括房间面积、房间布置、洁具布置和屋顶创建等相关操作。房间面积的操作主要用于提供房间的数据；房间布置的操作主要用于房间的布置，包括踢脚板、对地面和顶棚进行各种分格等；洁具布置的操作主要是利用天正建筑提供的洁具图库布置洁具；屋顶创建的操作主要是按照所提供的参数生成屋顶及屋顶构建。本项目主要介绍洁具的布置和标准坡顶屋面的创建。房间面积、房间布置等内容，这里不做介绍。

【学习目标】

学习并掌握洁具布置、任意坡顶屋面的创建及绘制雨水管。

任务1　布置洁具

【任务目标】根据"标准层平面图"布置蹲式大便器、淋浴器和洗脸盆，如图 21-1 所示。

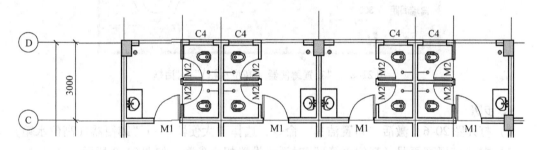

图 21-1　布置洁具

1. 目的

掌握"布置洁具"命令。

2. 能力及标准要求

调用天正建筑提供的洁具图库布置洁具，掌握"布置洁具"命令的用法。

3. 知识及任务准备

家居用卫生洁具是指人们盥洗或洗涤用的器具，用于厕浴间和厨房，如洗面器、坐便器、浴缸、洗涤槽等，为其配置的给水排水产品称为卫生洁具配件。天正建筑为了便于用户进行洁具布置，提供了二维天正图块对象。天正建筑洁具布置默认参数依照国家标准中的规定。

➤ "布置洁具"命令功能：布置卫生洁具等设施。

➤ 调用方法：

1）依次单击天正菜单"房间屋顶"→"房间布置"→"布置洁具"。

2）命令行：bzjj。

3）工具栏：单击工具栏命令图标按钮 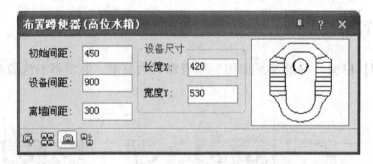 。

激活命令后，弹出"天正洁具"对话框。用户根据设计要求，在对话框中选取所需的洁具进行布置。选取不同类型的洁具后，系统自动给出与该类型相适应的布置方法。在预览框中双击所需布置的卫生洁具，弹出图 21-2 所示的对话框，对话框中各选项说明如下：

- ：'自由插入"按钮。
- ：'均匀分布"按钮。
- ：'沿墙布置"按钮。
- ：'沿已有洁具布置"按钮。
- "初始间距"：当侧墙和背墙同材质时，第一个洁具插入点与墙角点的默认距离。
- "设备间距"：插入的多个卫生设备的插入点之间的间距。
- "离墙间距"：为坐便器时紧靠墙边布置，插入点距墙边的距离为 0，为蹲便器时默认为 300。

图 21-2　"布置蹲便器（高位水箱）"对话框

4. 步骤

1）打开图 20-6，激活"布置洁具"命令，选择"大便器"→"蹲便器（高位水箱）"。

2）在"布置蹲便器（高位水箱）"对话框设置相应参数，如图 21-2 所示。

3）命令行提示：

命令：T81_ TSan

请选择沿墙边线 <退出>：（点击墙线，如图 21-3a 所示 A 段墙线，即靠近 C4 窗户的那边）。

插入第一个洁具 [插入基点（B）] <退出>：（指示图 21-3b 所示的方向，点击左键，插入大便器，如图 21-3c 所示）。

下一个 <结束>：（右键表示结束）。

请选择沿墙边线 <退出>：（右键表示退出）。

4）激活"布置洁具"命令，选择"淋浴喷头"→"淋浴喷头"。

5）在"布置淋浴喷头"对话框设置相应参数，如图 21-4 所示。

6）命令行提示：

命令：T81_ TSan

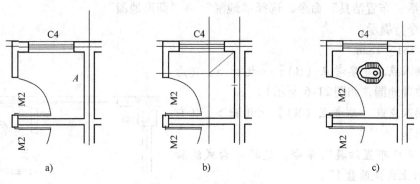

图 21-3　布置大便器

a）选择墙段　b）洁具布置方向　c）洁具布置

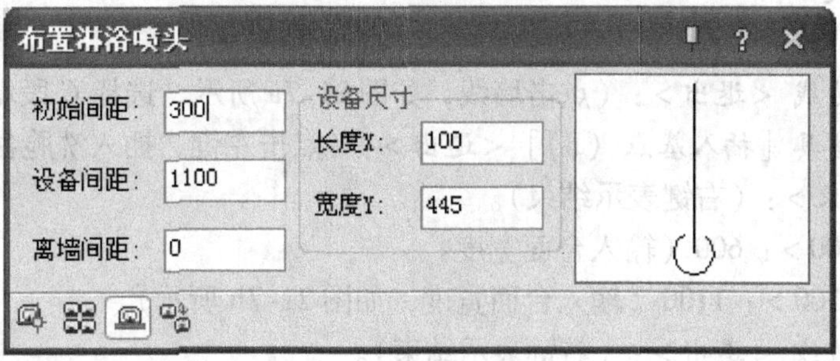

图 21-4　"布置淋浴喷头"对话框

请选择沿墙边线 <退出>：（点击墙线，如图 21-5a 所示，选择 B 段墙线，即非靠近 C4 窗户的那边）。

插入第一个洁具 ［插入基点（B）］ <退出>：（左键，插入淋浴器，如图 21-5b 所示）。

下一个 <结束>：（右键表示结束）。

请选择沿墙边线 <退出>：（右键表示退出）。

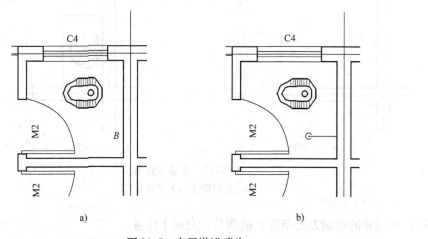

图 21-5　布置淋浴喷头

a）选择墙段　b）洁具布置

7）激活"布置洁具"命令，选择"地漏"→"圆形地漏"。

8）命令行提示：

命令：T81_ TSan

点取插入点或［参考点（R）］＜退出＞：（点击阳台，放置地漏，如图21-6所示）。

点取插入点或［参考点（R）］＜退出＞：（右键表示退出）。

9）激活"布置洁具"命令，选择"台式洗脸盆"→"台上式洗脸盆1"。

10）在"台上式洗脸盆1"对话框设置相应参数。

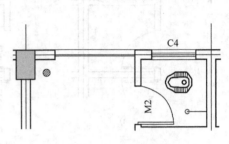

图21-6　布置地漏

11）命令行提示：

命令：T81_ TSan

请选择沿墙边线 ＜退出＞：（点击墙线，如图21-7a所示，选择C段墙线）。

插入第一个洁具［插入基点（B）］＜退出＞：（点击左键，插入洗脸盆）。

下一个 ＜结束＞：（右键表示结束）。

台面宽度＜600＞：600（输入台面宽度）。

台面长度＜1100＞：1100（输入台面宽度，如图21-7b所示）。

请选择沿墙边线 ＜退出＞：（右键表示结束）。

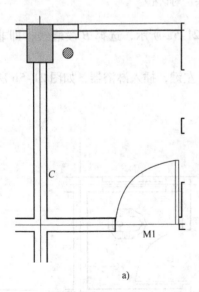
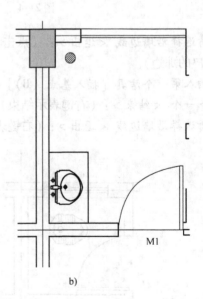

图21-7　布置洗脸盆

a）选择墙段　b）洁具布置

12）用同样的绘制方法布置其他洁具，完成本任务。

5. 注意事项

卫生间参数与效果如图21-8所示。

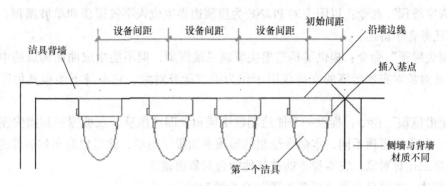

图 21-8 卫生间参数与效果

6. 讨论

请读者尝试沿墙线布置多个坐便器，如图 21-8 所示。

任务 2 创建屋顶

【任务目标】根据图"屋面平面图"创建屋顶，如图 21-9 所示。

1. 目的

了解创建屋顶的多种方法，掌握"任意坡顶"命令的使用方法。

2. 能力及标准要求

掌握"任意坡顶"命令的用法。

3. 知识及任务准备

屋顶是建筑的普遍构成元素之一，是房屋顶层覆盖的外围护结构。屋顶有平顶、坡顶、壳体、折板等形式。其中，坡顶又分为单坡、双坡、四坡等。

天正建筑提供了多种屋顶造型功能，包括"搜屋顶线"、"任意坡顶"、"人字坡顶"、"攒尖屋顶"和

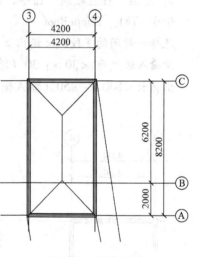

图 21-9 创建屋顶

"矩形屋顶"。人字坡顶包括单坡屋顶和双坡屋顶；任意坡顶是指任意多段线围合而成的四坡屋顶；矩形屋顶包括歇山屋顶和攒尖屋顶。用户也可以利用三维造型工具自建其他形式的屋顶，如用平板对象和路径曲面对象相结合，构造带有复杂檐口的平屋顶，利用路径曲面构建曲面屋顶（歇山屋顶）。

➤"搜屋顶线"命令：天正建筑搜索整栋建筑物的所有墙线，按外墙的外皮边界生成屋顶平面轮廓线。屋顶线在属性上为一个闭合的 PLINE 线，可以作为屋顶轮廓线，进一步绘制出屋顶的平面施工图，也可以用于构造其他楼层平面轮廓的辅助边界或用于外墙装饰线脚的路径。

➤"任意坡顶"命令：由封闭的任意形状 PLINE 线生成指定坡度的坡形屋顶，可采用对象编辑单独修改每个边坡的坡度，可支持布尔运算，而且可以被其他闭合对象剪裁。

➤ "人字坡顶"命令：以闭合的 PLINE 为屋顶边界生成人字坡屋顶和单坡屋顶。具体操作方法在任务 3 中讲述。

➤ "攒尖屋顶"命令：提供了构造攒尖屋顶三维模型，但不能生成曲面构成的中国古建亭子顶，此对象对布尔运算的支持仅限于作为第二运算对象，它本身不能被其他闭合对象剪裁。

➤ "矩形屋顶"命令：提供一个能绘制歇山屋顶、四坡屋顶、双坡屋顶和攒尖屋顶的新屋顶命令，与人字屋顶不同，本命令绘制的屋顶平面限于矩形，此对象对布尔运算的支持仅限于作为第二运算对象，它本身不能被其他闭合对象剪裁。

综上所述，本项目采用"任意坡顶"命令绘制坡顶。

➤ 调用方法：

1）依次单击天正菜单"房间屋顶"→"任意坡顶"。

2）命令行：rypd。

4. 步骤

1）在楼梯间的位置绘制矩形，如图 21-10 所示。

2）激活"任意坡顶"命令，命令行提示：

命令：T81_ TSlopeRoof

选择一封闭的多段线＜退出＞：（点取绘制的矩形）。

请输入坡度角 ＜30＞：30（输入角度）。

出檐长 ＜600＞：450（输入檐长，绘制效果如图 21-11 所示）。

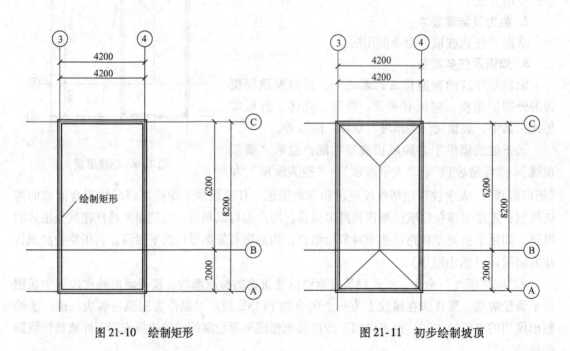

图 21-10　绘制矩形　　　　　　　　　图 21-11　初步绘制坡顶

3）双击坡顶，出现图 21-12 所示的对话框。将"底标高"修改为 3000，点击"确定"按钮。绘制效果如图 21-13a 所示，三维效果如图 21-13b 所示。

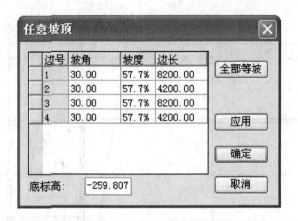

图21-12　"任意坡顶"对话框

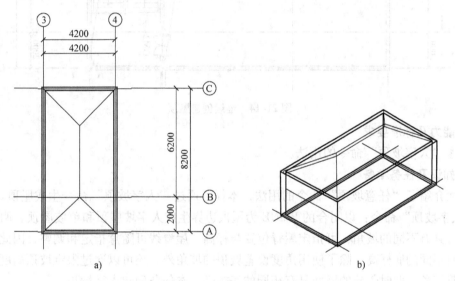

图21-13　绘制屋顶

a) 屋顶平面视图　b) 屋顶三维视图

4) 在楼梯间屋顶和屋面平面图之间绘制连线，完成本任务。

5. 注意事项

"底标高"应根据楼梯间墙体高度来确定。如本任务，墙体高度为3000mm，所以将"底标高"设置为3000。

任务3　人字坡顶

【任务目标】根据图"屋面平面图"继续创建人字屋顶（轴号1～轴号3与轴号A～轴号D之间的区域），坡度为1‰，如图21-14所示。

1. 目的

了解创建屋顶的多种方法，掌握"人字坡顶"命令的使用方法。

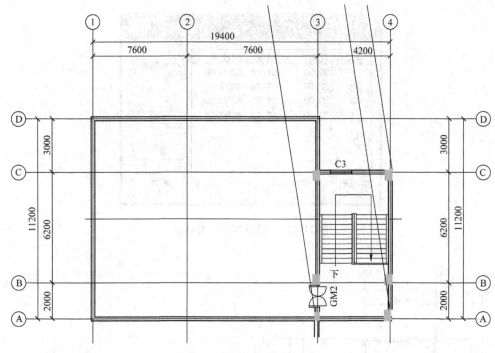

图 21-14　继续创建屋顶

2. 能力及标准要求

掌握"人字坡顶"命令的用法。

3. 知识及任务准备

前面介绍了"任意坡顶"命令的用法，本任务通过"人字坡顶"命令生成屋顶。

"人字坡顶"命令：以闭合的 PLINE 为屋顶边界生成人字坡屋顶和单坡屋顶。两侧坡面的坡度可具有不同的坡角，可指定屋脊位置与标高，屋脊线可随意指定和调整，因此两侧坡面可具有不同的底标高，除了使用角度设置坡顶的坡角外，还可以通过限定坡顶高度的方式自动求算坡角，此时创建的屋面具有相同的底标高。本任务创建人字屋顶。

➤ 调用方法：

1）依次单击天正菜单"房间屋顶"→"人字坡顶"。

2）命令行：rzpd。

4. 步骤

1）在屋顶的位置绘制矩形，如图 21-15 所示。

2）激活"人字坡顶"命令，命令行提示：

命令：T81_ TDualSlopeRoof

请选择一封闭的多段线＜退出＞：（点取绘制的矩形）。

请输入屋脊线的起点＜退出＞：（选择起点，如图 21-15 的 A 点所示）。

请输入屋脊线的终点＜退出＞：（选择起点，如图 21-15 的 B 点所示）。

3）出现图 21-16 对话框，对话框中各选项说明如下：

➤"左坡角"/"右坡角"：左右两侧屋顶与水平线的夹角，在右侧的文本框中输入角度，无论脊线是否居中，默认左右坡角相等。

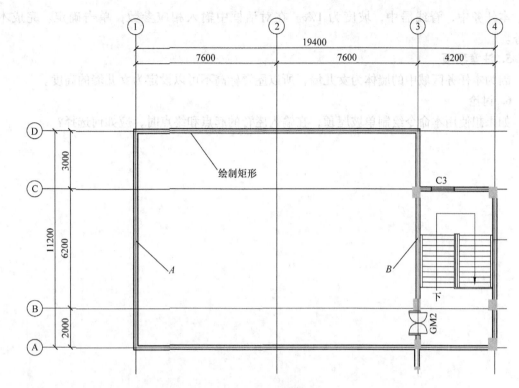

图 21-15 绘制矩形

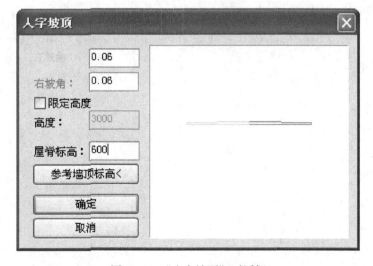

图 21-16 "人字坡顶"对话框

➤"限定高度"当用户选中此复选框后，则用高度而非坡度定义屋顶，脊线不居中时左右坡度不相等。

➤"高度"当用户选中"限定高度"复选框后，在此文本框中输入坡屋顶高度。

➤"屋脊标高"在该文本框中输入一个数值，用于确定对象的屋脊高度。

➤"参考墙顶标高"当用户单击此按钮，可在绘图区域中选择相关墙体对象，系统将沿选中墙体高度方向移动坡顶，使屋顶与墙顶关联。

本任务中，脊线居中，坡度为 1‰。在对话框中输入相应参数，单击确定。完成本任务。

5. 注意事项

因为本任务区域中的墙体为女儿墙，所以屋脊标高不可以设定为女儿墙的高度。

6. 讨论

如果想使用本命令绘制单坡屋顶，在输入屋脊的起点和终点时，应如何选择？

项目二十二 文字、标注尺寸与符号

【知识点】

知识点包括快速标注构筑物、逐点标注构筑物、尺寸编辑、文字样式设置、单行或多行文字输入、文字编辑、符号标注、图名标注等。

【学习目标】

掌握尺寸标注与编辑的方法，掌握天正文字的输入与编辑的方法，掌握符号标注与图名标注的方法。

任务1 快速标注构筑物

【任务目标】 快速标注标准层平面图，效果如图22-1所示。

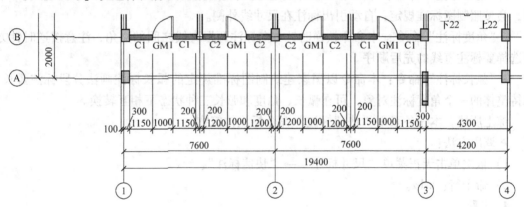

图22-1 快速标注

1. 目的

了解尺寸标注的多种方法，学习使用"快速标注"命令快速标注图形的外轮廓线或对象节点。

2. 能力及标准要求

熟练掌握使用"快速标注"命令标注尺寸。

3. 知识及任务准备

尺寸标注是所有设计图样中不可或缺的重要组成部分，尺寸标注必须按照国家颁布的制图标准来绘制。天正软件提供了多种尺寸添加方法："门窗标注"、"墙厚标注"、"两点标注"、"内门标注"、"快速标注"、"外包尺寸"、"逐点标注"、"半径标注"、"直径标注"、"角度标注"和"弧长标注"。

➤"门窗标注"命令：本命令可以标注门窗的尺寸和门窗在墙中的位置。

➤"墙厚标注"命令：本命令可以在图中标注两点连线经过的一至多段天正墙体对象的墙厚尺寸。

➢ "两点标注"命令：本命令为两点连线附近有关系的轴线、墙线、门窗、柱子等构件标注尺寸，并可标注各墙中点或添加其他标注点，"U"快捷键可撤销上一个标注点。

➢ "内门标注"命令：本命令用于标注平面室内门窗尺寸及定位尺寸线，其中定位尺寸线与邻近的正交轴线或墙角（墙垛）相关。

➢ "快速标注"命令：本命令可快速识别图形的外轮廓线或对象节点并标注尺寸，特别适用于选取平面图后快速标注外包尺寸线。

➢ "外包尺寸"命令：本命令是一个简捷的尺寸标注修改工具，在大部分情况下，可以按规范要求一次性完成四个方向的两道尺寸线，共16处修改，期间不必输入任何墙厚尺寸。

➢ "逐点标注"命令：本命令是一个通用的灵活标注工具，对选取的一串给定点沿指定方向和选定的位置标注尺寸。特别适用于没有指定天正对象特征，需要取点定位标注的情况，以及其他标注命令难以完成的尺寸标注。

➢ "半径标注"命令：本命令在图中标注弧线或圆弧墙的半径，当尺寸文字容纳不下时，会按照制图标准规定，自动引出标注在尺寸线外侧。

➢ "直径标注"命令：本命令在图中标注弧线或圆弧墙的直径，当尺寸文字容纳不下时，会按照制图标准规定，自动引出标注在尺寸线外侧。

➢ "角度标注"命令：本命令按逆时针方向标注两根直线之间的夹角，注意按逆时针方向选择要标注直线的先后顺序。

➢ "弧长标注"命令：本命令以国家建筑制图标准规定的弧长标注画法分段标注弧长，保持整体的一个角度标注对象，可在弧长、角度和弦长三种状态下相互转换。

综上所述，本任务采用"快速标注"命令标注构筑物。

➢ 调用方法：

1）依次单击天正菜单"尺寸标注"→"快速标注"。

2）命令行：ksbz。

4. 步骤

打开图21-1，激活"快速标注"命令，命令行提示：

命令：T81_ TQuickDim

选择要标注的几何图形：指定对角点：（选择轴号B对应的部分，如图22-2所示）。

选择要标注的几何图形：（回车或右键表示确定）。

请指定尺寸线位置（当前标注方式：连续）或［整体（T）/连续（C）/连续加整体（A）］＜退出＞：C（并拖动尺寸线到合适的位置，完成本任务。）

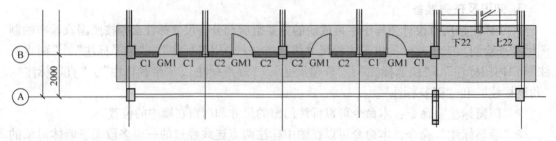

图22-2 选择要标注的对象

5. 注意事项

➢ 选择要标注的几何图形时，请注意避开选择不需要的部分，如本任务中的 B 轴线线端。否则标注效果如图 22-3 所示。

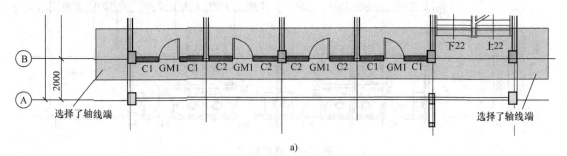

a)

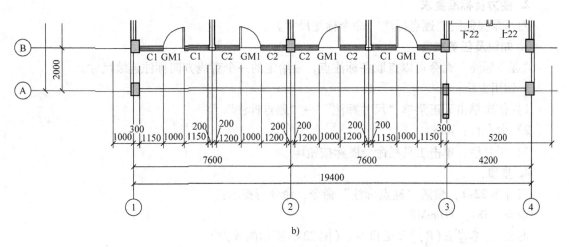

b)

图 22-3 标注几何图形

a）选择要标注的对象 b）标注效果

➢命令行提示"请指定尺寸线位置（当前标注方式：连续）或［整体（T）/连续（C）/连续加整体（A）］<退出>"，其中"整体"是从整体图形创建外包尺寸线，"连续"是提取对象节点创建连续直线标注尺寸，"连续加整体"是两者同时创建。

6. 讨论

使用天正建筑的其他标注命令也可以完成本任务。请读者自行尝试使用哪个命令可以完成本任务。

任务 2 逐点标注构筑物

【任务目标】

在图 22-1 的基础上，使用"逐点标注"命令标注构筑物，效果如图 22-4 所示。

1. 目的

掌握"逐点标注"命令标注构筑物。

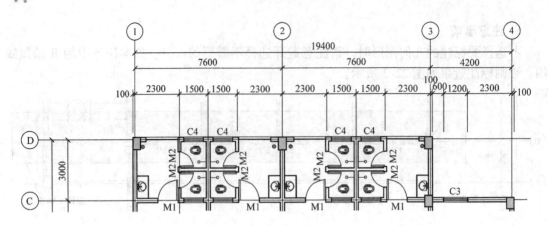

图 22-4　逐点标注

2. 能力及标准要求

熟练掌握使用"逐点标注"命令标注尺寸。

3. 知识及任务准备

"逐点标注"命令可以点取各标注点，沿给定的一个直线方向标注连续尺寸。

➢ 调用方法：

1）依次单击天正菜单"尺寸标注"→"逐点标注"。

2）命令行：zdbz。

3）工具栏：单击工具栏命令图标按钮。

4. 步骤

打开图 22-1，激活"逐点标注"命令，命令行提示：

命令：T81_ TDimMP

起点或[参考点(R)]<退出>：(图 22-5 所示的 A 点)。

第二点<退出>：(图 22-5 所示的 B 点)。

请点取尺寸线位置或[更正尺寸线方向(D)]<退出>：(拖动尺寸线，点取尺寸线就位点)。

请输入其他标注点或[撤销上一标注点(U)]<结束>：(图 22-5 所示的 C 点)。

请输入其他标注点或[撤销上一标注点(U)]<结束>：(图 22-5 所示的 D 点)。

请输入其他标注点或[撤销上一标注点(U)]<结束>：(……)。

请输入其他标注点或[撤销上一标注点(U)]<结束>：(右键表示结束，完成本任务)。

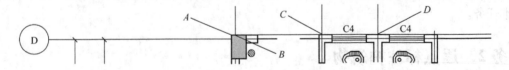

图 22-5　标注需要标注的部分

5. 讨论

继续使用"逐点标注"命令、"快速标注"命令或其他标注命令，标注"标准层平面图"，如图 22-6 所示。

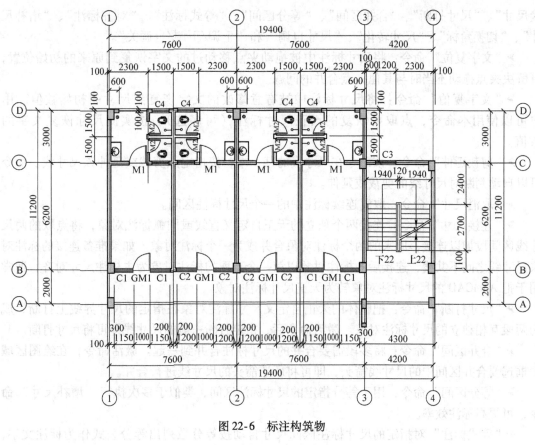

图 22-6 标注构筑物

任务 3 取消尺寸

【任务目标】

取消图 22-6 轴号 3～轴号 4 之间的尺寸标注，如图 22-7 所示。

1. 目的

了解尺寸编辑的多种方法。通过取消轴号 3～轴号 4 之间的尺寸标注，掌握"取消尺寸"命令的用法。

2. 能力及标准要求

掌握"取消尺寸"的方法。

3. 知识及任务准备

在进行尺寸标注的过程中，一部分标注的尺寸线位置由软件自动生成，而另一部分的尺寸线位置则由用户指定。并且由于尺寸标注的种类繁多，不可能一次完成所有对象的尺寸标准，因而要对尺寸标注进行编辑。天正建筑提供了多种尺寸编辑方法："文字复位"、"文字复值"、"剪裁延伸"、"取消尺寸"、"连

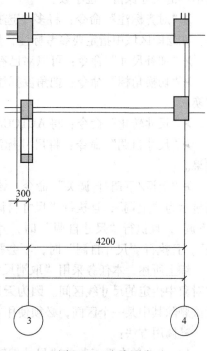

图 22-7 取消尺寸

接尺寸"、"尺寸打断"、"合并区间"、"等分区间"、"等式标注"、"对齐标注"、"增补尺寸"、"切换角标"、"尺寸转化"、"尺寸自调"和"上调/下调/自调关"。

➤"文字复位"命令：将尺寸标注中被拖动夹点移动过的文字恢复到原来的初始位置，可解决夹点拖动不当时与其他夹点合并的问题。

➤"文字复值"命令：将尺寸标注中被有意修改的文字恢复到尺寸的初始数值。用户可以使用本命令，点取要恢复的天正尺寸标注（可多选），按实测尺寸恢复文字的数值。

➤"剪裁延伸"命令：该命令在尺寸线的某一端，按指定点剪裁或延伸该尺寸线。命令可以自动判断对尺寸线的剪裁或延伸。

➤"取消尺寸"命令：取消连续标注中的一个尺寸标注区间。

➤"连接尺寸"命令：连接两个独立的天正自定义直线或圆弧标注对象，将点取的两尺寸线区间段加以连接，原来的两个标注对象合并成为一个标注对象。如果准备连接的标注对象尺寸线之间不共线，连接后的标注对象以第一个点取的标注对象为主标注尺寸对齐，通常用于把 AutoCAD 的尺寸标注对象转为天正尺寸标注对象。

➤"尺寸打断"命令：把整体的天正自定义尺寸标注对象在指定的尺寸界线上打断，成为两段互相独立的尺寸标注对象。激活命令后，指定打断一侧的尺寸线即可将尺寸打断。

➤"合并区间"命令：将多段需要合并的尺寸标注合并到一起。激活命令，在绘图区域中框选要合并区间中的尺寸线箭头，即可将所选箭头的尺寸线进行合并。

➤"等分区间"命令：用于等分指定的尺寸标注区间，类似于多次执行"增补尺寸"命令，可提高标注效率。

➤"等式标注"对指定的尺寸标注区间尺寸自动按等分数列出等分公式作为标注文字，除不尽的尺寸保留一位小数。

➤"对齐标注"命令：将多个选择的标注进行对齐操作，使图样更加美观。激活命令后，在绘图区域中指定要参考标注，然后指定要对齐的标注对象。

➤"增补尺寸"命令：可以对已有的尺寸标注增加标注点。

➤"切换角标"命令：把角度标注对象在角度标注、弦长标注与弧长标注三种模式之间切换。

➤"尺寸转化"命令：将 AUTOCAD 尺寸标注对象转化为天正标注对象。

➤"尺寸自调"命令：将尺寸标注文本重叠的对象进行重新排列，使其达到最佳观看效果。

➤"上调/下调/自调关"命令：该命令包含"自调关"、"上调"和"下调"三个命令。当显示为"上调"，且执行"尺寸自调"时，其重叠的尺寸标注文本会向上排列；当显示为"下调"，且执行"尺寸自调"时，其重叠的尺寸标注文本会向下排列；当显示为"自调关"，且执行"尺寸自调"时，不会影响原始标注的效果。

综上所述，本任务采用"取消尺寸"命令取消尺寸标注。"取消命令"用于删除天正标注对象中指定的尺寸线区间。因为天正标注对象是由多个区间的尺寸线组成的，用删除命令无法删除其中某一个区间，必须使用本命令完成。

➤调用方法：

1）依次单击天正菜单"尺寸编辑"→"取消尺寸"。

2）命令行：qxcc。

4. 步骤

打开图22-6，激活"取消尺寸"命令，命令行提示：

命令：T81_ TDIMDEL

请选择待取消的尺寸区间的文字 < 退出 >：（点击要取消的尺寸，如图22-8所示）。

请选择待取消的尺寸区间的文字 < 退出 >：（右键表示退出）。

5. 讨论

➤ 使用"文字复值"命令可以将编辑的尺寸值恢复到尺寸的初始数值。

➤ 请使用"尺寸标注"和"尺寸编辑"命令标注"首层平面图"和"屋面平面图"。

➤ 请使用"等式标注"命令将楼梯标注更改为等式标注样式，如图22-9所示。

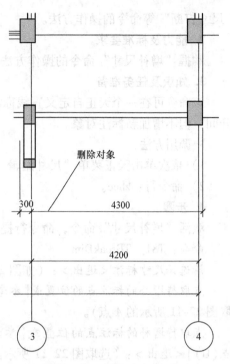

图 22-8　取消尺寸的对象

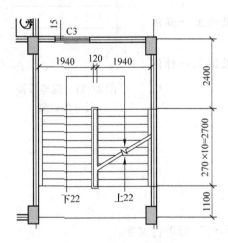

图 22-9　等式标注效果

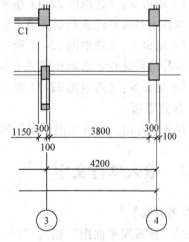

图 22-10　增补尺寸

任务4 增补尺寸

【任务目标】

参考"标准层平面图"，在图22-8的轴号3～轴号4之间，添加尺寸，如图22-10所示。

1. 目的

掌握"增补尺寸"命令的操作命令。从而能够自行学习"剪裁延伸"、"连接尺寸"、

"尺寸打断"等命令的操作方法。

2. 能力及标准要求

掌握"增补尺寸"命令的操作方法。

3. 知识及任务准备

该命令可在一个天正自定义直线标注对象中增加区间，增补新的尺寸界线对象断开原有开间，但不增加新标注对象。

➤ 调用方法：

1）依次单击天正菜单"尺寸编辑"→"增补尺寸"。

2）命令行：zbcc。

4. 步骤

激活"增补尺寸"命令，命令行提示：

命令：T81_ TBreakDim

请选择尺寸标注<退出>：（如图22-11所示位置）。

点取待增补的标注点的位置或[参考点(R)]<退出>：（选取图22-11所示的 A 点）。

点取待增补的标注点的位置或[参考点(R)/撤销上一标注点(U)]<退出>：（选取图22-11所示的 B 点）。

点取待增补的标注点的位置或[参考点(R)/撤销上一标注点(U)]<退出>：（选取图22-11所示的 C 点）。

点取待增补的标注点的位置或[参考点(R)/撤销上一标注点(U)]<退出>：（选取图22-11所示的 D 点）。

点取待增补的标注点的位置或[参考点(R)/撤销上一标注点(U)]<退出>：（选取图22-11所示的 E 点）。

5. 注意事项

选择源尺寸时，请注意避免误选轴线的标注。

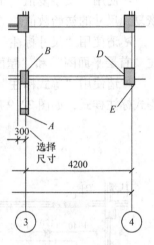

图 22-11　选择添补
尺寸的对象

任务5　输入单行文字

【任务目标】

根据"标准层平面图"输入"10 人宿舍"、"阳台"等单行文字。

1. 目的

复习文字样式设置方法，学习使用"单行文字"命令。

2. 能力及标准要求

输入单行文字。

3. 知识及任务准备

➤ AutoCAD 存在文字问题：AutoCAD 汉字字体与西文字体高度不等，字体宽度不配及 Windows 的字体在 AutoCAD 内偏大（名义字高小于实际字高）。在建筑设计图样中如将中文和西文写成一样大小是不美观的，如图22-12a 所示。

AutoCAD 与天正建筑8

a)

AutoCAD 与天正建筑8

b)

图 22-12　输入单行文字
a）AutoCAD 下输入文字
b）天正建筑下输入文字

➢ 天正建筑字体优势：天正建筑可使组成天正文字样式的中西文字体有各自的宽高比例，看起来比较美观，如图 22-12b 所示。此外，天正建筑软件在文字对象中提供了多种特殊符号，如钢号、加圈文字，同时还具备方便地输入和变换文字的上下标。

➢ 如果文字样式使用 Windows 的字体，会导致绘图的运行效率降低，所以建议使用 Au-toCAD 的 SHX 字体。天正建筑中最常用的汉字形文件名是 Hztxt. shx。本任务采用西文字体为 "Simplex"，中文字体样式为 "Hztxt"。

➢ 调用方法：

1）依次单击天正菜单 "文字表格" → "单行文字"。

2）命令行：dhwz。

3）工具栏：单击工具栏命令图标按钮 **字**。

4. 步骤

1）激活命令，启动 "单行文字" 对话框。采用默认的文字样式。

2）在文字输入区中输入文字 "10 人宿舍"，字高设置为 3，其余选项默认。

3）命令行提示：

命令：T81_ TText

请点取插入位置 < 退出 >：（点击宿舍任意位置）。

请点取插入位置 < 退出 >：（右键或回车键表示退出）。

4）用同样的方法输入其他文字，完成本绘图任务。

5. 注意事项

如果想对文字进行编辑，可以采用以下的方法：

➢ 注意事项：如果要使用新的 Auto-CAD 字体文件（＊. SHX），可以将它复制到＼ACAD2012＼Fonts 目录下，在天正建筑中执行 "文字样式" 命令时，从对话框的字体列表中就能看见相应的文件名。

➢ 双击文字，即可在绘图区中修改文字，如图 22-13a 所示。

a)　　　　　b)

图 22-13　修改文字样式

a）双击修改文字　b）快捷菜单修改文字

➢ 鼠标右键单击文字，出现图 22-13b 所示的快捷菜单。可以选用 "对象编辑" 或 "在位编辑" 对文字进行编辑。

6. 讨论

➢ 请对比天正建筑的文字输入方法与 AutoCAD 的文字输入方法有什么区别。

➢ "多行文字" 命令的操作与 "单行文字" 命令的操作相似，请使用 "多行文字" 命令根据 "标准层平面图" 输入建筑说明，如图 22-14 所示。

注：除注明者外，所有外墙、分户墙厚均为200mm，卫生间墙厚为120mm。

图 22-14　多行文字输入

任务6 标注标高

【任务目标】

根据"标准层平面图"标注楼层标高。

1. 目的

学习使用"标高标注"命令标注标高。

2. 能力及标准要求

能够用"标高标注"命令标注单个标高及多个标高。

3. 知识及任务准备

标高表示建筑物各部分的高度。标高分为绝对标高和相对标高。相对标高是把室内首层地面高度定为相对标高的零点。建筑物图样上的标高以细实线绘制的三角形加引出线表示;总图上的标高以涂黑的三角形表示。标高符号的尖端指至被注高度,箭头可向上、向下。标高数字以 m 为单位,精确到小数点后第三位但都不标注在图符上。

➢ 调用方法:

1) 依次单击天正菜单"符号标注"→"标高标注"。

2) 命令行:bgbz。

3) 工具栏:单击工具栏命令图标按钮 。

命令激活后,弹出对话框,如图 22-15 所示。各选项介绍如下:

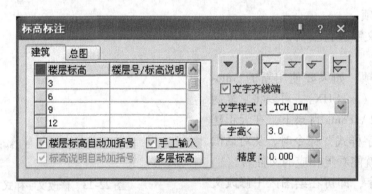

图 22-15 "标高标注"对话框

➢"手工输入":默认不勾选"手工输入"复选框,自动取光标所在的 Y 坐标作为标高数值,勾选"手工输入"复选框,要求在表格内输入楼层标高。

➢ 页面有五个可按下的图标按钮:"实心三角"除了用于总图也用于沉降点标高标注,其他几个按钮可以同时起作用,如可注写带有"基线"和"引线"的标高符号。此时命令提示点取基线端点,也提示点取引线位置。

➢"文字齐线端":复选框用于规定标高文字的取向,勾选后文字总是与文字基线端对齐;去除勾选表示文字与标高三角符号一端对齐,与符号左右无关。

➢"精度":建筑标高的标注精度自动切换为 0.000,小数点后保留三位小数。

4. 步骤

1) 激活标高标注命令,勾选"手工输入",在表格内输入标高值,字高为3,其余参数

设置如图 22-15 所示。

2）命令行提示：

命令：T81_ TMElev

请点取标高点或[参考标高(R)]＜退出＞:（点击确定标高的位置）。

请点取标高方向＜退出＞:（指定确定标高方向）。

下一点或[第一点(F)]＜退出＞:（指定确定标高方向，右键确定，完成本任务）。

5. 注意事项

➢ 输入楼层标高为 0 时，不用输入"±"。

➢ 如果希望在移动或复制后根据当前位置坐标自动更新，可以通过激活"动态标注"命令。方法是单击天正菜单"符号标注"→"静态标注（或"动态标注"）"，效果如图 22-16所示。

图 22-16　"动态标注"示意图

6. 讨论

请读者试用"标高标注"命令标注"首层平面图"和"屋面平面图"。

任务 7　箭头引注

【任务目标】

根据"标准层平面图"标注阳台排水方向。

1. 目的

学习使用"箭头引注"命令。

2. 能力及标准要求

能够用"箭头引注"命令进行引注及绘制箭头。

3. 知识及任务准备

➢ 调用方法：

1）依次单击天正菜单"符号标注"→"箭头引注"。

2）命令行：jtyz。

命令激活后，弹出对话框，如图 22-17 所示。

图 22-17　"箭头引注"对话框

在对话框中输入引线端部或引线上下要标注的文字，对话框中还提供了更改箭头大小、样式的功能。

4. 步骤

1）激活"箭头引注"命令，在"上标文字"区中输入坡度值"1%"，参数设置如图 22-17 所示。

2）命令行提示：

命令：T81_ TARROW

箭头起点或［点取图中曲线（P）/点取参考点（R）］＜退出＞：（点击箭头的起点）。

直段下一点或［弧段（A）/回退（U）］＜结束＞：［画出引线（直线或弧线），指定箭头尾端的位置］。

直段下一点或［弧段（A）/回退（U）］＜结束＞：（右键表示结束箭头绘制）。

箭头起点或［点取图中曲线（P）/点取参考点（R）］＜退出＞：（右键标注结束）。

3）用同样的方法输入其他文字，完成绘图任务。

5. 注意事项

➤ 绘制箭头时，请注意"对齐方式"选择"齐线中"。

➤ 绘制箭头时，请注意箭头的起点及方向。

➤ 引注箭头后，请注意调整文字（如"阳台"）的位置，不要与引注重叠。

6. 讨论

➤ 试使用"箭头引注"命令绘制箭头。提示：不需要输入文字，直接绘制箭头。

➤ "引出标注"、"做法标注"、"索引符号"命令与"箭头引注"命令做法类似，请读者自行探索，这里不作赘述。

➤ 试使用"箭头引注"命令，绘制"首层平面图"和"屋面平面图"。

任务 8　剖面剖切

【任务目标】

根据"首层平面图"绘制剖面剖切号 1—1。

1. 目的

学习使用"剖面剖切"命令。

2. 能力及标准要求

能够使用"剖面剖切"命令绘制剖面号。

3. 知识及任务准备

本命令在图中标注国标规定的断面剖切符号，用于定义编号的剖面图，表示剖切断面上的构件及从该处沿视线方向可见的建筑部件，生成剖面中要依赖此符号定义剖面方向。

➤ 调用方法：

1）依次单击天正菜单"符号标注"→"剖面剖切"。

2）命令行：pmpq。

3）工具栏：单击工具栏命令图标按钮 ⊹。

4. 步骤

激活"剖面剖切"命令，命令行提示：

命令：T81_ TSection

请输入剖切编号 <1>：1（回车确定）

点取第一个剖切点 <退出>：（指定第一点，如图 22-18 所示的 *A* 点）。

点取第二个剖切点 <退出>：（指定第二点，如图 22-18 所示的 *B* 点）。

点取下一个剖切点 <结束>：（回车或右键确定）。

点取剖视方向 <当前>：指定剖切方向，如图 22-18 所示。

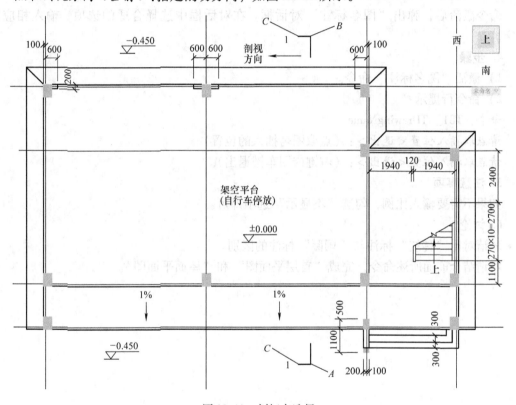

图 22-18　剖切点选择

5. 注意事项

选取第一个剖切点时，请注意选择图 22-18 的 *A* 点，而不是 *C* 点。

6. 讨论

根据"首层平面图"绘制剖面剖切号 2—2。

任务9　标注图名

【任务目标】

给"标准层平面图"标注图名，如图 22-19 所示。

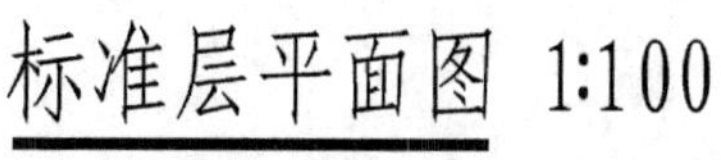

1. 目的

学习使用"图名标注"命令。

标准层平面图 1:100

图 22-19　布置图名

2. 能力及标准要求

使用"图名标注"命令布置图名。

3. 知识及任务准备

图名标注命令可以在图中以一个整体符号对象标注图名比例。

➤ 调用方法：

1）依次单击天正菜单"符号标注"→"图名标注"。

2）命令行：tmbz。

3）工具栏：单击工具栏命令图标按钮 ❀。

命令激活后，弹出"图名标注"对话框。在对话框中选择合适的选项，输入相应的文字。

4. 步骤

1）激活"图名标注"命令。

2）命令行提示：

命令：T81_ TDrawingName

请点取插入位置<退出>：（点取图名插入的位置）。

请点取插入位置<退出>：（右键或回车键退出）。

5. 注意事项

如果不需要输入比例，勾选"不显示"选项即可。

6. 讨论

➤ 请对比"传统"标注与"国际"标注的区别。

➤ 请结合前面所述命令，完成"首层平面图"和"屋面平面图"。

项目二十三 立面图与剖面图

【知识点】

立面图的生成与剖面图的生成。

【学习目标】

通过前面绘制的"首层平面图"、"标准层平面图"和"屋面平面图"生成立面图和剖面图。

任务1 创建新工程与添加图纸

【任务目标】

创建新工程，文件名为"宿舍"。将"首层平面图"、"标准层平面图"和"屋面平面图"添加到"宿舍"工程中，如图23-1所示。

1. 目的

通过"工程管理"选项创建新工程，将各平面图添加到工程中。

2. 能力及标准要求

创建新工程，掌握添加图纸的方法。

3. 知识及任务准备

生成建筑立面图与剖面图之前，都需要创建新工程。当工程创建后，需要把绘制的图纸移到当前工程文件中。

➢ "工程管理"的概念：天正建筑软件中，建筑立面图和剖面图都是由"工程管理"命令及创建楼层表来实现的。天正"工程管理"是把用户所设计的大量图形文件按"工程"或是"项目"区别开来。"工程管理"用户使用一个 DWG 文件通过楼

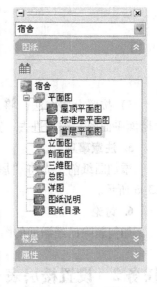

图 23-1 创建"宿舍"
工程与添加图纸

层框保存多个楼层平面，通过楼层框定义自然层与标准层关系，也可以使用一个 DWG 文件保存一个楼层平面，直接在楼层表定义楼层关系，通过对齐点把各楼层组装起来。同时，它还支持一部分楼层平面在一个 DWG 文件，而另一些楼层在其他 DWG 文件的混合保存方式。

➢ 调用方法：

1）依次单击天正菜单"文件布图"→"工程管理"。

2）命令行：gcgl。

命令激活后，弹出"工程管理"对话框。该命令建立由各楼层平面图组成的楼层表，在界面上方提供了创建立面、剖面、三维模型等图形的工具栏图标。

4. 步骤

1）单击"工程管理"，点击"新建工程"，出现新建工程对话框。

2）在"文件名"框中输入文件名"宿舍"，单击"保存"按钮，完成本任务。

3）右击图23-2a 中的"平面图"，弹出快捷菜单，选择"添加图纸"选项。

4）激活"选择图纸"对话框，如图23-2b 所示，选择图纸进行添加。

a)　　　　　　　　　　　　　　　　　　　　　b)

图 23-2　添加图纸

a）添加图纸选项　b）"选择图纸"对话框

5）按照上述方法，将"首层平面图"、"标准层平面图"和"屋面平面图"添加进去，完成本任务。

5. 注意事项

添加图纸前，先将"屋面平面图"的屋顶套入屋面位置，如图23-6 所示。

6. 讨论

如何删除已经添加的图纸。

任务2　设置楼层表

【任务目标】

将"首层平面图"、"标准层平面图"和"屋面平面图"添加到"宿舍"工程的"楼层"选项栏内。根据平面图设置层号与层高等参数，如图23-3 所示。

1. 目的

将各平面图添加到"楼层"表中，设置层号与层高等参数。

2. 能力及标准要求

掌握楼层表的创建及设置参数的方法。

3. 知识及任务准备

楼层表是天正工程管理器的核心数据。"楼层"表部分选项说明如下：

图 23-3　楼层表

➤"层号"：为一组自然层号顺序，简写格式为"起始层号～结束层号"或"层号1，层号3，层号5"。

➤"层高"：填写这个标准层的层高（单位是mm），层高不同的楼层属于不同的标准层，即使使用同一个平面图也需要各占一行。

4. 步骤

1）分别打开任务2中添加的平面图。

2）将"首层平面图"置为当前窗口，点击"楼层"选项栏的 按钮。命令行提示：

命令：T81_ TSelectFloor

选择第一个角点＜取消＞：（点选首层的左下角）。

另一个角点＜取消＞：（点选首层的右上角）。

对齐点＜取消＞：（选择每层对齐的交点。本例中选择轴线4和轴线B的交点成功定义楼层）。

3）此时，"楼层"表自动生成"层号"和"层高"的参数，本项目采用默认值。

4）点击"楼层"表的下一行，用同样的方法加载"标准层平面图"，将"层号"和"层高"设置为"2-6"，"层高"3000。对齐的交点选择轴线4和轴线B的交点。

5）用同样的方法加载修改后的"屋面平面图"，"层号"为7，"层高"为3000。对齐的交点选择轴线4和轴线B的交点，完成本任务。

5. 注意事项

➤一个平面图除了可表示一个自然楼层外，还可代表多个相同的自然层。

➤"楼层"表中"层号"处填写起始层号，并用"～"或"－"隔开即可。

➤顶层墙体高度分别为1500mm与3000mm，本任务在"层高"栏中输入1500。

6. 讨论

➤本项目推荐采用上述方法。与该命令类似的有"楼层"表的"选择标准层文件" 命令，请读者研究这两种方法的区别。

➤生成"楼层"表后，就可以建立建筑的三维模型。请用户单击"楼层"表的 按钮，尝试生成建筑的三维模型，如图23-4a所示。同时，用户可以使用"消隐（Hide）"命令重生成不显示隐藏线的三维线框模型，获得如图23-4b所示。

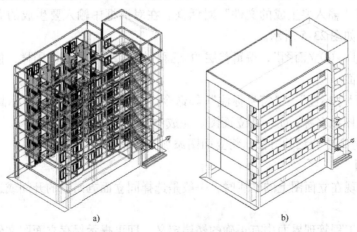

a)　　　　　　　　　　　　　　　b)

图23-4　生成建筑三维模型

a）建筑三维模型　b）"消隐"后的建筑三维模型

任务3　创建建筑立面图

【任务目标】
根据"首层平面图"、"标准层平面图"和"屋面平面图"创建①～④立面图。

1. 目的
根据上面设置的内容，创建建筑立面图。

2. 能力及标准要求
掌握建筑立面图创建的方法。

3. 知识及任务准备
当在新工程中添加图纸并设置楼层后，就可以生成建筑立面图。建筑立面图是在与房屋立面相平行的投影面上所得的正投影图，简称立面图。本任务中的①～④立面为正立面。

➤ 调用方法：

1）依次单击天正菜单"立面"→"建筑立面"。

2）命令行：jzlm。

3）工具栏：点击"楼层"选项栏的▇按钮。

4. 步骤
1）激活命令后，命令行提示：

命令：T81_ TBudElev

请输入立面方向或[正立面(F)/背立面(B)/左立面(L)/右立面(R)]<退出>:F（选择正立面）。

请选择要出现在立面图上的轴线：（选择轴线1）。

请选择要出现在立面图上的轴线：（选择轴线4）。

请选择要出现在立面图上的轴线：（回车或右键表示确认）。

2）此时，出现"立面生成设置"对话框。在对话框中输入标注的数值，单击"生成立面"按钮，出现"输入要生成的文件"对话框。在对话框中输入要生成的立面文件名，即可生成立面图，如图23-5所示。

3）根据"①～④立面图"，编辑首层的立面，如图23-6所示。同样，使用编辑命令编辑其他楼层的立面。

4）使用"尺寸标注"、"符号标注"等命令，补充立面图的标注、标高。使用"图名标注"命令标注图纸名称：①～④立面图。完成本任务。

5）参照任务2中介绍的方法，将立面图添加到"宿舍"工程中。

5. 注意事项
➤ 选择要出现在立面图上的轴线时，一般是选择同立面方向上的开间或进深轴线，选轴号无效。

➤ 如果当前工程管理界面中有正确的楼层定义，即可提示保存立面图文件，否则不能生成立面文件。

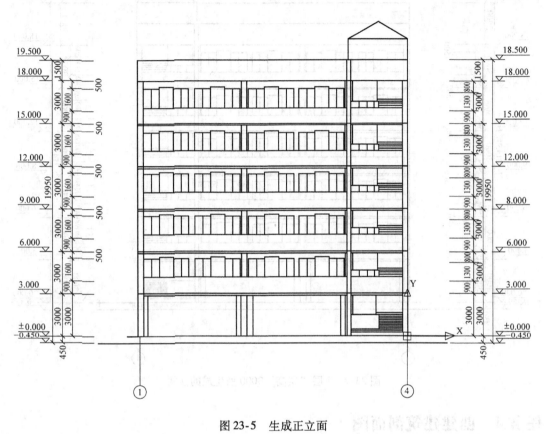

图 23-5 生成正立面

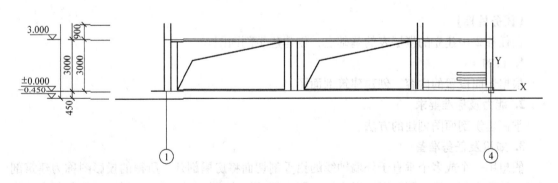

图 23-6 编辑首层立面

➤ 如果在"楼层"表中，7 层的"层高"栏中输入 3000，则生成的立面图如图 23-7 所示。用户可以使用天正和 AutoCAD 命令，编辑立面图，同样可以实现"①~④立面图"的效果。

6. 讨论

请读者绘制"④~①立面图"、"Ⓐ~Ⓓ立面图"和"Ⓓ~Ⓐ立面图"。

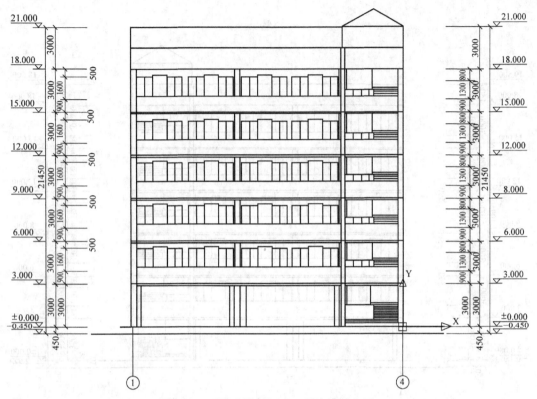

图 23-7　7 层"层高"3000 所生成的立面

任务 4　创建建筑剖面图

【任务目标】

在任务 2 中建立的楼层表的基础上，创建建筑剖面图。

1. 目的

根据上面设置的内容，创建建筑剖面图。

2. 能力及标准要求

掌握建筑剖面图创建的方法。

3. 知识及任务准备

假想用一个或多个垂直于外墙轴线的铅垂剖切面将房屋剖开，所得的投影图称为建筑剖面图，简称为剖面图。剖面图用以表示房屋内部的结构或构造形式、分层情况和各部位的联系、材料及其高度等。

➢ 调用方法：

1）依次单击天正菜单"立面"→"建筑剖面"。

2）命令行：jzpm。

3）工具栏：点击"楼层"选项栏的 按钮。

4. 步骤

1）打开"首层平面图"，激活"建筑剖面"命令。

2）激活命令后，命令行提示：

命令：T81_ TBudSect

请选择一剖切线：（选择"首层平面图"的 1—1 剖面号）。

请选择要出现在剖面图上的轴线：（选择轴线 A）。

请选择要出现在剖面图上的轴线：（……）。

请选择要出现在剖面图上的轴线：（选择轴线 D，右键确认）。

3）出现"剖面生成设置"对话框。单击"生成剖面"按钮，生成剖面图。

4）使用"单行文字"命令标注文字。

5）使用"图名标注"命令标注图纸名称：1—1 剖面图，完成本任务。

6）参照任务 2 中介绍的方法，将"1—1 剖面图"添加到"宿舍"工程中。

5. 讨论

请读者自行绘制"2—2 剖面图"。

第三部分　天正电气8.5应用篇

本教材第二部分介绍了天正建筑 8.5 的应用。与天正建筑软件一样，天正电气软件同样是基于 AutoCAD 二次平台开发的软件。用户利用天正电气软件绘制建筑电气图，可以很好地提高绘图质量与绘图效率。在第三部分中，将以建筑电气图为例，介绍天正电气 8.5 软件的基本用法。本部分绘制的建筑电气图是建立在第二部分绘制的建筑图的基础上。

项目二十四　天正电气软件概述

【知识点】

天正电气 8.5 软件的系统配置、兼容性、操作方法等与天正建筑 8.5 软件相似，本项目不作重复赘述。本项目主要学习天正电气的初始设置和电气条件图的制作。

【学习目标】

了解天正电气 8.5 软件的初始设置和电气条件图的制作。

任务1　了解天正电气软件基本功能

天正电气 8.5 软件的操作界面与天正建筑 8.5 软件相似，这里不再赘述。

一、设置天正选项

单击天正菜单"设置"→"初始设置"菜单命令，启动"选项"对话框，单击"电气设定"选项卡，如图 24-1 所示。在该选项卡中可以设置绘图中的图块尺寸、导线粗细、文字字型、字高和宽高比等初始信息。对话框中各项目说明如下：

➤"平面图设置"：设置图中插入设备图块的各项参数。

➤"系统图设置"：设置系统图绘制的各项属性。

➤"导线设置"：用来设定导线的宽度、颜色等。点击"平面导线设置"按钮，可以对平面导线的参数进行设置。"布线时相邻 2 导线自动连接"选项主要针对"平面布线"命令绘制的导线是否与相邻导线自动连接成一根导线。

➤"标导线数"：栏中的两个互锁按钮用于选择导线数表示的符号式样。这主要是对于三根导线的情况而言的，可以用三条斜线表示三根导线，也可以用标注的数字来表示。

➤"弱电导线沿线文字"：栏中的两个互锁按钮用于选择新标注中弱电导线沿线文字的样式。

➤"标注文字"：栏中可以设置电气标注文字的样式、字高、宽高比。

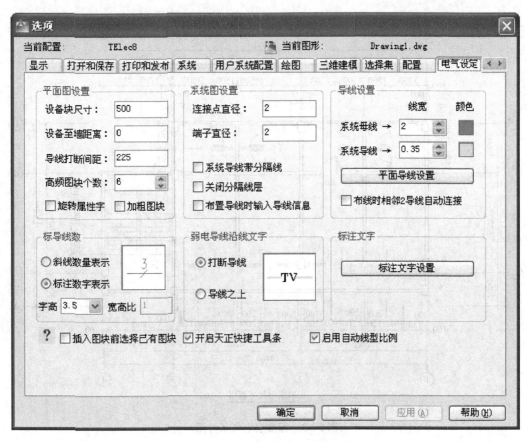

图 24-1 "选项"对话框

二、天正快捷工具条

天正电气的快捷工具条提供部分天正图标菜单命令。用户可以通过勾选"开启天正快捷工具条"来开启天正快捷工具条，工具条如图 24-2 所示。用户通过"设置"→"工具条"菜单命令设置将常用的天正命令自定义到工具条中。

图 24-2 天正快捷工具条

任务2 转条件图

【任务目标】

将第二部分绘制的"标准层平面图"转换为供建筑供配电设计的条件图，如图 24-3 所示。

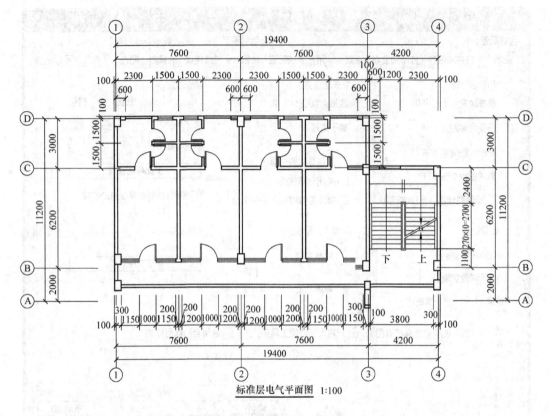

标准层电气平面图 1:100

图 24-3　标准层电气条件图

1. 目的

学习"转条件图"命令的用法。

2. 能力及标准要求

熟练掌握"转条件图"命令的用法。

3. 知识及任务准备

绘制电气平面图前，先将建筑图进行一些处理。

➤ "转条件图"命令功能：调整建筑图，并将墙、柱等变细线。

➤ 调用方法：

1）依次单击天正菜单"建筑"→"转条件图"。

2）命令行：ztjt。

4. 步骤

1）打开"标准层平面图"，激活"转条件图"命令，出现图 24-4 所示的对话框。

2）在对话框中勾选不需要的项目。

3）单击"转条件图"按钮，命令栏会出现以下提示：

命令：ztjt

请选择建筑图范围 <整张图> 指定对角点：（选择建筑图）。

请选择建筑图范围 <整张图> ：（回车或右键确认，效果如图 24-5 所示）。

图 24-4 "转条件图"对话框

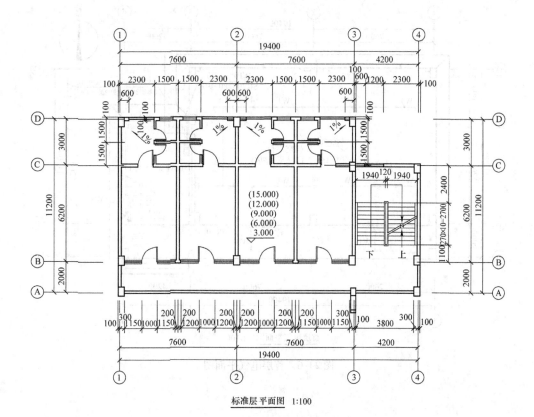

标准层 平面图 1:100

图 24-5 转条件图的效果

4）删除一些不要的图元，如门窗表、设计说明、排水坡度、建筑标高等内容。

5）将建筑的图层颜色全部更改为 8 号色。

6）将原图名"标准层平面图"更改为"标准层电气平面图"，完成本任务。

5. 注意事项

1）不执行"转条件图"命令，打开"预演"，框选要转图的范围，可以清楚地看到转条件图后的图样，能够达到用户要求是，再执行命令。

2）本命令只针对用天正建筑软件绘制的建筑图。

3）修改图层颜色是为了图样的后续处理更加方便。本任务将图层颜色更改为 8 号色，读者可以根据自己的习惯修改为其他统一的颜色。注意，尽量不要采用天正电气默认使用的颜色。

6. 讨论

试将第二部分绘制的"首层平面图"与"屋面平面图"处理为电气条件图。

本篇以一套电气平面图、配电系统图、防雷平面图和基础接地平面图的绘制方法为例，介绍天正电气 8.5 软件的基本用法，重点在于绘制上述图样中较常使用到的命令。关于高低压变配电等方面的绘制，本部分不做介绍，有兴趣的读者可以参考其他书籍。

图 24-6 ~ 图 24-12 为天正软件绘制的建筑电气图。

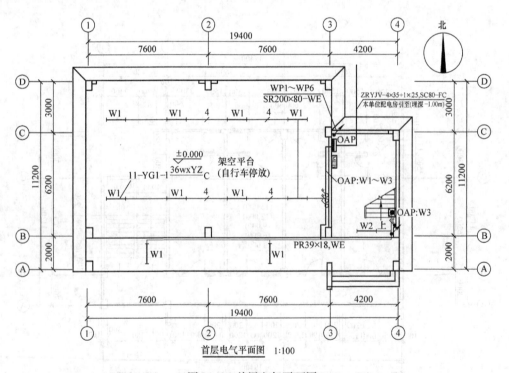

图 24-6　首层电气平面图

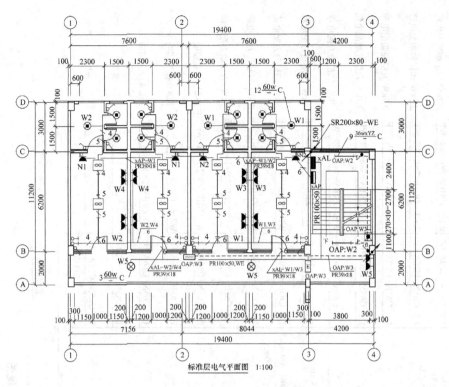

图 24-7 标准层电气平面图

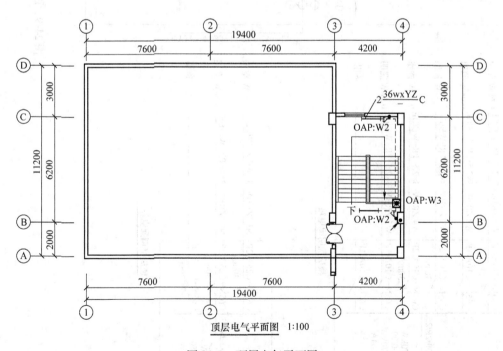

图 24-8 顶层电气平面图

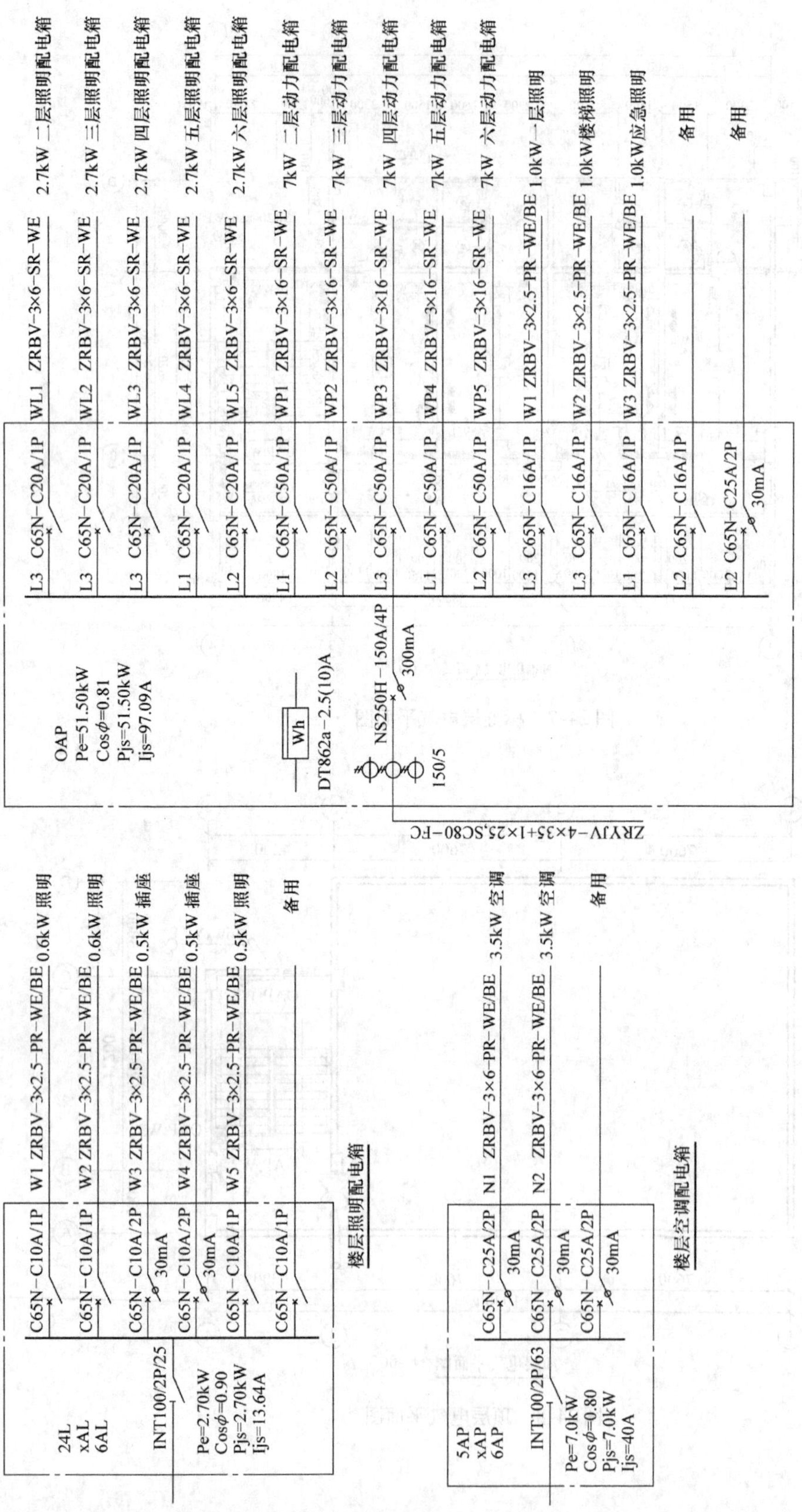

总配电箱

L3 C65N-C20A/1P	WL1 ZRBV-3×6-SR-WE	2.7kW	二层照明配电箱
L3 C65N-C20A/1P	WL2 ZRBV-3×6-SR-WE	2.7kW	三层照明配电箱
L3 C65N-C20A/1P	WL3 ZRBV-3×6-SR-WE	2.7kW	四层照明配电箱
L1 C65N-C20A/1P	WL4 ZRBV-3×6-SR-WE	2.7kW	五层照明配电箱
L2 C65N-C20A/1P	WL5 ZRBV-3×6-SR-WE	2.7kW	六层照明配电箱
L1 C65N-C50A/1P	WP1 ZRBV-3×16-SR-WE	7kW	二层动力配电箱
L2 C65N-C50A/1P	WP2 ZRBV-3×16-SR-WE	7kW	三层动力配电箱
L3 C65N-C50A/1P	WP3 ZRBV-3×16-SR-WE	7kW	四层动力配电箱
L1 C65N-C50A/1P	WP4 ZRBV-3×16-SR-WE	7kW	五层动力配电箱
L2 C65N-C50A/1P	WP5 ZRBV-3×16-SR-WE	7kW	六层动力配电箱
L3 C65N-C16A/1P	W1 ZRBV-3×2.5-PR-WE/BE	1.0kW	一层照明
L3 C65N-C16A/1P	W2 ZRBV-3×2.5-PR-WE/BE	1.0kW	楼梯照明
L1 C65N-C16A/1P	W3 ZRBV-3×2.5-PR-WE/BE	1.0kW	应急照明
L2 C65N-C16A/1P			备用
L2 C65N-C25A/2P 30mA			备用

OAP
Pe=51.50kW
Cosφ=0.81
Pjs=51.50kW
Ijs=97.09A

Wh
DT862a-2.5(10)A

NS250H-150A/4P
300mA
150/5

ZRYJV-4×35+1×25,SC80-FC

楼层照明配电箱

C65N-C10A/1P	W1 ZRBV-3×2.5-PR-WE/BE	0.6kW	照明
C65N-C10A/1P	W2 ZRBV-3×2.5-PR-WE/BE	0.6kW	照明
C65N-C10A/2P 30mA	W3 ZRBV-3×2.5-PR-WE/BE	0.5kW	插座
C65N-C10A/2P 30mA	W4 ZRBV-3×2.5-PR-WE/BE	0.5kW	插座
C65N-C10A/1P	W5 ZRBV-3×2.5-PR-WE/BE	0.5kW	照明
C65N-C10A/1P			备用

INT100/2P/25
24L xAL 6AL
Pe=2.70kW
Cosφ=0.90
Pjs=2.70kW
Ijs=13.64A

楼层空调配电箱

C65N-C25A/2P 30mA	N1 ZRBV-3×6-PR-WE/BE	3.5kW	空调
C65N-C25A/2P 30mA	N2 ZRBV-3×6-PR-WE/BE	3.5kW	空调
C65N-C25A/2P 30mA			备用
C65N-C25A/2P 30mA			

INT100/2P/63
5AP xAP 6AP
Pe=7.0kW
Cosφ=0.80
Pjs=7.0kW
Ijs=40A

图24-9 配电系统图

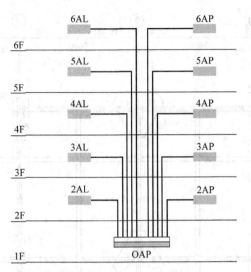

图 24-10 竖向配电系统图

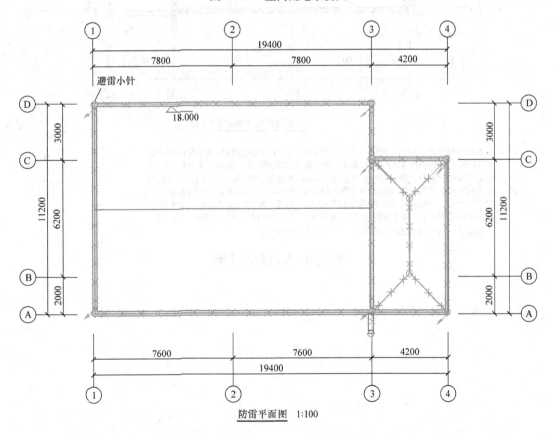

防雷平面图 1:100

1. 天面不同标高的避雷带必须焊接成电气通路。
2. 屋面所有不带电的金属构件，如钢爬梯、金属管道等均与避雷带(同)焊接。
3. 防雷具体做法详见《防雷说明、防雷设施大样》。
4. 图例：

　　×→×→× 明装避雷带：φ12镀锌圆钢，支座间距为1.0m，拐角为0.5m，经伸缩缝时，应做伸缩节。

　　　　 利用此柱内两对角主筋(φ≥16)或四角主筋(16>φ≥12)上下焊通作为引下线。

图 24-11 防雷平面图

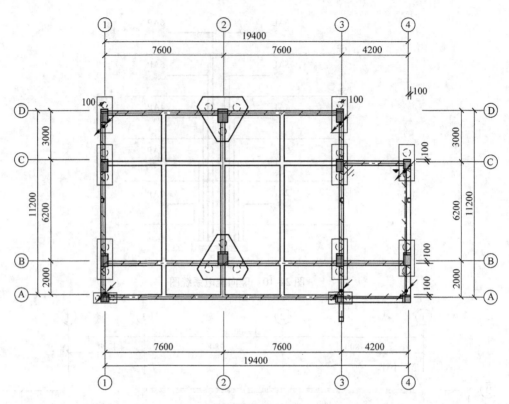

基础防雷接地平面图　1:100

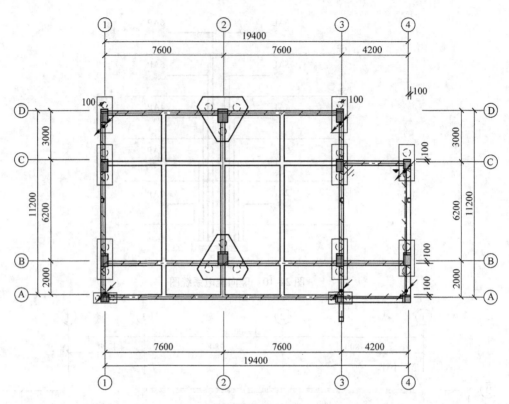防雷接地极装置：利用基础梁下边两主筋（不小于φ16）焊接连通（无地梁时用两根φ16镀锌圆钢代替）表示此柱距地面500mm处设接地测试点，做法详见国标03D501。

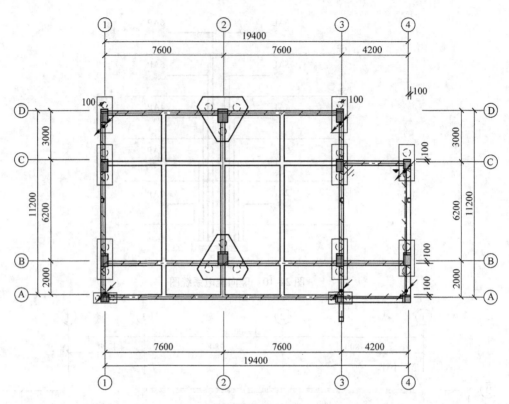防雷引下线：利用此柱内面对角主筋(φ≥16mm)或四角主筋(16>φ≥12)，上与屋面避雷网连接，下与防雷网接地极可靠焊接(包括钢筋接头)，构成完整的防雷导通体，距室外地坪−1.0m处可靠焊接(包括钢筋接头)，构成完整的防雷导通体，距室外地坪−1.0m处焊出φ12接地圆钢1m作为补充接地用，做法详见国标03D501-3-20页。

接地端子：用−25×4镀锌扁钢焊出引至室内地面0.4m处。

图 24-12　基础接地平面图

项目二十五 电气平面图

【知识点】

电气平面图的绘制主要包括平面设备的布置与编辑、导线的绘制及标注统计。通过下面的各项任务，掌握平面设备的布置方法、平面设备的编辑方法、平面布线、导线编辑、标注灯具与标注导线数等。

【学习目标】

通过下面的各项任务掌握电气平面图的绘制方法。

任务1　任意布置

【任务目标】

在创建的标准层电气条件图使用"任意布置"命令，在楼梯间分别布置照明配电箱与动力配电箱，如图25-1所示。

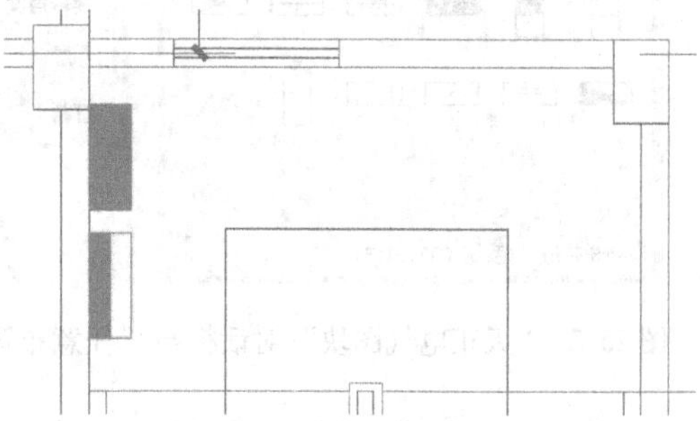

1. 目的

掌握"任意布置"命令。

2. 能力及标准要求

通过插入配电箱，掌握"任意布置"命令的用法。

图 25-1　布置配电箱

3. 知识及任务准备

标准层中，在楼梯间分别放置照明配电箱与动力配电箱。标准层照明配电箱，分管该层各宿舍的照明与普通插座的配电；动力配电箱，分管该层各宿舍的空调配电。

➤ "任意布置"命令功能：在平面图中绘制各种电气设备图块。

➤ 调用方法：

1）依次单击天正菜单"平面设备"→"任意布置"。

2）命令行：rybz。

激活命令后，出现图25-2所示的对话框。当鼠标移到图块设备上时，"天正电气图块"对话框的下方提示栏中显示该图块设备的名称，单击对话框中所需的图块就可以选定该图块。"天正电气图块"对话框中各选项说明如下：

➤ ⬆️："向上翻页"按钮，当选择框中显示的设备块超过显示范围时，可以通过单击此按钮进行向上的翻页。

➤ ⬇️："向下翻页"按钮，当选择框中显示的设备块超过显示范围时，可以通过单击此按钮进行向下的翻页。

➤ 🔄："旋转"按钮，当此按钮处于按下状态时，图块将以绘制点为中心进行旋转预演，当达到用户需要的角度，单击鼠标左键即可用该角度绘制设备，单击鼠标右键则按图块水平绘制。

➤ ▦："布局"按钮，当单击此按钮时，会弹出图25-3所示的选项菜单，用户可以按照自己的需要进行图块显示的行列布置。

➤ ↻："交换位置"按钮，用于调整设备块在图库中的显示位置。

➤ 开关 ▾：设备选择下拉菜单。用户通过下拉菜单选择需要插入设备的图块。

"任意布置"对话框中各选项说明如下：

➤ 回路编号 WL1 ▾：修改回路编号。

➤ "自动连接导线"：勾选此选项，可以实现边布置边连接导线的功能。

4. 步骤

1）打开图24-3，激活"任意布置"命令，出现图25-2所示的对话框。

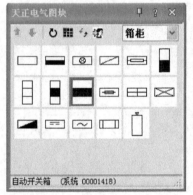  

图25-2 "天正电气图块"对话框与"任意布置"对话框　　　　图25-3 布局菜单

2）在"天正电气图块"对话框的设备选择下拉菜单中选择"箱柜"→"照明配电箱"。

3）在"任意布置"对话框，编辑回路编号WP2。

4）命令行提示：

命令：rybz

请指定设备的插入点{转90°[A]/放大[E]/缩小[D]/左右翻转[F]/X轴偏移[X]/Y轴偏移[Y]}<退出>：A（旋转90°）。

请指定设备的插入点{转90°[A]/放大[E]/缩小[D]/左右翻转[F]/X轴偏移[X]/Y轴偏移[Y]}<退出>：（多次旋转调整配电箱的方向，如图25-4所示）。

请指定设备的插入点{转90°[A]/放大[E]/缩小[D]/左右翻转[F]/X轴偏移[X]/Y轴偏移[Y]}<退出>：（点击左键放置配电箱，如图25-5所示）。

5）用同样的方法，在楼梯间插入动力配电箱，回路编号W2。完成本任务。

5. 注意事项

选择灯具、开关和插座设备，绘制后置于Equip-照明层；选择动力设备，绘制后置于Equip-动力层；选择消防设备，绘制后置于Equip-消防层；选择电话、电视和广播设备，绘制后置于Equip-通讯层；选择箱柜设备，绘制后置于Equip-箱柜层。

6. 讨论

请读者使用"任意布置"命令布置楼梯的照明。

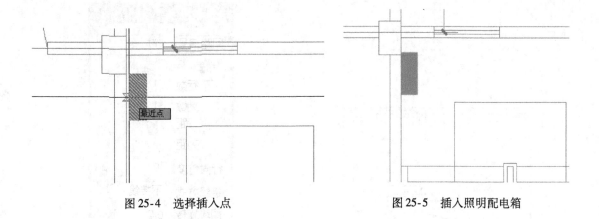

图 25-4　选择插入点　　　　　　图 25-5　插入照明配电箱

任务 2　矩形布置

【任务目标】

为每个宿舍的阳台、卫生间居中布置吸顶灯，如图 25-6 所示。

1. 目的

学习使用"矩形布置"命令布置灯具。

2. 能力及标准要求

通过布置阳台、卫生间的灯具，掌握"矩形布置"命令的用法。

3. 知识及任务准备

➢"矩形布置"命令功能：在平面图中由用户拉出一个矩形框并在此框中绘制各种电气设备图块。

➢ 调用方法：

1）依次单击天正菜单"平面设备"→"矩形布置"。

2）命令行：jxbz。

激活命令后，出现图 25-7 所示的对话框。对话框各选项说明如下：

➢"布置"栏：调整"行数"和"列数"，用于确定用户拉出的矩形框中要布置的设备图块的行数和列数。用户也可以编辑"行距"和"列距"，确定要布置的数目。

➢"行向角度"：用于输入或选择绘制矩形布置设备的整个矩形的旋转角度。

➢"接线方式"：下拉菜单中选择设备之间的连接导线方式。

➢"需要接跨线"：与"接线方式"配合。

➢"图块旋转"：用于输入或选择待布置的选择角度。

➢"距边距离"：用于输入或选择矩形设备的最外侧设备并与布置设备时框选的矩形选框边框的距离。

4. 步骤

1）激活"矩形布置"命令，在"天正电气图块"对话框中选择"灯具"→"防水防尘灯"。

2）在"矩形布置"对话框中，输入回路编号，行数与列数均为 1，"接线方式"选择不接线。

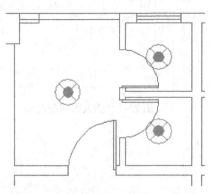

图 25-6　布置阳台、卫生间的灯具

图 25-7　"矩形布置"对话框

3）命令行提示：

命令：jxbz

请输入起始点{选取行向线[S]}<退出>：（单击阳台的一个角点）。

请输入终点：（单击阳台的对角点）。

请输入起始点{选取行向线[S]}<退出>：（单击卫生间的一个角点）。

请输入终点：（单击卫生间的对角点）。

请输入起始点{选取行向线[S]}<退出>：（单击卫生间的一个角点）。

请输入终点：（单击卫生间的对角点）。

请输入起始点{选取行向线[S]}<退出>：（回车或右键表示退出，完成本任务）。

5. 讨论

➤ 试勾选"需要接跨线"，并在"接线方式"下拉菜单中选择其余两种接线方式，观察"矩形布置"灯具的效果。

➤ "两点均布"命令与"矩形布置"命令相似，试使用"两点均布"命令在宿舍房间内吸顶布置两台楼底扇和两盏单管荧光灯，如图 25-8 所示。

➤ 两点均布单管荧光灯与楼底扇时，请选择相同的起始点和终点。

➤ 本次布置中，楼底扇图块与单光荧光灯图块重叠，可以使用"设备移动"命令移动设备。

6. 讨论

➤ "沿线单布"命令、"沿线均布"命令与"两点均布"命令的操作相似，请读者自行学习，这里不做赘述。

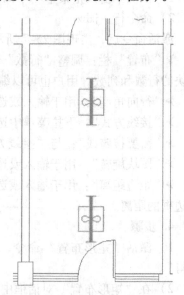

图 25-8　布置楼底扇和单管荧光灯

➢ 使用"两点均布"命令，布置标准层走廊照明，如图 25-9 所示。

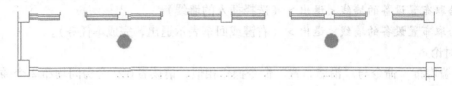

图 25-9　布置走廊照明

任务3　沿墙布置

【任务目标】

在宿舍房间内空调插座，如图 25-10 所示。

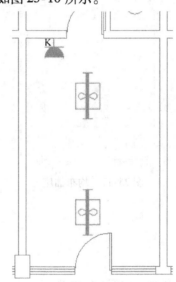

图 25-10　布置空调插座

1. 目的

学习使用"沿墙布置"命令。

2. 能力及标准要求

通过插入空调插座，掌握"沿墙布置"命令的用法。

3. 知识及任务准备

➢"沿墙布置"命令功能：在平面图中沿墙线插入电气设备图块，图块的插入角沿墙线方向而定。

➢ 调用方法：

1）依次单击天正菜单"平面设备"→"沿墙布置"。

2）命令行：yqbz。

4. 步骤

1）激活"沿墙布置"命令，在"天正电气图块"对话框中选择"插座"→"空调插座"。

2）命令行提示：

命令：yqbz

请拾取布置设备的墙线＜退出＞（选择插入的墙线）。

请拾取布置设备的墙线＜退出＞（右键或回车表示退出，完成本任务）。

5. 讨论

"沿墙均布"命令与"沿墙布置"命令操作相似，请读者在宿舍房间均布 2 个插座，如图 25-11 所示。

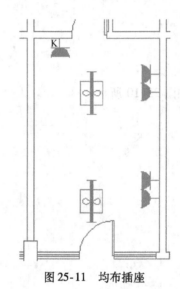

图 25-11　均布插座

任务4　门侧布置

【任务目标】

为宿舍的卫生间与阳台布置开关，如图 25-12 所示。

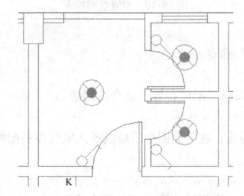

图 25-12　布置卫生间与阳台的开关

1. 目的

学习使用"门侧布置"命令。

2. 能力及标准要求

通过布置开关，掌握"门侧布置"命令的用法。

3. 知识及任务准备

➢ "门侧布置"命令功能：在沿门一定距离的墙线上插入开关。

➢ 调用方法：

1）依次单击天正菜单"平面设备"→"门侧布置"。

2）命令行：mcbz。

激活命令后，出现"门侧布置"对话框。用户在"天正电气图块"对话框中选择要插入的开关图块后，再输入开关到门的距离，布置开关的方向为开门一侧的墙线上。

4. 步骤

1）激活"门侧布置"命令，在"天正电气图块"对话框中选择"开关"→"单极开关"。

2）命令行提示：

命令：mcbz

请拾取门 < 退出 >（点取门）。

3）用相同的方法布置卫生间与阳台的开关，完成任务。

5. 注意事项

如果需要在门侧旁布置多个开关，请注意距离的设定，如图 25-13 所示。

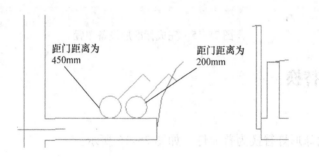

距门距离为 450mm

距门距离为 200mm

图 25-13 多个开关距离

6. 讨论

➢ 本任务使用"选择门"选项插入开关，请读者试着用"选择墙线"选项插入开关。

➢ 请读者插入宿舍房间的开关，如图 25-14 所示。请考虑采用"平面设备"下的哪个子命令更合适？

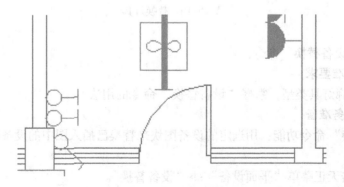

图 25-14 完成宿舍设备布置

➤ 综合应用上述任务介绍的命令，完成标准层设备布置，如图 25-15 所示。

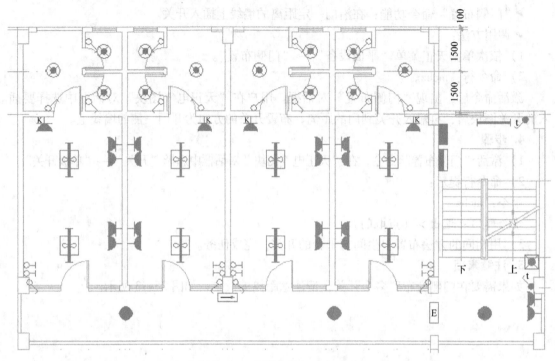

图 25-15　完成标准层设备布置

任务 5　设备替换

【任务目标】

将走廊照明的球形灯替换为普通灯，如图 25-16 所示。

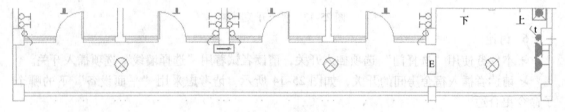

图 25-16　替换灯具

1. 目的

学习使用"设备替换"命令。

2. 能力及标准要求

通过替换走廊灯具类型，掌握"设备替换"命令的用法。

3. 知识及任务准备

➤ "设备替换"命令功能：用选定的设备图块来替换已插入图中的设备图块。

➤ 调用方法：

1）依次单击天正菜单"平面设备"→"设备替换"。

2）命令行：sbth。

4. 步骤

1）激活"设备替换"命令，在"天正电气图块"对话框中选择"灯具"→"普通灯"。

2）命令行提示：

命令：sbth

请选取图中要被替换的设备（多选）＜替换同名设备＞：（选择走廊灯具）。

请选取图中要被替换的设备（多选）＜替换同名设备＞：（右键确认）。

是否需要重新连接导线＜Y＞:Y（如果设备替换后需要导线仍然能与新块相连，键入字母Y；不需要键入字母N。本例中没有还没有布置导线，所以无论字母Y或者字母N都可以）。

5. 注意事项

➤ 如果想替换图中所有同名设备，则在激活命令后，命令行提示：

请选取图中要被替换的设备（多选）＜替换同名设备＞：（单击鼠标右键）。

请选取图中要被替换的设备（单选）＜退出＞：（单击所有同名设备中的一个，其余的同名设备都会被新设备所替换）。

➤ 选择要替换的设备时由于程序中已设定了选择时的图元类型和图层的过滤条件，因此不会框选或叉选时，选中其他图层和类型的图元。

6. 讨论

"设备缩放"命令与"设备替换"命令相似，将标准层全部插座缩小0.7倍。

任务6 设备旋转

【任务目标】

将宿舍靠北侧的卫生间的灯具开关旋转90°，如图25-17所示。

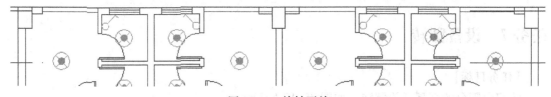

图25-17 旋转开关

1. 目的

学习使用"设备旋转"命令。

2. 能力及标准要求

通过旋转开关，掌握"设备旋转"命令的用法。

3. 知识及任务准备

➤"设备旋转"命令功能：将已插入平面图中的设备图块旋转至指定的方向，插入点不变。

➤ 调用方法：

1）依次单击天正菜单"平面设备"→"设备旋转"。

2）命令行：sbxz。

4. 步骤

1）激活"设备旋转"命令，命令行提示：

命令：sbxz

请选取要旋转的设备＜退出＞：（点击单极开关，如图25-18a所示）。

请选取要旋转的设备＜退出＞：（单击右键）。

旋转角度＜0.0＞90（如图25-18b所示）。

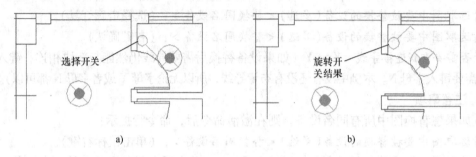

a)   b)

图25-18 旋转开关

a）选择开关 b）旋转结果

2）用相同的方法旋转同侧卫生间的开关，完成本任务。

5. 注意事项

指定旋转角度除了通过输入数值外，还可以用鼠标进行拖曳来确定。

6. 讨论

➢ 请读者讨论如果选择多个开关同时旋转，会出现什么效果？

➢ 请读者比较本命令与AutoCAD的"旋转"命令的区别。

➢ 天正菜单"平面设备"下的"设备移动"命令和"设备擦除"命令分别与AutoCAD的"移动"命令和"删除"命令相似，这里不再赘述。请读者使用"设备移动"命令，根据"标准层电气平面图"调整宿舍房间的单管荧光灯与楼底扇的位置。

任务7 设备翻转

【任务目标】

将宿舍阳台的灯具开关翻转，如图25-19所示。

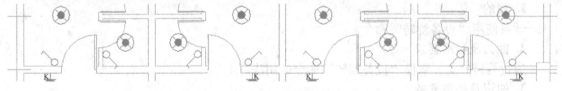

图25-19 翻转开关

1. 目的

学习使用"设备翻转"命令。

2. 能力及标准要求

通过开关的翻转，掌握"设备翻转"命令的用法。

3. 知识及任务准备

➢ "设备翻转"命令功能：将平面图中的开关设备沿其Y轴方向作镜像翻转。

➤ 调用方法：

1）依次单击天正菜单"平面设备"→"设备翻转"。

2）命令行：sbfz。

4. 步骤

1）激活"设备翻转"命令，命令行提示：

命令：sbfz

请选取要翻转的设备 < 退出 >：（点击单极开关，如图 25-20a 所示）。

请选取要翻转的设备 < 退出 >：（右键表示确定，如图 25-20b 所示）。

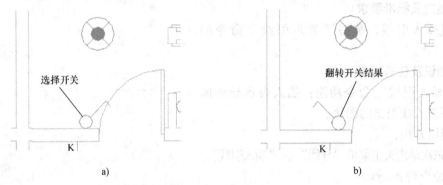

图 25-20　翻转开关

a）选择开关　b）翻转结果

2）用相同的方法翻转其他开关，完成本任务。

5. 讨论

➤ 试在选择翻转设备时，同时选择多个开关，观察结果如何。

➤ 请用上述编辑命令，编辑电气设备，如图 25-21 所示。

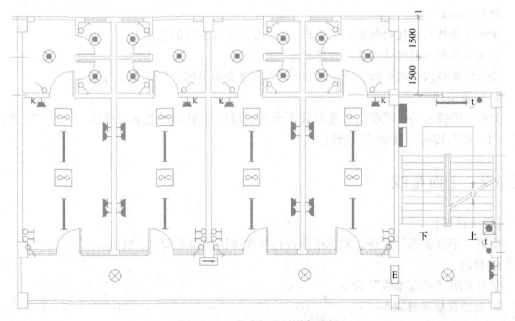

图 25-21　完成标准层设备编辑

任务8　插入引线

【任务目标】

在标准层的楼梯间布置同侧双引线，如图25-22所示。

1. 目的

学习使用"插入引线"命令。

2. 能力及标准要求

通过插入引线，掌握"插入引线"命令的用法。

3. 知识及任务准备

➢"插入引线"命令功能：插入表示导线向上、向下引入或引出的图块。

➢调用方法：

1）依次单击天正菜单"导线"→"插入引线"。

2）命令行：cryx。

激活命令后，出现"插入引线"对话框。用户可根据设计需要选择引线图块。

4. 步骤

1）激活"插入引线"命令，在"插入引线"对话框中选择"同侧双引"的上引线。

2）命令行提示：

命令：cryx

请点取要插入引线的位置点＜退出＞：（点击插入引线的地方）。

请点取要插入引线的位置点＜退出＞：（……）。

请点取要插入引线的位置点＜退出＞：（右键表示退出，完成本任务）。

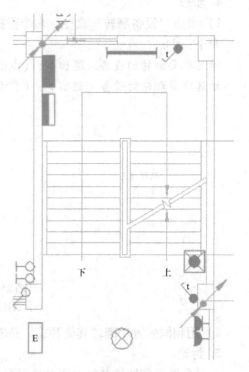

图 25-22　布置引线

5. 注意事项

如果觉得插入的引线箭头位置形式不合适，可以使用天正菜单"导线"下的"引线翻转"和"箭头转向"命令进行修改。

任务9　平面布线

【任务目标】

使用"平面布线"命令，对标准层进行导线连接，如图25-23所示。

1. 目的

学习使用"平面布线"命令。

2. 能力及标准要求

通过导线连接，掌握导线的设定和"平面布线"命令的用法。

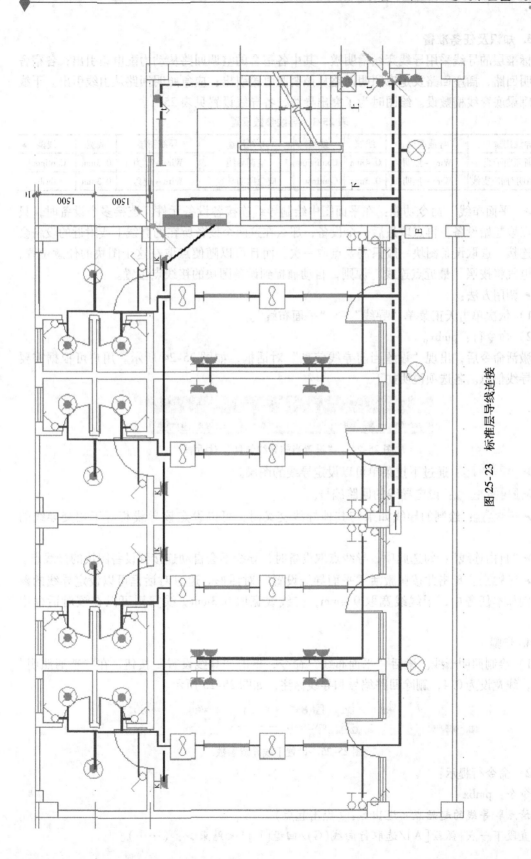

图 25-23 标准层导线连接

3. 知识及任务准备

标准层的导线采用导线穿线槽明敷。其中各宿舍的空调回路从动力配电箱引出；各宿舍的照明回路、插座回路及走廊照明回路从照明配电箱引出；应急照明回路从引线引出。干线沿走廊梁底穿线槽敷设。绘图时为了突出导线，各导线设置见表25-1。

表25-1　导线参数设置

导线用途	导线图层	线宽	线型	导线用途	导线图层	线宽	线型
普通照明干线	Wire－照明	0.4mm	Continous	空调导线	Wire－动力	0.3mm	Continous
普通照明/插座支线	Wire－照明	0.3mm	Continous	应急照明导线	Wire－应急	0.3mm	dash

➤ "平面布线"命令功能：在平面图中绘制导线连接各设备元件。连接多个设备时，只需要点取起始设备，再点取最后一个设备，那么在这两个设备所在的直线上或附近的设备会自动连接。选取设备图块一般只需要点取一次，而且可以随便点取在这个图块的任意位置，天正电气将按照"最近点连线"原则，自动捕捉到设备图块的接线点位置。

➤ 调用方法：

1）依次单击天正菜单"导线"→"平面布线"。

2）命令行：pmbx。

激活命令后，出现"设置当前导线信息"对话框，如图25-24所示。用户可根据需要设置导线信息。各选项说明如下：

图25-24　"设置当前导线信息"对话框

➤ WIRE-照明 ▾ ：通过下拉菜单可以设定导线的图层。

➤ 回路编号 WL1 ：设定导线的回路编号。

➤ 导线置上 ▾ ：绘制的导线如果与其他导线交叉时，可以设定该导线相对于相交导线的位置。

➤ "自由连线"：勾选此项，导线点取设备时，导线不会自动连接到设备图块的接线点。

➤ 导线设置> ：单击此按钮激活"平面导线设置"对话框。通过对话框可以设定导线的参数。例如本任务中，干线线宽取0.4mm，支线线宽取0.3mm。线宽则可以在该对话框中设定。

4. 步骤

1）绘制照明干线。激活"平面布线"命令，单击"导线设置"按钮，在"普通照明"栏中，线宽设为0.4，删除回路编号和导线标注，如图25-25所示。

图25-25　设置干线导线参数

2）命令行提示：

命令：pmbx

请点取导线的起始点＜退出＞：（点击起点）。

直段下一点{弧段[A]/选取行向线(G)/回退[U]}＜结束＞：（……）。

直段下一点{弧段[A]/选取行向线(G)/回退[U]} <结束>：(右键表示结束)。

3）打断疏散指示灯附近的导线，绘制结果如图25-26所示。

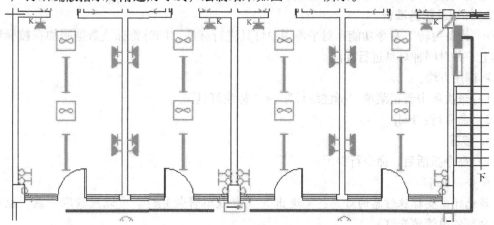

图25-26　绘制干线导线

4）单击"导线设置"按钮，在"普通照明"栏中，线宽设为0.3，回路编号为"W1"，导线标注"ZR－BV－3x2.5－PR－WE/BE"，如图25-27所示。绘制宿舍的普通照明导线。

5）按照上述方法，完成标准层其余导线的绘制，即可完成本任务。

图25-27　设置支线导线参数

5. 注意事项

➤ 如果对导线自动连接到接线点不满意的话，可以勾选"设置当前导线信息"对话框的"自由连线"选项。

➤ 表25-1提供的导线设置参数仅供参考，绘图时请根据图样的实际情况来设定参数。

➤ 如果碰到多个回路共用一根导线表示时，则先不必设定回路编号。

➤ 导线对象支持AutoCAD的通用编辑命令，可以使用"复制"、"删除"等命令进行编辑。此外，还可以使用天正菜单"导线"下的"编辑导线"、"导线置上"、"导线置下"、"断直导线"、"断导线"、"导线连接"、"导线擦除"、"擦短斜线"等命令进行编辑。此外，简单的参数编辑只需要双击导线即可进入对象编辑对话框，拖动导线的不同夹点可改变长度与位置。天正电气的导线编辑命令不仅可以用于天正绘制的导线，对于使用"直线"、"多段线"命令绘制的图元同样可以编辑。前提是使用"直线"、"多段线"命令绘制的图元必须在天正的导线图层（即Wire－照明、Wire－动力等）上绘制的。

任务10　灯具标注

【任务目标】

标注单管荧光灯，如图25-28所示。

1. 目的

学习使用"标注灯具"命令。

2. 能力及标准要求

通过单管荧光灯,掌握"标注灯具"命令的用法。

3. 知识及任务准备

➤"设备翻转"命令功能:对平面图中灯具进行标注,同时将标注数据附加在被标注的灯具上,并对同种灯具进行标注。

➤调用方法:

1)依次单击天正菜单"标注统计"→"标注灯具"。

2)命令行:bzdj。

4. 步骤

1)命令激活后,命令行提示:

命令:bzdj

请选择需要标注信息的灯具:<退出>(点取单管荧光灯。可以只选取一盏,也可以选取全部的单管荧光灯)。

请选择需要标注信息的灯具:<退出>(右键退出)。

2)弹出"灯具标注信息"对话框,如图 25-29 所示。根据设计要求设定相应的参数。

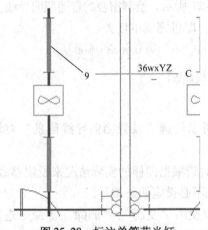

图 25-28 标注单管荧光灯

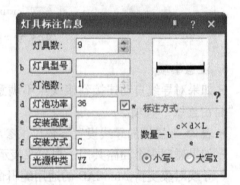

图 25-29 "灯具标注信息"对话框

3)命令行提示:

请输入标注起点{修改标注[S]} <退出>:(在合适的位置点取标注起点)。

请给出标注引出点<不引出>:(点取引出点,完成本任务)。

4)用同样的方法标注防水防尘灯、走廊普通灯等设备。

5. 讨论

"标注设备"、"标注开关"和"标注插座"等命令与"标注灯具"命令操作方法相似,请读者自行标注排气扇、开关与插座。

任务 11　标导线数

【任务目标】

标注标准层平面图的导线标注,如图 25-30 所示。

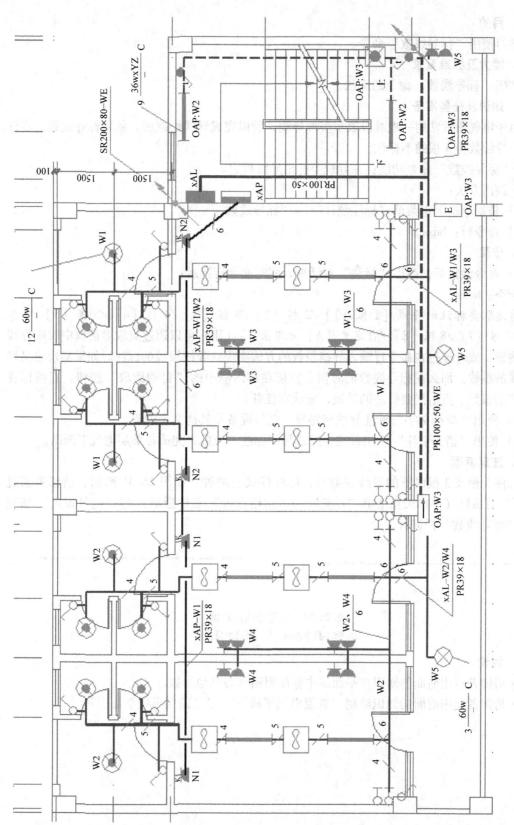

图 25-30 标注导线数

1. 目的

学习使用"标导线数"命令。

2. 能力及标准要求

掌握"标导线数"命令的用法。

3. 知识及任务准备

由于电气图常常用一根线段表示多根导线，所以完成导线绘制后，就要标导线数。本任务中，导线数为 3 根的不标注。

➤ "标导线数"命令功能：在导线上标出导线根数。

➤ 调用方法：

1）依次单击天正菜单"标注统计"→"标导线数"。

2）命令行：bdxs。

4. 步骤

1）命令激活后，弹出"标注"对话框。同时命令行提示：

命令：bdxs

请选取要标注的导线［1 根［1］/2 根［2］/3 根［3］/4 根［4］/5 根［5］/6 根［6］/7 根［7］/8 根［8］/自定义［A］＜退出＞：（用户可以通过点取对话框中对应导线数的按钮，或者通过在命令行输入导线根数的方法实现对导线根数的标注。如果实现定义好了导线的根数，那么在标导线数的时候，直接在对话框中的"自动读取"按钮，直接标注定义好的根数。点击需要标注的导线，完成本任务）。

2）使用"单行文字"标注导线回路号、电气设备及其他文字说明。

3）使用"箭头引注"引出标注，完成导线标注。至此，完成标准层电气平面图。

5. 注意事项

标注 3 根及 3 根以下的导线根数时，标注样式有两种，如图 25-31 所示。请读者通过"选项"对话框（单击天正菜单"设置"→"初始设置"菜单激活）的"电气设定"选项卡对"标导线数"栏进行设定。

图 25-31　标注导线数示例

a) 标注数字表示　b) 斜线数量表示

6. 讨论

➤ 请读者运用前面的知识在平面图中标注回路号等其他参数。

➤ 请读者运用前面的知识绘制"首层电气平面图"与"顶层电气平面图"。

项目二十六　电气系统图

【知识点】

本项目介绍配电箱强电系统图的绘制。天正电气软件提供了自动绘制照明系统、动力系统及任意定制配电箱系统图等三种命令。"照明系统"命令主要用于绘制简单的照明系统图，"动力系统"命令主要用于绘制简单的动力系统图。这两种命令主要用于生成简单的系统图，"系统生成"命令是前两种命令的综合和完善，适用于绘制任何形式的配电箱系统图，并完成三相平衡的电流计算。

【学习目标】

通过绘制电气系统图掌握"系统生成"命令的用法。

【任务目标】

根据"标准层电气平面图"绘制配电箱 xAL 系统图，如图 26-1 所示。

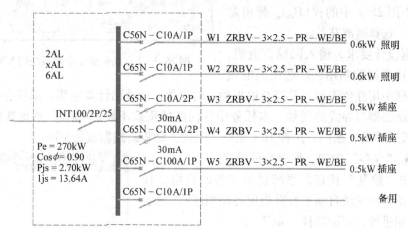

图 26-1　xAL 配电系统图（楼层照明配电箱）

1. 目的

掌握"系统生成"命令。

2. 能力及标准要求

通过绘制配电箱 xAL 系统图，掌握"系统生成"命令的用法。

3. 知识及任务准备

➢ "系统生成"命令功能：自定义配置任意系统图。

➢ 调用方法：

1）依次单击天正菜单"强电系统"→"系统生成"。

2）命令行：xtsc。

激活命令后，出现"自动生成配电箱系统图"对话框。依据电气平面图与设计规范编辑对话框的选项。

4. 步骤

1）激活"系统生成"命令，将回路数设定为6。

2）单击"导线参数"栏的"型号"按钮，弹出"导线型号"对话框。在输入栏中输入新的导线型号：ZRBV，如图26-3所示，点击"增加"按钮，再确定。此时，"导线参数"栏的"型号"中显示：ZRBV。

3）取消默认勾选的"自动计算导线规格"，则"导线参数"栏的"规格"按钮处于非灰色状态，用户可根据设计输入导线规格，如3×2.5。

4）单击"导线参数"栏的"配线"按钮，弹出"配线方式"对话框。在对话框中选择PR，确定。

5）单击图26-2中的视口①，弹出常用元件列表，选择隔离开关。

6）根据设计要求，输入回路、负载、需用系数、功率因数和用途。选中的电气

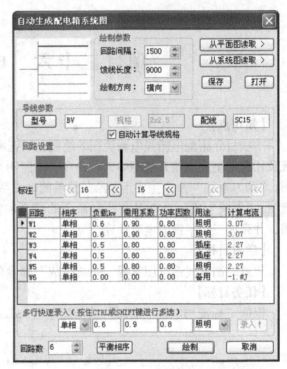

图26-2 "自动生成配电箱系统图"对话框

线路在图片框中用红色表示。系统会根据输入的参数，计算出计算电流。系统会根据计算电流自动选出断路器与导线的型号。本任务中各回路的负载不超过1kW，系统选择断路器为16A，根据设计手册，断路器选择10A足够，因此手动将断路器改为10A。

7）点击"保存"按钮，保存当前设置。

8）单击"绘制"按钮，系统提示"各回路均没有标注相序，是否由系统自动平衡并指定各相相序？"由于本系统为单相进线，因而选择"取消"。

9）命令行提示：

命令：xtsc

请输入插入点＜退出＞（请点取计算表位置点击插入系统图位置）。

或［参考点（R）］＜退出＞：（右键退出，完成结果如图26-4a所示）。

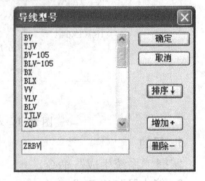

图26-3 "导线型号"对话框

10）根据设计对系统图进行编辑，完成效果如图26-4b所示。

11）依次单击天正菜单"强电系统"→"虚线框"。在系统图上绘制虚线框。

12）依次单击天正菜单"符号"→"图名标注"。标注图名"楼层照明配电箱"，即完成本任务。

5. 注意事项

自动生成的系统图总电流默认按照需要系数为0.85、功率因数为0.8、三相进线来进行计算的。请注意对生成的参数值进行修改。

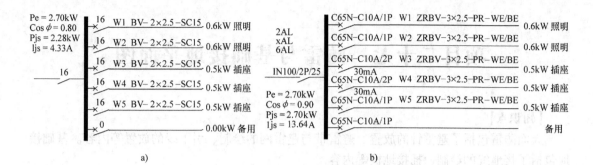

图 26-4 系统图

a) 生成系统图 b) 编辑系统图

6. 讨论

➤ 请完成配电系统图。

➤ 天正电气没有提供专门用于"竖向配电系统图"的工具，请读者综合前面介绍的命令绘制该图。

项目二十七　防雷与基础接地平面图

【知识点】

天面防雷包括了避雷针的放置、避雷带与避雷网的绘制、引下线的放置等内容。基础接地包括了接地线的绘制、插接地极等内容。

【学习目标】

通过绘制防雷平面图与基础接地平面图，掌握这两种图样的绘制方法。

任务1　了解防雷类别

【任务目标】

通过计算判断本工程的防雷类别。

1. 目的

掌握"年雷击数"命令。

2. 能力及标准要求

使用"年雷击数"命令，判断防雷类别。

3. 知识及任务准备

➤"年雷击数"命令功能：计算建筑物的年预计雷击次数。

➤调用方法：

1）依次单击天正菜单"计算"→"年雷击数"。

2）命令行：nljs。

激活命令后，出现图 27-1 所示的对话框。依据屋面平面图及全工程的情况，对对话框数据进行编辑。

4. 步骤

1）激活"年雷击数"命令，在"年预计雷击次数

图 27-1　"年预计雷击次数
计算"对话框

计算"对话框的"建筑物等效面积计算"栏中输入建筑物的建筑参数，系统自动计算出建筑物等效面积。

2）点击"年平均密度"栏的⊠按钮，激活"雷击大地年平均密度"对话框，查询所在地区的年平均雷暴日。如果读者想更改该地区雷暴日的数据，可以在"年平均雷暴日"编辑框中键入新值后单击"更改数据"按钮，那么新值就会存储到数据库中，以后也会以新值作为计算依据。"年平均雷暴日"选定后，系统会自动计算出"年平均密度"。

3）单击"其他参数计算"栏的⊠按钮，激活"选定校正系数"对话框，根据建筑物的情况选择系数。

4）在"其他参数计算"栏选择"建筑物属性"：住宅、办公楼等一般性民用建筑物。

5）设定完上述参数，点击"计算"按钮。系统计算出建筑物的"年预计雷击次数"和

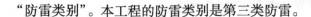

"防雷类别"。本工程的防雷类别是第三类防雷。

任务2 防雷平面图

【任务目标】

制作屋顶建筑条件图，布置避雷小针、绘制避雷网及插入引下线。

1. 目的

掌握"避雷线"命令的用法。

2. 能力及标准要求

通过绘制防雷平面图，掌握"避雷线"命令的用法，巩固"插入引线"命令。

3. 知识及任务准备

根据任务一的计算结果，本建筑为三类防雷，避雷措施采取避雷小针与避雷网相结合，避雷网格尺寸不大于20m×20m。天正电气绘制防雷的方法有"自动避雷"和"避雷线"两种。"自动避雷"命令主要用于自动搜索封闭的外墙线，沿墙线按一定偏移距离绘制避雷线，同时插入支持卡。使用本命令时，要在作为基准的外墙线上自动搜索，而这个外墙线也必须是封闭的，否则自动搜索可能会出错。"避雷线"命令是手工绘制避雷线，该个命令是"自动避雷"命令的补充，如果执行"自动避雷"命令时搜索墙线失败，可以使用该命令绘制。对于一些屋面上还有构筑物的，不是很适用，而"避雷线"命令的适用性更加广泛。本工程采用"避雷线"命令绘制避雷网。

➤ "避雷线"命令功能：手动搜索封闭的外墙线，沿墙线按一定偏移距离绘制避雷线，同时插入支持卡。

➤ 调用方法：

1）依次单击天正菜单"接地防雷"→"避雷线"。

2）命令行：blx。

4. 步骤

1）打开屋面平面图，将屋顶套入屋面位置。激活"转条件图"命令，处理图样，完成后如图27-2所示。注意，保留标高。

2）打开处理好的屋面条件图，创建新的图层：避雷针，并将该图层置为当前层。使用"圆"命令绘制避雷小针。

3）激活"避雷线"命令，命令行提示：

命令：blx

请点取避雷线的起始点:或[点取图中曲线(P)/点取参考点(R)]＜退出＞：(点取起点)。

直段下一点[弧段(A)/回退(U)]＜结束＞：(点取下一点)。

直段下一点[弧段(A)/回退(U)]＜结束＞：(……)。

请点取避雷线偏移的方向＜不偏移＞：(设定是否偏移，如果选需要偏移的话，则用鼠标点取偏移方向。点取偏移后命令行提示：请输入避雷线到外墙线或屋顶线的距离＜120＞，则可以输入或点取距离)。

请输入支持卡的间距(ESC退出)＜1000＞:1000（根据设计规范与设计要求输入支持卡的间距）。

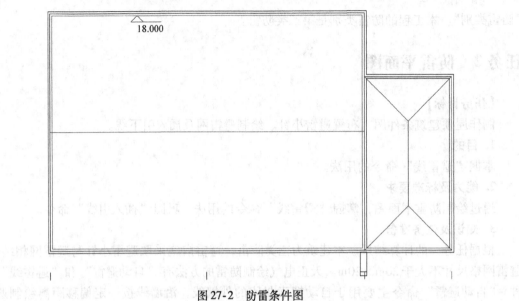

图 27-2 防雷条件图

4) 继续使用"避雷线"命令完成屋顶区域的避雷网绘制, 如图 27-3 所示。

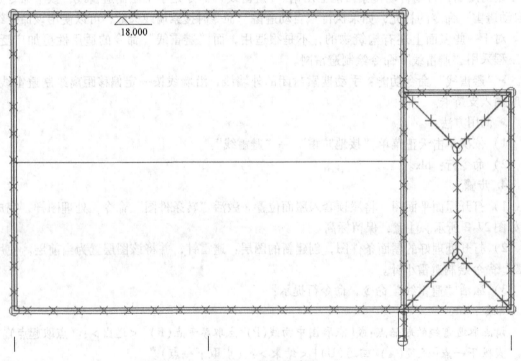

图 27-3 屋面避雷网

5) 使用"插入引线"命令插入防雷引下线。

6) 使用"箭头引线"命令标注防雷文字说明。

7) 完成文字说明和图名标注, 完成本任务。

5. 注意事项

➤ 绘制避雷小针时, 请不要采用"接地防雷"→"滚球避雷"→"插避雷针"命令。因为

该命令是用于插入避雷针的，而避雷小针的绘制没有特定的命令，所以采用"圆"命令绘制。

➤ 如果要删除避雷线，可以使用"导线擦除"命令，而避雷线上的支架可以使用"删支持卡"命令删除。

6. 讨论

如果绘制的避雷线不需要支持卡，该如何处理？

任务3　接地平面图

【任务目标】

根据"接地平面图"绘制接地线，布置引下线，插入接地图块，并完成文字说明。

1. 目的

掌握"接地线"命令的用法，掌握"元件插入"命令的用法。

2. 能力及标准要求

通过绘制基础接地平面图，掌握"接地线"命令的用法，通过接地图块，掌握"元件插入"命令的用法。

3. 知识及任务准备

基础接地平面图是在工程结构图上绘制的。先将基础的结构图处理为条件图，如图27-4所示。根据设计规范，本建筑要求接地电阻不大于10Ω，利用建筑的基础作为自然基地即可，不需要人工接地极。

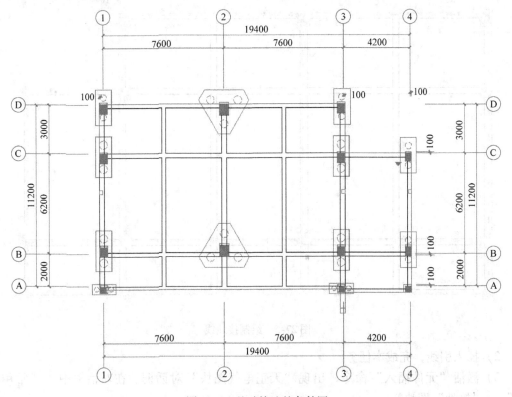

图27-4　基础接地的条件图

➤"接地线"命令功能：在平面图中绘制接地线。

➤调用方法：

1）依次单击天正菜单"接地防雷"→"接地线"。

2）命令行：jdx。

➤"元件插入"命令功能：将系统元件插入到图纸中。

➤调用方法：

1）依次单击天正菜单"系统元件"→"元件插入"。

2）命令行：yjcr。

4. 步骤

1）打开基础接地的条件图，激活"接地线"命令。命令行提示：

命令：jdx

请点取接地线的起始点或 [点取图中曲线(P)/点取参考点(R)] <退出>：（点取接地线起点）。

直段下一点 [弧段(A)/回退(U)] <结束>：（点取接地线的下一点）。

直段下一点 [弧段(A)/回退(U)] <结束>：（……）。

直段下一点 [弧段(A)/回退(U)] <结束>：（结束绘制）。

请输入接地极的间距(Esc 退出) <5000>：（"Esc"键。本工程利用建筑自身的基础就可以满足要求。如果需要插入接地极，请输入间距。绘制结果如图 27-5 所示）。

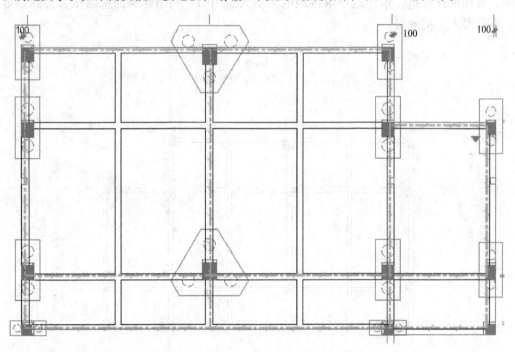

图 27-5　绘制接地线

2）插入引线，完成本任务。

3）激活"元件插入"命令，出现"天正电气图块"对话框。在对话框中　"常用软件"→"接地"图块。

4）单击对话框中 ↻ 按钮，命令行提示：

命令：yjcr

请指定元件的插入点＜退出＞：（点击元件的插入点）。

旋转角度＜0.0＞：（输入角度45，如图27-6所示）。

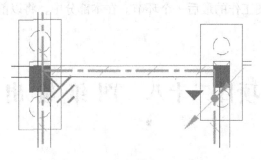

图27-6　插入"接地"图块

5）完成文字说明和图名标注，完成本任务。

5. 注意事项

➤ 为了便于阅读，请注意接地线不要与土建的线重叠。

➤ 当命令行提示：**请输入接地极的间距（Esc 退出）＜5000＞**：（请根据设计要求选择合适的选项）。

➤ 如果要删除接地线可以使用"导线擦除"命令，而接地线上的短斜线可以用"擦短斜线"命令擦除。

第四部分 图 纸 输 出

图纸输出是整个绘图工作的最后一个环节。在本部分中，将以前面绘制的图样为例，介绍图纸输入的方法。

项目二十八 图 纸 输 出

【知识点】

掌握图纸输出的方法。

【学习目标】

学会设置打印样式，掌握打印方法。

任务 1 创建和编辑 CTB 打印样式表

【任务目标】

创建 CTB 打印样式表，名为"AutoCAD 2012 与天正设计"。设置 CTB 打印样式表用于任务 2 的打印，要求将建筑图线用（8 号色）细线打印，突出打印电气部分的图线。

1. 目的

掌握"CTB 打印样式表"的创建方法、编辑方法。

2. 能力及标准要求

懂得根据要求创建与编辑打印样式。

3. 知识及任务准备

在第三部分介绍的创建电气条件图的方法中，建议读者将建筑图的图线设为 8 号色（也可以是其他与电气图线不相同的颜色），为的就是在打印中比较容易地将建筑图线细线打印。

与线型和颜色一样，打印样式也是对象特性。可以将打印样式指定给对象或图层。打印样式控制对象的打印特性，包括颜色、抖动、灰度、笔号、虚拟笔号、淡显、线型、线宽、线条端点样式、线条连接样式和填充样式等。

AutoCAD 2012 提供了多种打印样式表，天正建筑与天正电气各提供了一种打印样式，各样式表用途见表 28-1。通常情况下，打印建筑图可以采用 Tarch8. ctb 打印样式。

➢ 调用方法：依次菜单"工具"→"向导"→"添加打印样式表"。

4. 步骤

1）激活命令后，在对话框选择"创建新打印样式表（S）"，单击 下一步(N) > 按钮。

2）在对话框中选择"颜色相关打印样式表"则新建一个 CTB 打印样式表，如果选择"命名打印样式表"则新建一个 STB 打印样式表。这里选择"颜色相关打印样式表"，单击 下一步(N) > 按钮。

表 28-1　打印样式表用途

文件夹名	文件夹用途
acad. ctb	适用于打印默认的打印样式
DWF Virtual Pens. ctb	虚拟打印样式
Fill Patterns. ctb	填充对象区域
Grayscale. ctb	可以调节 255 种不同灰度的对象颜色
monochrome. ctb	应用于黑白打印，若设备是黑白打印应指定为此选项
Screening 100%. ctb	对所有颜色使用 100% 墨水
Screening 25%. ctb	对所有颜色使用 100% 墨水
Screening 50%. ctb	对所有颜色使用 100% 墨水
Screening 75%. ctb	对所有颜色使用 100% 墨水
Tarch8. ctb	天正建筑的打印样式
TElec. ctb	天正电气的打印样式

3）输入新建打印样式的文件名"AutoCAD 与天正设计"，单击 下一步⑩ > 按钮。

4）单击 打印样式表编辑器⑤... 按钮，打开"打印样式编辑器"对话框，进行详细设定。在"打印样式表编辑器"对话框中，点击"颜色 8"，此时"特性"栏中会显色该颜色的打印特性。在"线宽"选择打印线宽：0.1000 毫米。其他选项默认。

5）设置完成后，单击 保存并关闭 按钮，结束设置。

5. 注意事项

此处将"颜色 8"的线宽设为 0.1000 毫米，不是规定值，读者应根据图幅及比例来确定。一般来说，图幅越大，线宽相对来说越粗。不过，不能够超过电气图线的线宽。

任务2　打印标准层电气平面图

【任务目标】

打印标准层电气平面图，将建筑图线用细线打印，突出打印电气部分的图线，显示效果如图 28-1。

1. 目的

掌握"打印"命令的应用。

2. 能力及标准要求

懂得根据要求设置打印选项，懂得编辑打印样式，最后输出图形。

3. 知识及任务准备

➢ "打印"命令功能：将图形打印到绘图仪、打印机或文件。

➢ 调用方法：

1）依次单击菜单"文件"→"打印"。

2）命令行：Plot 或 Print。

3）工具栏：单击工具栏命令图标按钮 🖨。

激活命令后，出现"打印"对话框。点击对话框中的 ⊙ 按钮，展开对话框。

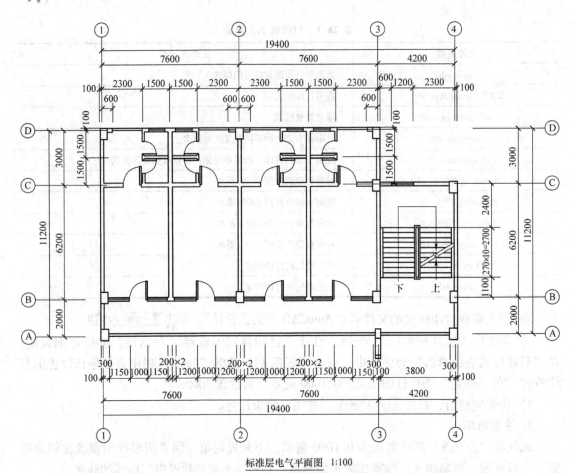

标准层电气平面图 1:100

图 28-1 标准层电气平面图打印效果

对话框各选项如下：

➤"打印机/绘图仪"选项栏：在"名称"下拉列表中列出了可用的打印机，用户可以从中进行选择，以打印当前布图。

➤"图纸尺寸"选项栏：在"图纸尺寸"区的下拉列表中选择图纸大小，在"打印份数"区中确定打印份数。如果选定了某种打印机，AutoCAD 会将此打印驱动里的图纸信息自动调入"图纸尺寸"的下拉列表中供用户选择。在预览窗口，将精确地显示相对于图纸尺寸和可以打印区域的有效打印区域。

➤"打印范围"选项栏：在"打印范围"区中下拉菜单选择要打印的范围。各选项说明如下：

✓窗口：打印用户自己设定的打印区域。选择此选项后，系统将提示指定打印区域的两个角点。

✓图形界限：打印布局时，将打印区域内的所有内容。选择此选项后，系统将把设定的图形界限范围打印在图纸上。

✓显示：打印当前绘图窗口显示的内容。

➤"打印偏移（原点设置在可打印区域）"选项栏：在"打印偏移"区内输入 X、Y 的偏移量，以确定打印区域相对于图纸原点的偏移距离；若选中"居中打印"复选框，则 AutoCAD 可以自动计算偏移值，并将图形居中打印。

➤"打印比例"选项栏：在"打印比例"区中，控制图形单位与打印单位之间的相对尺寸。打印布局时，默认缩放比例设置为1∶1。可以在"比例"对话框中定义打印的精确比例。用户可以通过"自定义"选项，自己指定打印比例，如图28-2 所示。

图28-2　打印区域与打印比例

➤"打印样式表"选项栏：在任务1中已经进行了详细地介绍，这里不再赘述。

➤"图形方向"选项栏：在"图形方向"区中设置图形在图纸上的打印方向。

➤打印预览：设置完打印参数后，就可以打印图纸了。但在之前，通常要通过 预览(P)... 按钮预览观察图形的打印效果。如果不合适可以重新进行设置。预览结束后，可以按"Esc"键或回车键返回"打印"对话框。

4. 步骤

1）激活"打印"命令，在"打印机/绘图仪"区内的"名称"下拉列表中选择打印机。

2）在"图纸尺寸"区中选择 A3 尺寸。

3）在"打印区域"区中选择"窗口"，在绘图区域中指定打印区域的两个角点。

4）在"打印比例"区的下拉菜单中选择"1∶1"的比例。

5）可以在"打印偏移"区中输入 X、Y 的偏移量，以确定打印区域中相对于图纸原点的偏移距离。本节使用 AutoCAD 自动计算偏移值，勾选"居中打印"。

6）在"图形方向"区勾选"横向"。

7）在"打印样式表"中选择任务1修改的打印样式"TElec. ctb"，

8）单击 预览(P)... 按钮，即可按图纸上将要打印出来的样式显示图形。可以按"Esc"键或回车键返回"打印"对话框。在预览窗口右击激活的快捷菜单，选择"打印"选项进行打印。或者在"打印"对话框中单击"确定"按钮同样进行打印。

参 考 文 献

[1] 尚久明. 工程识图基础与 CAD [M]. 北京：机械工业出版社，2006.

[2] 周鹏翔，刘振魁. 工程制图 [M]. 2 版. 北京：高等教育出版社，2000.

[3] 罗敏. 环境工程计算机辅助设计 [M]. 北京：化学工业出版社，2012.

[4] 贺蜀山. TArch 7.5 天正建筑软件标准教程 [M]. 北京：人民邮电出版社，2008.

[5] 胡仁喜，张日晶，刘昌丽. 天正 TArch8.0 建筑设计十日通 [M]. 北京：中国建筑工业出版社，2010.

[6] 北京天正工程软件有限公司. TElec 8.0 天正电气设计软件使用手册 [M]. 北京：中国建筑工业出版社，2010.

[7] 邓美荣. 建筑设备 CAD [M]. 北京：机械工业出版社，2011.